2級ガソリン
自動車整備士

ズバリ一発合格問題集

本試験形式！

大保　昇　編著

弘文社

まえがき

自動車整備士は，毎年多数の整備士が誕生しています。

本書は，２級ガソリン自動車整備士の資格をめざしているあなたを対象として編集したものです。

ある程度基礎的な勉強をすませて，自分の実力を確認したいときには，過去に出題された問題に挑戦してみることが大切です。

本書は，過去数年間に出題された問題の中から出題頻度の高い問題と類似した問題で構成されていて，実際の試験と同じように実力を確認することができます。

検定試験や登録試験の過去の問題を調べると，「よく出題される問題」，「ときどき出題される問題」，「あまり出題されない問題」があります。

試験に合格するには100点満点を取る必要はなく，合格点（70%）以上を取ればよいので，「よく出題される問題」を最重点に，次に「ときどき出題される問題」，時間に余裕ができたときに「あまり出題されない問題」を勉強することが効率よい方法です。また，自分の得意な分野の問題は確実に解答できるようにして，自信をつけることは何より大切です。

もっと基礎的な項目の学習や詳しい確認をしたいときは，この本の姉妹編として出版されている「よくわかる　２級自動車整備士（ガソリン自動車），よくわかる　３級自動車整備士（ガソリン・エンジン），よくわかる　３級自動車整備士（シャシ）」（弘文社）を参考にするとわかりやすいと思います。

２級自動車整備士の試験問題は，３級自動車整備士の試験問題と類似した問題が出題されることがあるので，３級自動車整備士のエンジン編とシャシ編を勉強することで合格の確率をグーンと上げることができます。

試験に合格する近道は，自分に適したテキストや問題集を１～２冊に絞って，出題頻度の多い問題を重点的に，繰り返し繰り返し勉強することです。

この本を手にしたあなたが「２級ガソリン自動車整備士」に合格することを，お祈り申し上げます。

最後に，本書「２級ガソリン自動車整備士 ズバリ一発合格問題集」の出版にあたり，㈱弘文社編集部の方々にはいろいろとご尽力をいただきました。ここに厚く御礼申し上げます。

目　次

第1編　模擬テストと解答・解説

第2編　特別編集　合格虎の巻　（最重要事項の整理）

本書の活用方法

本書の試験案内には，自動車整備士の種類，受験資格，技能検定試験の全部又は一部免除，整備士試験の実施時期，各地方運輸局・運輸支局，全国自動車整備振興会一覧を掲載してありますので，受験願書の取り寄せや記入方法，また願書の提出日など間違いのないように十分に注意してください。

[1] 第1編は，**模擬テストと解答・解説**になっており，本試験と同じような形式で5回分の模擬テストを体験することができます。1回の試験時間は80分で40問解答（四肢択一）します。

[2] 模擬テストを始める前に，**「学科試験場での注意事項」**の項目がありますので必ず読んでください。ここには大切な受験番号，氏名，解答の記入例などがわかりやすく説明してあります。

[3] 各回テストの次のページには解答・解説を設けてあります。この解答欄には，各問題の解答の他に，できるだけ多くの図を取り入れて解説しています。さらに，**覚える**の欄を設けて簡潔に覚えやすくまとめてありますので活用してください。

[4] 第2編の「**特別編集　合格虎の巻**」には，エンジンのポイント，シャシのポイント，計算のポイント，法規のポイントを設けてあります。

[5] **エンジンのポイントとシャシのポイント**は，よく出題されている項目ごとに短く覚えやすくまとめてあります。

[6] **計算問題のポイント**は，よく出題される種類を取り上げて，公式の説明と実際の数字を入れて，計算順序もていねいにまとめてあります。

[7] **法規のポイント**は，よく出題される法律を抜粋してあります。「道路運送車両法の保安基準（抜粋）」では，法律のすぐ次に「細目を定める告示」

を設けて，関連する事項がすぐにわかるようにまとめてあります。

[8] **模擬テスト**の中で理解できなかった問題は，解説をよく読んで理解を深め，さらに姉妹編の「よくわかる　2級自動車整備士（ガソリン自動車）」，「よくわかる　3級自動車整備士（ガソリン・エンジン）」，「よくわかる　3級自動車整備士（シャシ）」で確認することを望みます。決して，問題を丸暗記しないでください。丸暗記をすると，数字やことばが変わると解答できなくなります。

もっと自信をつけるには，本書に設けられている5回分の模擬テストを，それぞれ3回（合計15回テスト）繰り返し練習することです。実力はグーンとアップして合格への近道となります。実行してみましょう。

[9] 各問題No.のとなりに **「出るヨ」** マーク を入れてあります。このマークの数が多いほど出題頻度が高いことを表します。

[10] 各回テストの解答欄では，問題の解答と **覚える** を設けて簡潔にまとめてあるのでわかりやすくなっています。また，多くの図を用いて解説しているので，図を見るだけでも理解を深めることができます。活用してください。

「出るヨ」マーク は，出題頻度を表しています。このマークが3つ付いた問題が一番よく出る問題です。

自動車整備士試験案内

1 自動車整備士の種類

1級自動車整備士

① 1級大型自動車整備士

② 1級小型自動車整備士

③ 1級2輪自動車整備士

2級自動車整備士

① 2級ガソリン自動車整備士

② 2級ジーゼル自動車整備士

③ 2級自動車シャシ整備士

④ 2級2輪自動車整備士

3級自動車整備士

① 3級自動車ガソリン・エンジン整備士

② 3級自動車ジーゼル・エンジン整備士

③ 3級自動車シャシ整備士

④ 3級2輪自動車整備士

特殊整備士

① 自動車タイヤ整備士

② 自動車電気装置整備士

③ 自動車車体整備士

2 受験資格

1級自動車整備士

① 2級合格後，3年以上の実務経験（2級シャシを除く）

② 卒業と同時（自動車整備士専門学校などの1級整備士養成課程卒業）

2級自動車整備士

① 3級合格後，3年以上（2級自動車シャシの場合は2年以上）の実務経験（高等学校などで自動車又は機械に関する課程を修めていない者）

② 3級合格後，2年以上（2級自動車シャシは1年6か月以上）の実務経験（高等学校などで自動車又は機械に関する課程を修めている者）

③　卒業と同時（大学，短期大学，自動車整備士専門学校などの２級整備士養成課程卒業）

３級自動車整備士

①　１年以上の実務経験（高等学校などで自動車又は機械などに関する課程を修めていない者）

②　６か月以上の実務経験（高等学校の機械科卒など）

③　卒業と同時（高等学校の自動車科卒など）

特殊整備士

①　２年以上の実務経験（高等学校などで自動車又は機械などに関する課程を修めていない者）

②　１年以上の実務経験（自動車整備士専門学校などの２級整備士養成課程卒業）

③　卒業と同時（自動車整備士専門学校などの特殊整備士養成課程卒業）

3　技能検定試験の全部又は一部免除

⑴　自動車整備技能登録試験合格者

日本自動車整備振興会連合会の実施する登録試験の合格者は，国の実施する技能検定が免除となる。

⑵　養成施設修了者

養成施設（一種養成施設，二種養成施設）の所定の課程を修了した者は，修了した種類の技能検定の実技試験が免除（修了した日から技能検定の申請日まで２年を経過しない者）される。

①　一種養成施設

一種養成施設は，高等学校，専門学校，職業技術専門学校が該当します。養成期間は３級課程が１年以上，２級課程が２年以上，１級課程が３年以上（２級ガソリン自動車及び２級ジーゼル自動車整備士の両有資格者は２年以上，１級２輪課程は２年以上）となっています。

②　二種養成施設

二種養成施設は，自動車整備振興会技術講習会が該当します。養成期間は６か月以内（１級課程は１年６か月以内）となっています。

⑶　職業訓練指導員試験合格者

職業訓練指導員（自動車整備科の免許）の合格者又は職業能力開発大学校

において，産業機械工学科を訓練科とする指導員訓練の長期課程を修了した者は，２級又は３級の技能検定の学科試験（保安基準そのほか自動車の整備に関する法規の科目を除く）及び実技試験が免除される。

4　整備士試験の実施時期

(1)　検定試験

検定試験は，国土交通大臣が実施する試験で年１～２回（年によって変動あり）試験を実施しています。

１回目の試験：学科試験７月下旬頃，実技試験９月上旬頃

２回目の試験（実施される場合）：学科試験 11 月頃，実技試験２月頃

(2)　登録試験

登録試験は，日本自動車整備振興会連合会が実施する試験で原則として年２回実施しています。

①　年２回実施される試験

１回目の試験：10 月

２回目の試験：３月

２級ガソリン自動車整備士，２級ジーゼル自動車整備士，３級自動車ガソリン・エンジン整備士，３級自動車ジーゼル・エンジン整備士，３級自動車シャシ整備士，自動車車体整備士

②　年１回実施される試験

３月の試験：１級小型自動車整備士，２級自動車シャシ整備士，３級２輪自動車整備士，自動車電気装置整備士

10 月の試験：２級２輪自動車整備士

※試験の日程等は変更されることもありますので，必ず各自で事前に確認をして下さい。

各地方運輸局・運輸支局

●国土交通省自動車局整備課

〒100－8918　東京都千代田区霞が関 2－1－3

中央合同庁舎 3 号館　ＴＥＬ　03－5253－8111

●北海道運輸局自動車技術安全部整備・保安課

〒060－0042　北海道札幌市中央区大通西 10 丁目

札幌第 2 合同庁舎　ＴＥＬ　011－290－2752

●東北運輸局自動車技術安全部整備・保安課

〒983－8537　宮城県仙台市宮城野区鉄砲町 1

仙台第 4 合同庁舎　ＴＥＬ　022－791－7534

●北陸信越運輸局自動車技術安全部整備・保安課

〒950－8537　新潟県新潟市中央区美咲町 1－2－1

新潟美咲合同庁舎 2 号館　ＴＥＬ　025－285－9155

●関東運輸局自動車技術安全部整備課

〒231－8433　神奈川県横浜市中区北仲通 5－57

横浜第 2 合同庁舎　ＴＥＬ　045－211－7254

●中部運輸局自動車技術安全部整備課

〒460－8528　愛知県名古屋市中区三の丸 2－2－1

名古屋合同庁舎 1 号館　ＴＥＬ　052－952－8042

●近畿運輸局自動車技術安全部整備課

〒540－0008　大阪府大阪市中央区大手前 4－1－76

大阪合同庁舎 4 号館　ＴＥＬ　06－6949－6453

●中国運輸局自動車技術安全部整備・保安課

〒730－8544　広島県広島市中区上八丁堀 6－30

広島合同庁舎 4 号館　ＴＥＬ　082－228－9141

●四国運輸局自動車技術安全部整備・保安課

〒760－0019　香川県高松市サンポート 3－33

高松サンポート合同庁舎南館　ＴＥＬ　087－802－6783

●九州運輸局自動車技術安全部整備課

〒812－0013　福岡県福岡市博多区博多駅東 2－11－1

福岡第 1 合同庁舎新館　ＴＥＬ　092－472－2537

●沖縄総合事務局運輸部車両安全課

〒900－0006　沖縄県那覇市おもろまち 2－1－1

那覇第二地方合同庁舎 2 号館　ＴＥＬ　098－866－1837

全国自動車整備振興会一覧

(一般社団法人)日本自動車整備振興会連合会		03-3404-6141	東京都港区六本木 6-10-1　森タワー 17 階
北海道地方	札幌地方自動車整備振興会	011-751-1411	北海道札幌市東区北二十四条東 1-1-12
	函館地方自動車整備振興会	0138-49-1411	北海道函館市西桔梗町 555-36
	帯広地方自動車整備振興会	0155-33-3166	北海道帯広市西十九条北 1-8-3
	釧路地方自動車整備振興会	0154-51-5216	北海道釧路市鳥取大通 6-1-1
	旭川地方自動車整備振興会	0166-51-2157	北海道旭川市春光町 10
	室蘭地方自動車整備振興会	0143-44-5640	北海道室蘭市日の出町 3-4-13
	北見地方自動車整備振興会	0157-24-4544	北海道北見市光西町 167
東北地方	青森県自動車整備振興会	017-739-1801	青森県青森市大字浜田字豊田 129-12
	岩手県自動車整備振興会	019-637-2882	岩手県紫波郡矢巾町流通センター南 2-8-2
	宮城県自動車整備振興会	022-236-3322	宮城県仙台市宮城野区扇町 4-1-32
	秋田県自動車整備振興会	018-823-6546	秋田県秋田市八橋大畑 2-12-63
	山形県自動車整備振興会	023-686-4832	山形県山形市大字漆山字行段 1961
	福島県自動車整備振興会	024-546-3451	福島県福島市吉倉字吉田 5
関東地方	茨城県自動車整備振興会	029-248-7000	茨城県水戸市住吉町 292-5
	山梨県自動車整備振興会	055-262-4422	山梨県笛吹市石和町唐柏 790
	栃木県自動車整備振興会	028-659-4370	栃木県宇都宮市八千代 1-9-10
	群馬県自動車整備振興会	027-261-0221	群馬県前橋市上泉町 397-1
	埼玉県自動車整備振興会	048-624-1221	埼玉県さいたま市西区大字中釘 2082
	千葉県自動車整備振興会	043-241-7254	千葉県千葉市美浜区新港 156
	東京都自動車整備振興会	03-5365-2311	東京都渋谷区本町 4-16-4
	神奈川県自動車整備振興会	045-934-2311	神奈川県横浜市都筑区池辺町 3660
北陸信越地方	新潟県自動車整備振興会	025-285-2301	新潟県新潟市中央区東出来島 12-6
	長野県自動車整備振興会	026-243-4839	長野県長野市西和田 1-35-2
	富山県自動車整備振興会	076-425-0882	富山県富山市新庄町字馬場 24-2
	石川県自動車整備振興会	076-239-4001	石川県金沢市直江東 1-2
中部地方	福井県自動車整備振興会	0776-34-3434	福井県福井市西谷 1-1401
	岐阜県自動車整備振興会	058-279-3721	岐阜県岐阜市日置江 2648-4

	静岡県自動車整備振興会	054-263-0123	静岡県静岡市駿河区中吉田 10-36
	愛知県自動車整備振興会	052-882-3834	愛知県名古屋市昭和区滝子町 30-16
	三重県自動車整備振興会	059-226-5215	三重県津市桜橋 3-53-15
近畿地方	滋賀県自動車整備振興会	077-585-2221	滋賀県守山市木浜町 2298-1
	京都府自動車整備振興会	075-691-6462	京都府京都市伏見区竹田向代町 51-5
	大阪府自動車整備振興会	06-6613-1191	大阪府大阪市住之江区南港東 3-5-6
	兵庫県自動車整備振興会	078-441-1601	兵庫県神戸市東灘区魚崎浜町 33
	奈良県自動車整備振興会	0743-59-5050	奈良県大和郡山市額田部北町 977-6
	和歌山県自動車整備振興会	073-422-2466	和歌山県和歌山市湊 1106
中国地方	鳥取県自動車整備振興会	0857-23-3271	鳥取県鳥取市丸山町 233
	島根県自動車整備振興会	0852-37-0041	島根県松江市馬潟町 43-4
	岡山県自動車整備振興会	086-259-3500	岡山県岡山市北区富吉 5301-8
	広島県自動車整備振興会	082-231-9201	広島県広島市西区観音新町 4-13-13-3
	山口県自動車整備振興会	083-924-8123	山口県山口市葵 1-5-58
四国地方	徳島県自動車整備振興会	088-641-1500	徳島県徳島市応神町応神産業団地 1-7
	香川県自動車整備振興会	087-881-4321	香川県高松市鬼無町佐藤 17-10
	愛媛県自動車整備振興会	089-956-2181	愛媛県松山市森松町 1075-2
	高知県自動車整備振興会	088-866-7300	高知県高知市大津乙 1793-1
九州地方	福岡県自動車整備振興会	092-641-3171	福岡県福岡市東区箱崎ふ頭 6-7-16
	佐賀県自動車整備振興会	0952-30-8181	佐賀県佐賀市若楠 2-10-10
	長崎県自動車整備振興会	095-839-1177	長崎県長崎市中里町 1576-2
	熊本県自動車整備振興会	096-369-1441	熊本県熊本市東区東町 4-14-8
	大分県自動車整備振興会	097-551-3311	大分県大分市大津町 3-4-13
	宮崎県自動車整備振興会	0985-51-5008	宮崎県宮崎市大字本郷北方字鵜戸尾 2735-7
	鹿児島県自動車整備振興会	099-261-8515	鹿児島県鹿児島市谷山港 2-4-16
沖縄	沖縄県自動車整備振興会	098-877-7065	沖縄県浦添市字港川 512-16

試験の概要

1 合格基準

(1) 2級自動車整備士

○学科試験時間は80分

○1問1点，40点満点に対し28点以上（70％以上）であって，かつ，問題1～15，問題16～30，問題31～35，問題36～40のそれぞれの分野ごとに40パーセント以上の成績で合格

(2) 3級自動車整備士

○学科試験時間は60分

○1問1点，30点満点に対して21点以上（70％以上）で合格

(3) 特殊整備士

○学科試験時間は60分

○1問1点，40点満点に対して28点以上（70％以上）で合格

自動車整備士技能検定は，学科試験と実技試験があり，学科試験に合格した者が実技試験を受験することができます。

2 学科試験

2級ガソリン自動車整備士の学科試験の問題数は40問出題され，次のように分類されます。

① エンジンに関する問題　15問
② シャシに関する問題　13問
③ 電気，バッテリ，オイル，ガソリンなどに関する問題　4問
④ 計算問題　3問
⑤ 法規に関する問題　5問

3 実技試験

実技試験は，学科試験に合格すると受験できます。

実技試験は，第一種養成施設（大学，短期大学，職業訓練学校，専門学校など），第二種養成施設（自動車整備振興会，技術講習会など）を卒業した者は，免除になります（但し，修了後2年間）。

＊　実技試験は，公表されておりませんので集めた情報から想定すると，試験時間は30分，70%以上の正解で合格と思われます。

詳しくは，第2編の「実技試験のポイント」に書いてありますので参考にして下さい。

合格してからの自動車整備士

自動車の分解整備作業は，自動車整備士技能検定試験に合格していなくても従事することはできますが，地方運輸局長の認証が必要とされる自動車分解整備事業にあっては，１級，２級又は３級の技能検定に合格した者が一定数以上従事していることが必要であります。

自動車整備士は，自動車検査員，整備主任，整備管理者になることができます。

1 自動車検査員

自動車検査員は，指定自動車整備事業の検査員となることができます。

自動車検査員になるには，１級又は２級の自動車整備士技能検定（２級自動車シャシ整備士を除く）に合格していることが要件の一つとなっています。

2 整備主任者

整備主任者には，１級又は２級の自動車整備士がなることができます（但し，当該事業場が原動機を対象とする分解整備を行う場合は，２級自動車シャシ整備士を除く）。

整備主任者は，分解整備作業とこれに係る分解整備記録簿の記載に関する事項を統括管理するための責任者として，届け出が義務付けられています。

3 整備管理者

整備管理者には，１級，２級，３級の自動車整備士がなることができます。

自動車運送事業者及び多数の自家用自動車を使用している者等は，車両総重量８t以上の自動車又は国土交通省令で定める自動車で一定車両数以上の使用の本拠ごとに，自動車の点検整備実施の徹底を図るため，整備管理者を選任することが義務付けられています。

単位と換算

1 SI基本単位

量	名　称	記　号	量	名　称	記　号
長　さ	メートル	m	熱力学温度	ケルビン	K
質　量	キログラム	kg	物質量	モル	mol
時　間	秒	s	光　度	カンデラ	cd
電　流	アンペア	A			

2 換算が必要となる主な単位

量	従来単位→SI	従来単位→SI
力	kgf→N（ニュートン）	1 kgf⇒9. 80665 N≒9. 8 N
圧　力	kgf/cm^2→Pa（パスカル）	1 kgf/cm^2 ⇒9. 80665×10^4Pa≒98 kPa
応　力	kgf/mm^2→MPa（メガパスカル）	1 kgf/mm^2 ⇒9. 80665 MPa（又はN/mm^2）
熱エネルギー	cal→J（ジュール）	1 cal⇒4. 18605 J≒4. 2 J
軸トルク	kgf·m→N·m（ニュートン・メートル）	1 kgf・m ⇒9. 80665 N・m≒9. 8 Nm
軸出力	PS→kW（キロワット）	1 PS⇒0. 7355 KW≒735. 5 W
機械エネルギー	kgf·m→J（ジュール）	1 kgf・m⇒9. 80665 J
ミクロン	μ→μm（マイクロメートル）	1 μ ⇒1 μm
体　積	cc→cm^3	1 cc ⇒1 cm^3
回転数	rpm→min^{-1}	1 rpm ⇒min^{-1}
周波数	c/s→Hz（ヘルツ）	1 c/s ⇒1 Hz
加速度	G→m/s^2	1 G ⇒9. 80665 m/s^2

(1) 長さ

単　　　　　　　位	単　位　の　意　味　な　ど
キロ・メートル　km	1 km＝1,000 m
メ　ー　ト　ル　m	1 m＝100 cm
センチ・メートル　cm	1 cm＝$\frac{1}{100}$m　1 cm＝10 mm
ミリ・メートル　mm	1 mm＝$\frac{1}{1,000}$m
マイクロ・メートル　μm	1 μm＝$\frac{1}{1,000,000}$m$\left(=\frac{1}{1,000}\text{mm}\right)$

(2) 面積

単　　　　　　　位	単　位　の　意　味　な　ど（例）
平方キロ・メートル　km^2	辺の長さが1 kmの正方形の面積 （1,000,000 m^2）
平　方　メ　ー　ト　ル　m^2	辺の長さが1 mの正方形の面積 （10,000 cm^2）
平方センチ・メートル　cm^2	辺の長さが1 cmの正方形の面積

(3) 体積

単　　　　　　　位	単　位　の　意　味　な　ど（例）
立　方　メ　ー　ト　ル　m^3	辺の長さが1 mの立方体の体積
立方センチ・メートル　cm^3 （cc）	1 cm^3＝$\frac{1}{1,000,000}$m^3
キ　ロ　・　リ　ッ　ト　ル　kℓ	1 kℓ＝1,000 ℓ
リ　ッ　ト　ル　ℓ	1,000 cc 質量1 kgの純水が4℃の大気圧における体積

(4) 濃度

単　　　　　　　位	単 位 の 意 味 な ど (例)
パ　ー　セ　ン　ト　%	1 % = 100 分の 1
パート・パー・ミリオン　PPM	1 PPM = 100 万分の 1

(5) 質量

単　　　　　　　位	単 位 の 意 味 な ど (例)
ト　　ン　t	1 t = 1, 000 kg
キロ・グラム　kg	4 ℃の純水が大気圧のもとにおける 1 ℓ の質量 (1, 000 g)
グ　ラ　ム　g	1 g= $\frac{1}{1,000}$ kg

(6) 速度・加速度

単　　　　　　　位	単 位 の 意 味 な ど (例)
メ ー ト ル 毎 秒　m/s	1 m/s = 1 秒間に 1 m 進むときの速度
キロ・メートル毎時　km/h	1 km/h = 1 時間に 1 km 進むときの速度
メートル毎秒毎秒　m/s^2	1 m/s^2 = 1 秒間に 1 m/s の変化のあるときの加速度

(7) 回転速度

単　　　　　　　位
毎分回転速度　min^{-1} (r.p.m)
毎秒回転速度　s^{-1}

(8) 電気

名　　称	単　　位	
電　　流 I	アンペア〔A〕	オームの法則　$I=\frac{V}{R}$　$V=IR$　$R=\frac{V}{I}$
電　　圧 V	ボルト〔V〕	電気が単位時間に行う仕事の割合
電　　力 P	ワット〔W〕	$P=VI$　$P=I^2R$
抵　　抗 R	オーム〔Ω〕	電力＝電圧×電流　$P=V \cdot I$ $P=\frac{V^2}{R}$
蓄電池容量	アンペアアワ〔A・H〕	
静電容量 C	マイクロファラド〔μF〕	1 F の 100 万分の 1

(9) 燃料消費率

名　　称	単　　位	
燃料消費率(走行)	km/ℓ	
燃料消費率（エンジン）	g/kW・h〔g/PS・h〕	1〔kW〕(PS)，1 時間当たり何グラム使用するかを表す

(10) 明るさ

名　　称	単　　位	
光　　度	カンデラ〔cd〕	光の強さ，光源の明るさ
光　　束	ルーメン〔lm〕	人の目に感じる光のエネルギー
照　　度	ルクス〔lx〕	照された表面の明るさ

(11) 音響

名　　称	単　　位	
音　　位	デシベル〔dB〕	音の強さ，物理的エネルギーの量
音　　量	ホン〔Ph〕	音の大きさ

第１編

模擬テストと解答・解説

学科試験場での注意事項（この模擬テストを勉強する前に）

［1］ 問題用紙は，試験開始の合図があるまで開いてはいけません。

［2］ 卓上計算機は，四則演算，平方根（√），百分率（%）の計算機能だけをもつ簡易な電卓のみ使用することができます。違反した場合，失格となることがあります。

［3］ 答案用紙と問題用紙は別になっています。解答は答案用紙に記入して下さい。

［4］ 答案用紙の「受験地」，「回数」，「番号」，「生年月日」，「氏名（フリガナ）」の欄は，次により記入して下さい。これらの記入がなければ失格となります。

⑴ 「受験地」，「回数」，「番号」の空欄には，受験票の数字を正確に記入するとともに，該当する数字の○（マル）を黒く塗りつぶして下さい。

⑵ 「生年月日」の空欄は，元号は漢字を，年月日はアラビア数字を（1桁の場合は前にゼロを入れて，例えば1年2月3日は，010203）正確に記入するとともに，該当する数字の○を黒く塗りつぶして下さい。

⑶ 「氏名（フリガナ）」の欄は，漢字は楷書で，フリガナはカタカナで，正確かつ明瞭に記入して下さい。

［5］ 「性別」，「修了した養成施設等」の欄は，該当する数字の○を黒く塗りつぶして下さい。なお，「修了した養成施設等」欄の「① 一種養成施設」は自動車整備学校，職業能力開発校（職業訓練校）及び高等学校で今回受験する試験と同じ種類の自動車整備士の養成課程を修了した者，「② 二種養成施設」は自動車整備振興会・自動車整備技術講習所において今回受験する試験と同じ種類の自動車整備士の講習を修了した者が該当し，前記①，②以外の者は「③ その他」に該当します。

[6] 答案用紙の解答欄は，次により記入して下さい。

(1) 解答は，問題の指示するところに従って，4つの選択肢の中から最も適切なもの，又は最も不適切なもの等を1つ選んで，解答欄の1～4の数字の下の○を黒く塗りつぶして下さい。2つ以上マークするとその問題は不正解となります。

(2) 所定欄以外には，マークしたり，記入したりしてはいけません。

(3) マークは，B又はHBの鉛筆を使用し，黒く塗りつぶして下さい。ボールペン等は使用してはいけません。

良い例 ● 悪い例 ◐ ⊠ ⌀ ⦸ ◯（薄い）

(4) 訂正する場合は，プラスチック消しゴムできれいに消して下さい。

(5) 答案用紙を汚したり，曲げたり，折ったりしないで下さい。

[7] 試験開始後30分を過ぎれば退場することができますが，その場合は答案用紙を机の上に伏せて静かに退場して下さい。一度退場したら，その試験が終了するまで再度入場することはできません。

[8] 試験会場から退場するときは，問題用紙を持ち帰って下さい。

[9] 退場できる時間がきても，すぐに退場しないで最後まで問題をよく読んで間違いがないか確認して，1点でも多く得点するように粘りましょう。

[10] 問題はやさしいものから解答して，難しいものは後にしましょう。

[11] 苦手な計算問題ができなくても十分「合格」できます。

[12] 問題を解答するときに，問題用紙に確実に解答できるものには○印，迷う問題には△印，全くわからない問題には×印をつけて，残った時間を効率よく使いましょう。

記入例

受験地		回数		種類		番号			
3	1	0	1	3	2	1	2	3	4
⓪	⓪	●	⓪	⓪	⓪	⓪	⓪	⓪	⓪
①	●	①	●	①	①	●	①	①	①
②	②	②	②	●	●	②	●	②	②
●	③	③	③	③	③	③	③	●	③
④	④	④	④	④	④	④	④	④	●
⑤	⑤	⑤	⑤	⑤	⑤	⑤	⑤	⑤	⑤
⑥	⑥	⑥	⑥	⑥	⑥	⑥	⑥	⑥	⑥
⑦	⑦	⑦	⑦	⑦	⑦	⑦	⑦	⑦	⑦
⑧	⑧	⑧	⑧	⑧	⑧	⑧	⑧	⑧	⑧
⑨	⑨	⑨	⑨	⑨	⑨	⑨	⑨	⑨	⑨

生年月日						
元号	年		月		日	
平成	0	1	0	2	0	3
	●	⓪	●	⓪	●	⓪
	①	●	①	①	①	①
	②	②		●	②	②
	③	③		③	③	●
③ 昭和	④	④		④		④
● 平成	⑤	⑤		⑤		⑤
	⑥	⑥		⑥		⑥
	⑦	⑦		⑦		⑦
	⑧	⑧		⑧		⑧
	⑨	⑨		⑨		⑨

フリガナ
氏名
コウブン　タロウ
弘文　太郎

修了した養成施設等
① 一種養成施設
② 二種養成施設
③ その他

性別
● 男
② 女

答案用紙の解答欄			
No 1	1 2 3 4 ●○○○	No 21	1 2 3 4 ○○●○
No 2	1 2 3 4 ○●○○	No 22	1 2 3 4 ○●○○
No 3	1 2 3 4 ○○●○	No 23	1 2 3 4 ●○○○
4	1 2 3 4 ○○○●	N	1 2 3 4

記入例

良い例 ●　悪い例 ◔　⊗　∅　⦸　○(薄い)

受験地　31…大阪　回数　01…1回　種類　22…2級ガソリン

番号　1234…受験番号　生年月日　平成010203…平成1年2月3日

一種養成施設…高校の自動車科又は職業訓練校を卒業した者

二種養成施設…整備振興会の講習を修了した者

2級ガソリン 自動車整備士

模擬テスト

(試験時間は 80 分)

第1回

No. 1

ガソリン自動車の空燃比に関する次の文章の（　）に当てはまるものとして，下の組み合わせのうち適切なものはどれか。

空燃比に対する排気ガス中の CO，HC，NOx の濃度変化については，一般に，理論空燃比よりやや（ イ ）空燃比域では（ ロ ）は減少するが，逆に（ ハ ）は増加する。

	（イ）	（ロ）	（ハ）
(1)	濃い	NOx	CO 及び HC
(2)	薄い	NOx	CO 及び HC
(3)	濃い	CO 及び HC	NOx
(4)	薄い	CO 及び HC	NOx

No. 2

点火順序が 1−5−3−6−2−4 の直列 6 シリンダ・4 サイクル・ガソリン・エンジンの第 3 シリンダを圧縮上死点にしたときに，バルブ・クリアランスの測定ができるバルブとして，適切なものは次のうちどれか。

(1)　第 1 シリンダのエキゾースト・バルブ
(2)　第 2 シリンダのインレット・バルブ
(3)　第 3 シリンダのエキゾースト・バルブ
(4)　第 4 シリンダのインレット・バルブ

No. 3

一般的な電子制御式 LPG 燃料噴射装置（液体噴射式）に関する次の文章の（　）に当てはまるものとして，下の組み合わせのうち適切なものはどれか。

電子制御式 LPG 燃料噴射装置（液体噴射式）では，LPG は LPG ボンベから液体の状態で送り出され，フィルタで不純物をろ過し，（ イ ）を経て（ ロ ）で燃料の脈動を減衰させて（ ハ ）から液体の状態で噴射します。

	（イ）	（ロ）	（ハ）
(1)	パルセーション・ダンパ	緊急遮断バルブ	インジェクタ

(2)　パルセーション・ダンパ　インジェクタ　緊急遮断バルブ
(3)　緊急遮断バルブ　パルセーション・ダンパ　インジェクタ
(4)　緊急遮断バルブ　インジェクタ　パルセーション・ダンパ

No. 4

電子装置の空燃比フィードバック補正が停止するときの条件として，不適切なものは次のうちどれか。

(1)　フューエル・カット時
(2)　エンジン始動時
(3)　始動後増量中
(4)　アイドリング時

暖機状態になった自動車（ガソリン・エンジン）を高速走行させたときに，高出力が得られない場合の推定原因として，適切なものは次のうちどれか。

(1)　スパーク・プラグの熱価が低過ぎる。
(2)　O_2 センサが不良である。
(3)　バッテリの電解液が少ない。
(4)　ISCV（アイドル・スピード・コントロール・バルブ）が閉じたままである。

No. 6

ピストン・リングに起こる異常現象に関する次の文章の（　）に当てはまるものとして，下の組み合わせのうち適切なものはどれか。

スカッフ現象とは，シリンダ壁の（ イ ）リングとシリンダ壁が直接接触し，リングによってシリンダの表面に（ ロ ）ができることをいう。

	（イ）	（ロ）
(1)	油膜が切れて	圧縮傷
(2)	油膜が切れて	引っかき傷

(3) 冷却水が切れて　引っかき傷

(4) 冷却水が切れて　圧縮傷

No. 7 出るヨ

電子制御装置の自己診断システムで，水温センサ系統の点検として，不適切なものは次のうちどれか。

(1) 水温センサを接続した状態でイグニション・スイッチをONにし，水温センサの信号端子とアース端子間の電圧を点検する。

(2) コントロール・ユニット及び水温センサのコネクタを外し，ハーネスの導通状態の回路を点検する。

(3) 水温センサを外し，水温センサの信号端子とアース端子間の抵抗値を測定して，単体点検をする。

(4) 水温センサを外して，水温センサの信号端子とアース端子間にオシロスコープを接続して，信号波形の波形点検をする。

No. 8 出るヨ

リダクション式スタータにおいて，エンジン始動後エンジンの回転動力がアーマチュアに伝わらないように作用するものとして，適切なものは次のうちどれか。

(1) コンミュテータ

(2) アーマチュア・シャフト

(3) オーバランニング・クラッチ

(4) ピニオン・ギヤ

No. 9 出るヨ

スパーク・プラグに関する次の文章の（　）に当てはまるものとして，下の組み合わせのうち適切なものはどれか。

スパーク・プラグを使用するときは最適温度があり，下限を自己清浄温度といい，そのときの温度は約（ イ ）℃，また，上限をプレ・イグニション温度といい，そのときの温度は約（ ロ ）℃である。

	(イ)	(ロ)
(1)	250	550
(2)	450	950
(3)	250	800
(4)	450	1,100

No. 10 出るヨ

点火装置に用いられるピックアップ・コイル式クランク角センサに関する記述として，適切なものは次のうちどれか。

(1) シグナル・ロータの突起部とブラケットが近づくときに，ピックアップ・コイルにプラスの電気を発生する。

(2) シグナル・ロータの突起部とブラケットが離れるときに，ピックアップ・コイルにプラスの電気が発生する。

(3) シグナル・ロータの突起部とブラケットが一直線になったとき，ピックアップ・コイルを通る磁束は最小となる。

(4) シグナル・ロータの突起部とブラケットが一直線になったとき，ピックアップ・コイルには最大の電気が発生する。

No. 11 出るヨ

直巻き式スタータの出力特性において，回転速度が高くなるにつれて，アーマチュア電流が減少する理由として，適切なものは次のうちどれか。

(1) アーマチュア・コイルの直流抵抗値が大きくなるためである。

(2) アーマチュア・コイルに発生する逆起電力が大きくなるためである。

(3) アーマチュア・コイルの交流抵抗値が大きくなるためである。

(4) アーマチュア・コイルに発生する逆起電力が小さくなるためである。

No. 12 出るヨ

イグニション・コイルに関する記述として，適切なものは次のうちどれか。

(1) 自己誘導作用は，電流が連続的に流れている時に発生する。

⑵ 自己誘導作用は，二次コイルに発生する。

⑶ 相互誘導作用によって，一次コイルに起電力が生じる。

⑷ 相互誘導作用は，一次コイルの自己誘導作用によって起こる。

No. 13 出るヨ

スパーク・プラグによる混合気の着火ミスが起こる原因として，不適切なものは次のうちどれか。

⑴ 混合気が薄い。

⑵ 混合気が濃い。

⑶ スパーク・プラグの中心電極が細い。

⑷ スパーク・プラグのギャップが狭い。

No. 14 出るヨ

アイドル回転速度制御装置の始動時制御に関する次の文章の（ ）に当てはまるものとして，下の組み合わせのうち適切なものはどれか。

エンジン始動時は，ISCVの吸入空気量が（ イ ）になって回転速度が高過ぎる場合があるので，始動と同時にそのときの（ ロ ）に対応したISCVの開度にしている。

	（イ）	（ロ）
⑴	最小	冷却水温
⑵	最小	回転速度
⑶	最大	冷却水温
⑷	最大	回転速度

No. 15 出るヨ

エンジンの負荷と点火時期に関する記述として，適切なものは次のうちどれか。

⑴ エンジンの回転速度は同じで，負荷が大きいときは，小さいときと比べて点火時期を進めるとよい。

⑵ エンジンの回転速度は同じで，負荷が小さいときは，大きいときと比べ

て点火時期を進めるとよい。

⑶　点火時期は，エンジンの負荷の大きい小さいに関係なく一定にするとよい。

⑷　エンジンの回転速度が低くなって，吸入空気量が少なくなるときは，点火時期を進めるとよい。

問題

No. 16

トルク・コンバータの最大トルク比として，適切なものは次のうちどれか。

⑴　1.0～1.5

⑵　2.0～2.5

⑶　3.0～3.5

⑷　4.0～4.5

No. 17

オートマティック・トランスミッションのストール・テストを行った結果，特定のレンジのみ規定回転数より高い場合の原因として，不適切なものは次のうちどれか。

⑴　プラネタリ・ギヤ・ユニットの中の，クラッチの滑り。

⑵　プラネタリ・ギヤ・ユニットの中の，ブレーキの滑り。

⑶　ライン・プレッシャのかかる系統からのオイル漏れ。

⑷　ライン・プレッシャのかかる系統のオイル粘度の高すぎ。

No. 18

プロペラ・シャフトの危険回転速度と長さに関する記述として，適切なものは次のうちどれか。

⑴　長さが長いほど危険回転速度は高くなる。

⑵　長さが短いほど危険回転速度は低くなる。

⑶　長さが長くなるほど危険回転速度は低くなる。

⑷　長さと危険回転速度は関係しない。

No. 19 出るヨ

サスペンションのリーフ・スプリングに関する記述として，適切なものは次のうちどれか。

(1) リーフ・スプリングは，独立懸架式に用いられる。
(2) サイレント・パッドは滑りをよくする。
(3) 枚数が少なく，スパンが長く，ばね定数の小さいものは大型トラックに適している。
(4) ばね定数の単位は，N/mm を用いる。

No. 20 出るヨ

リンク型リヤ・サスペンションに関する次の文章の（　）に当てはまるものとして，下の組み合わせのうち適切なものはどれか。

リンク型リヤ・サスペンションは，アクスルに掛かる前後方向の力は（ イ ）及びロアー・リンクで，左右方向の力は（ ロ ）で受ける。

	（イ）	（ロ）
(1)	コイル・スプリング	ショック・アブソーバ
(2)	コイル・スプリング	ラテラル・ロッド
(3)	アッパ・リンク	ショック・アブソーバ
(4)	アッパ・リンク	ラテラル・ロッド

No. 21 出るヨ

自動車の旋回性能に関する次の文章の（　）に当てはまるものとして，下の組み合わせのうち適切なものはどれか。

一定の角度を保ちながら自動車を旋回させるとき，速度が増すにつれてリヤ・ホイールはスリップリングが（ イ ）なり，コーナリング・フォースが（ ロ ）し，横滑り量が多くなって，旋回半径が小さくなることを（ ハ ）という。

	（イ）	（ロ）	（ハ）
(1)	大きく	低下	オーバステア
(2)	大きく	低下	アンダステア

⑶　小さく　　上昇　　ニュートラル・ステア
⑷　小さく　　上昇　　オーバステア

No. 22 出るヨ

フロント・ホイール・アライメントのキャスタに関する記述として，不適切なものは次のうちどれか。

⑴　キャスタ角を大きくするとキャスタ・トレールが大きくなり，ハンドルの操舵力が大きくなる。
⑵　キャスタ効果とは，旋回時にキャスタ・トレールをゼロにしてハンドル操作を軽くすることをいう。
⑶　キャスタ角を一定にして，キング・ピン軸を移動することでキャスタ・トレールを変えることができる。
⑷　キャスタ角を大きくすると，キャスタ点はタイヤ接地中心点より離れていく。

No. 23 出るヨ

ホイールの振れの点検方法について，適切なものは次のうちどれか。

⑴　横振れの測定は，マイクロ・メータを用いてタイヤのサイド・ウォール部を測定する。
⑵　縦振れの測定は，ノギスを用いてホイールのトレッド部を測定する。
⑶　縦振れの測定は，ダイヤル・ゲージを用いてホイールのディスク部を測定する。
⑷　横振れの測定は，ダイヤル・ゲージを用いてホイールのフランジ部を測定する。

No. 24 出るヨ

ラジアル・タイヤの呼びで「195/60　R　14　85　H」の 195 の意味するものとして，適切なものは次のうちどれか。

⑴　タイヤの外径（インチ）
⑵　タイヤの内径（インチ）

(3) タイヤの幅（ミリメートル）

(4) タイヤの偏平率×100

No. 25 出るヨ

タイヤの走行音に関する記述として，適切なものは次のうちどれか。

(1) 走行音は，一般にリブ型パターン，ブロック型パターン，ラグ型パターンの順に大きくなる。

(2) 走行音は，一般にラジアル・タイヤよりもバイアス・タイヤの方が小さい。

(3) 走行音は，一般に幅の広い方が幅の狭い方より小さい。

(4) 走行音は，一般にパターンやピッチを同じにしたものよりも不等にしたものが大きい。

No. 26 出るヨ

沸点の低過ぎるブレーキ液を使用したときに発生しやすい現象として，適切なものは次のうちどれか。

(1) ウォータ・フェード

(2) ブレーキ・ノイズ

(3) ベーパ・ロック現象

(4) フェード現象

No. 27 出るヨ

リーディング・トレーリング・シュー式ブレーキに関する記述として，適切なものは次のうちどれか。

(1) 制動力は，前進時と後退時は同じである。

(2) 制動力は，前進時が後退時より大きい。

(3) 制動時は，２本のブレーキ・シューがトレーリング・シューとなる。

(4) 制動時は，２本のブレーキ・シューが自己倍力作用を受ける。

No. 28

バッテリに関する記述として，不適切なものは次のうちどれか。

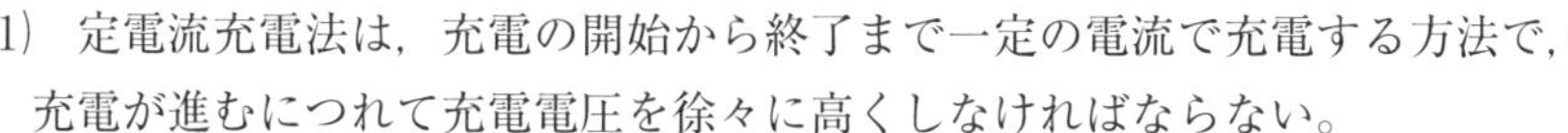

(1)　定電流充電法は，充電の開始から終了まで一定の電流で充電する方法で，充電が進むにつれて充電電圧を徐々に高くしなければならない。

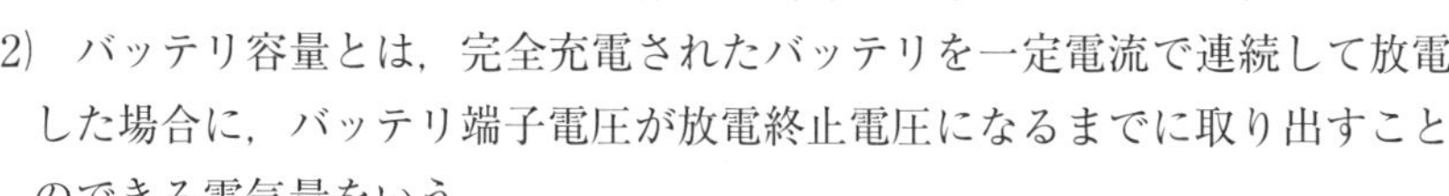

(2)　バッテリ容量とは，完全充電されたバッテリを一定電流で連続して放電した場合に，バッテリ端子電圧が放電終止電圧になるまでに取り出すことのできる電気量をいう。

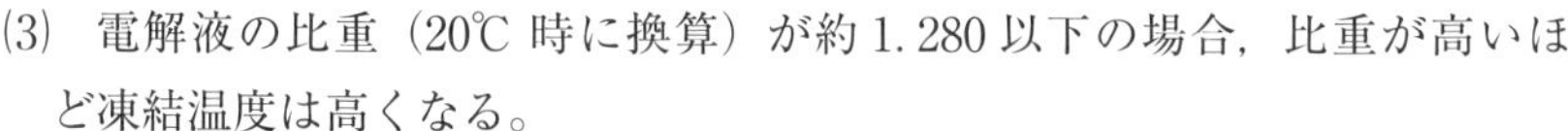

(3)　電解液の比重（20℃ 時に換算）が約 1.280 以下の場合，比重が高いほど凍結温度は高くなる。

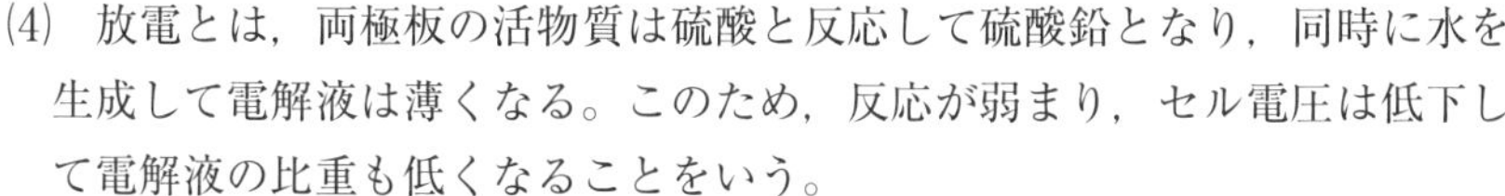

(4)　放電とは，両極板の活物質は硫酸と反応して硫酸鉛となり，同時に水を生成して電解液は薄くなる。このため，反応が弱まり，セル電圧は低下して電解液の比重も低くなることをいう。

No. 29

バッテリの電極板に関する記述として，適切なものは次のうちどれか。

(1)　活物質として，茶褐色の二酸化鉛を用いているものは，陰極板である。

(2)　活物質として，灰色の海綿状鉛を用いているものは，陽極板である。

(3)　1セルの電圧を高くするには，電極板の枚数を多くする。

(4)　1セルの容量を大きくするには，電極板の枚数を多くする。

No. 30

図に示す回路の電流A値として，適切なものは次のうちどれか。ただし，バッテリ及び配線等の抵抗はないものとする。

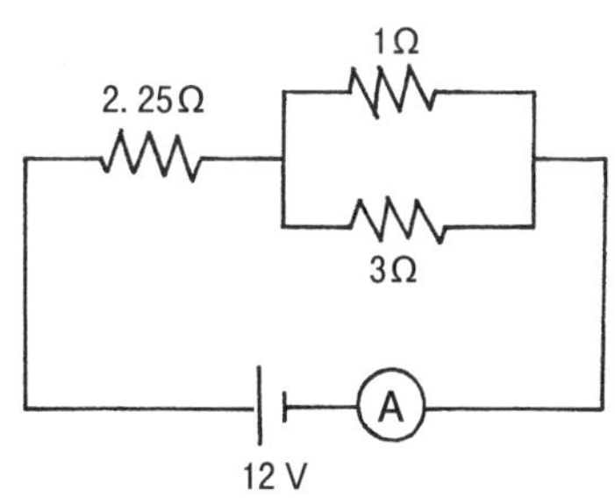

(1) 2[A]　　(2) 4[A]
(3) 6[A]　　(4) 8[A]

No. 31 

勾配抵抗に関する次の文章の（　）に当てはまるものとして，下の組み合わせのうち適切なものはどれか。

勾配抵抗は，自動車が坂道を上がるとき，進行方向の分力が駆動力に対して（ イ ）の向きに作用し，自動車の総重量が大きいほど，勾配が大きいほど（ ロ ）なる。

	（イ）	（ロ）
(1)	同じ	小さく
(2)	同じ	大きく
(3)	反対	小さく
(4)	反対	大きく

No. 32 

エアコンの点検で，サイト・グラスから見える冷媒の状態図と説明の記述として，不適切なものは次のうちどれか。

(1) 

* 完全に透明に見える。
* 冷媒量は適量である。
* 正常である。

(2) 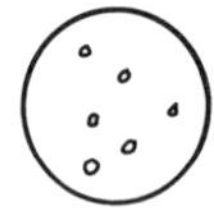

* ほとんど透明に見える。
* 気泡の流れは見えるが，エンジンの回転速度を上げたり下げたりすると透明になる。
* 正常である。

(3) 

* いつも気泡が見える。
* パイプ接続部が油で汚れている。
* 異常である。

(4) 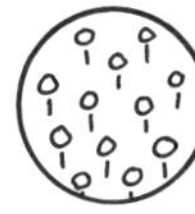

＊ 透明，又は白泡のときもある。

＊ 高圧パイプと低圧パイプの温度差がない。

＊ 異常である。

No. 33 

自己診断をするときのウォーニング・ランプの点滅に関する次の文章の（　）に当てはまるものとして，下の組み合わせのうち適切なものはどれか。

自己診断の判定方法は，ウォーニング・ランプの（ イ ）のパターンを，自己診断（ ロ ）と見比べて正常か異常かを判断することができる。

	（イ）	（ロ）
(1)	点滅	端子電圧
(2)	回路図	コード表
(3)	点滅	コード表
(4)	回路図	端子電圧

No. 34

表に示す諸元の自動車が，トランスミッションのギヤが第3速で，エンジンの回転速度が2,000[min^{-1}]で走行しているときの車速として，適切なものは次のうちどれか。

表

第3速の変速比：1.5
ファイナル・ギヤの減速比：3.5
駆動輪の有効半径：0.3［m］

(1) 約34［km/h］

(2) 約43［km/h］

(3) 約45［km/h］

(4) 約54［km/h］

No. 35 出るヨ

ピストン・ストローク 120[mm]のエンジンが，回転速度 2400[min^{-1}]で回転しているときの平均ピストン・スピードとして，適切なものは次のうちどれか。

(1) 3.5[m/s]
(2) 5.6[m/s]
(3) 7.5[m/s]
(4) 9.6[m/s]

No. 36 出るヨ

「道路運送車両法」に照らして，自動車の種別の記述として，適切なものは次のうちどれか。

(1) 大型特殊自動車及び小型特殊自動車，大型自動車，普通自動車，小型自動車
(2) 大型特殊自動車及び小型特殊自動車，大型自動車，小型自動車，軽自動車
(3) 大型特殊自動車及び小型特殊自動車，普通自動車，小型自動車，軽自動車
(4) 大型自動車，普通自動車，小型自動車，軽自動車

No. 37 出るヨ

「道路運送車両法」に照らして，自動車の新規登録の申請書に記載する事項で，不適切なものは次のうちどれか。

(1) 車名及び型式
(2) 車台番号
(3) 原動機の型式
(4) 所有者の本籍地

No. 38

「自動車の点検基準」の（自家用乗用自動車等の定期点検基準）におけるディスク・ブレーキの，ディスクの摩耗点検時期の記述として，適切なものは次のうちどれか。

(1) 3月ごと
(2) 6月ごと
(3) 1年ごと
(4) 2年ごと

No. 39

出るヨ

「道路運送車両の保安基準」及び「道路運送車両の保安基準の細目を定める告示」に規定されている自動車の前面ガラスの，可視光線の透過率の記述として，適切なものは次のうちどれか。

(1) 60% 以上のものであること
(2) 70% 以上のものであること
(3) 80% 以上のものであること
(4) 90% 以上のものであること

No. 40

「道路運送車両の保安基準」及び「道路運送車両の保安基準の細目を定める告示」に規定されている自動車の軸重の記述として，適切なものは次のうちどれか。

(1) 自動車の軸重は 10 t を超えてはならない。
(2) 自動車の軸重は 8 t を超えてはならない。
(3) 自動車の軸重は 6 t を超えてはならない。
(4) 自動車の軸重は 4 t を超えてはならない。

第1回テストの解答

No. 1 解答 (4)

覚える 理論空燃比の近くでは，NOx は最も多く，CO と HC は少ない。

図1-1のように理論空燃比付近ではNOxが最も多く，空燃比を大きく（薄く）するほどCOとNOxは減少します。しかし，HCは空燃比が18付近を超えると急に多くなります。

空燃比を理論空燃比（15）より小さく（濃く）してゆくと，HCとCOは増加するがNOxは減少します。

CO（一酸化炭素），HC（炭化水素），NOx（窒素酸化物）

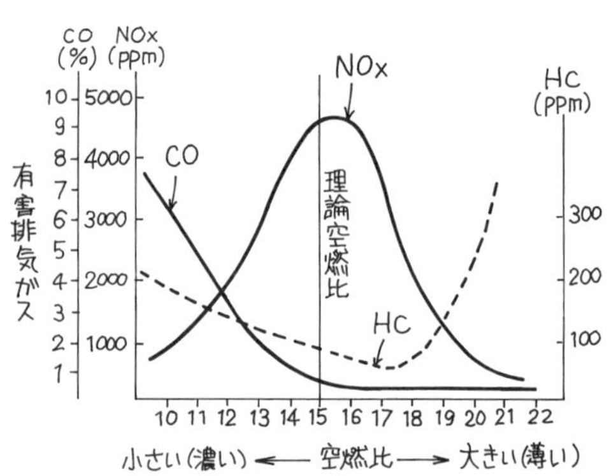

図1-1　空燃比と有害物質濃度

Point
- NOxは，理論空燃比前後が最も多くなる。
- COは，空燃比が小さい（濃い）とき多くなる。

No. 2 解答 (3)

覚える 第3シリンダは，圧縮上死点になるので両バルブの測定ができる。

バルブ・クリアランスの測定ができるものは，バルブを作動する力が加わらなく，完全に閉じているバルブになります。

＊　第5ピストンのエキゾースト・バルブは燃焼行程中であるが，下死点前

でバルブを開き始めた時点になるので，測定できません。

＊　第6ピストンのインレット・バルブは圧縮行程中であるが，下死点後でバルブを閉じ終わった時点になるので，測定できません。

シリンダ	ピストン行程	バルブ	
		IN	EX
第1	排気行程中	閉じている	開いている
第2	吸入行程中	開いている	閉じている
第3	圧縮上死点	閉じている	閉じている
第4	排気上死点	開いている	開いている
第5	燃焼行程中	閉じている	▲閉じている
第6	圧縮行程中	▲閉じている	閉じている

図1−2　バルブ開閉状態

Point
・▲印のバルブは，作動中である。

No. 3　解答　(3)

覚える　**LPGは，LPGボンベからインジェクタまでは液体の状態で，インジェクタから噴射されたときに霧状になる。**

電子制御式LPG燃料噴射装置（液体噴射式）は，フューエル・ポンプからインジェクタまでは燃料を送っており，インジェクタからフューエル・ポンプまでは戻り（リターン）になります。

Point
・プレッシャ・レギュレータは，フューエル・ポンプから圧送されてくる燃料圧力を一定に保つ役目をします。
・燃料圧力が変動すると，エンジンの回転が不安定になります。

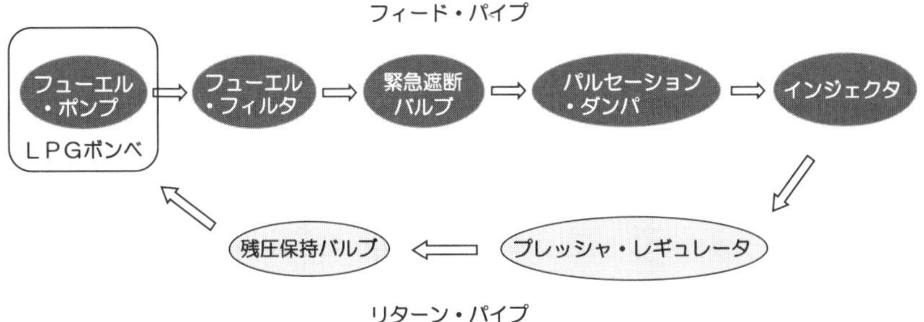

図1−3　電子制御式LPG燃料噴射装置（液体噴射式）

No. 4 解答 (4)

覚える　アイドリング時は補正が作動中である。

空燃比フィードバック補正を停止しているときは次のときである。

① エンジン始動時

② 始動後増量中

③ 冷却水温が低い時

④ O_2 センサのリッチ信号とリーン信号の切り替えが一定時間（15 秒）を超えた時

⑤ フューエル・カット時

⑥ 減速時（アイドル接点 ON）

⑦ 高負荷時

Point
・アイドリング時は，安定した回転状態であるので補正停止しなくてよい。

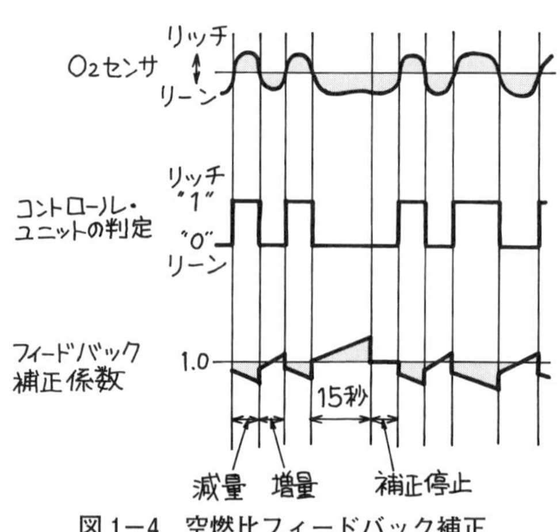

図 1−4　空燃比フィードバック補正

No. 5 解答 (1)

覚える　熱価の低過ぎるスパーク・プラグは，プレイグニションを起こす。

(2) O_2 センサ不良のときは，空燃比が変わって HC や CO の濃度が変わる。

(3) バッテリ不良のときは，エンジンをスタートできない原因となる。

(4) ISCV が閉じたままになると，アイドリング状態が不安定になる。

No. 6 解答 (2)

覚える **スカッフ現象は，油が切れて，引っかき傷ができることをいう。**

スカッフ現象は，オイルの不良や過度の荷重が加わったとき，あるいは，オーバヒートした場合などに起こりやすい。

No. 7 解答 (4)

覚える **水温センサ系統の点検には，電圧点検，回路点検，単体点検がある。**

(1) 電圧点検は，信号端子とアース端子間の電圧を確認する。

(2) 回路点検は，ハーネスの導通状態を確認する。

(3) 単体点検は，センサの抵抗値を測定する。

(4) センサ単体では，波形観測はできない。

Point
・サーキット・テスタを用いて電圧と抵抗値を測定して判定する。

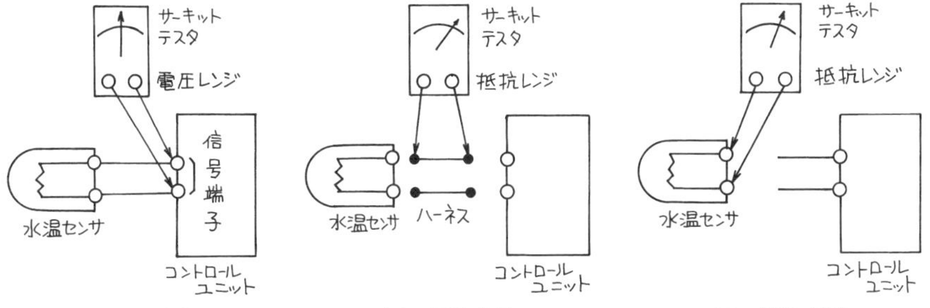

図1−5 水温センサ系統の点検

No. 8 解答 (3)

覚える **オーバランニング・クラッチは動力の一方通行**

(1) コンミュテータは，アーマチュア・コイルに電気を供給する部分。

(2) アーマチュア・シャフトは，アーマチュア・コイルを巻く部分。

(3) オーバランニング・クラッチは，アーマチュアからエンジンに回転動力を伝えるが，逆方向には伝えない働きをする。

(4) ピニオン・ギヤは，アーマチュアの回転動力をリング・ギヤに伝える働きをする。

Point
・アウタ・レースよりインナ・レースの回転速度が速くなると，回転動力は伝わらない。

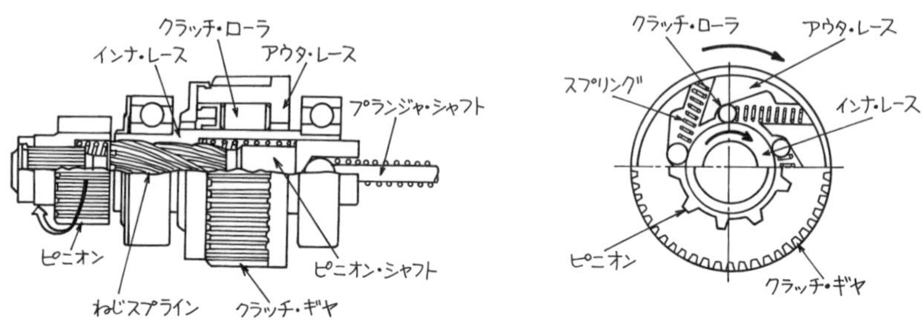

図 1−6　オーバランニング・クラッチ

No. 9　**解答**　(2)

覚える　**スパーク・プラグの最適温度は，450℃〜950℃**

下限値の自己清浄温度（約 450℃）以下になるとススが溜まり，上限値のプレ・イグニション温度（約 950℃）以上になると自然燃焼を起こす。

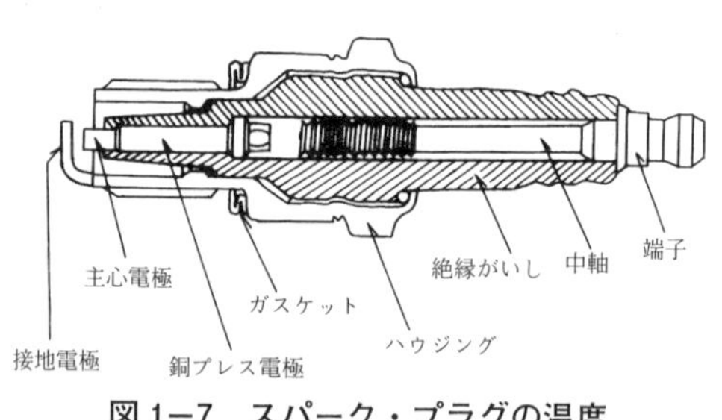

図 1−7　スパーク・プラグの温度

Point
・スパーク・プラグの中心電極の最適温度は約 450℃〜約 950℃である。

No. 10　**解答**　(1)

覚える　**近づくときはプラスの電気，離れるときはマイナスの電気を発生する。**

(1),(2)　シグナル・ロータの突起部とブラケットが近づくときに，ピックアップ・コイルにプラスの電気を発生し，離れるときにはマイナスの電気が発生します。

(3),(4) シグナル・ロータの突起部とブラケットが一直線になったとき，ピックアップ・コイルを通る磁束は最大となり，このとき磁束の変化がないのでピックアップ・コイルには電気は発生しません。

Point
・ピックアップ・コイルに発生する電圧は，交流電気である。

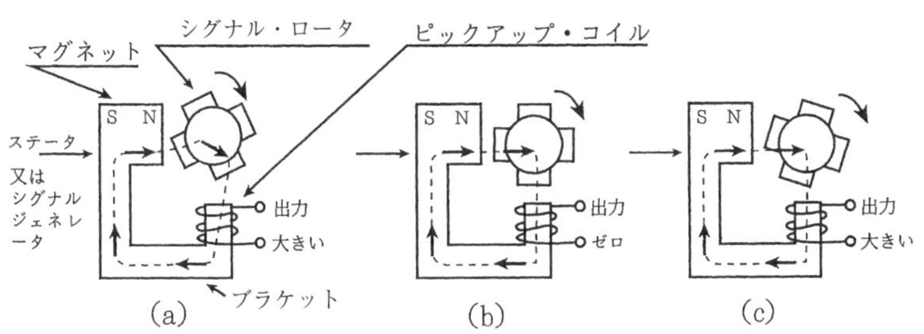

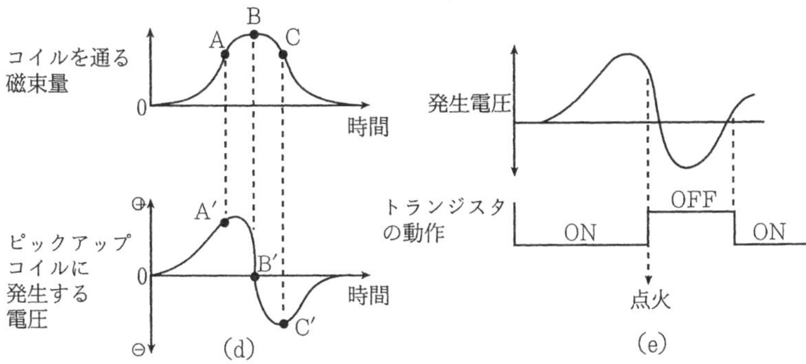

図1−8 ピックアップ・コイル

No. 11 **解答** (2)

覚える **回転速度が高くなると，逆起電力が大きくなる。**

回転速度が高くなるにしたがって，アーマチュア・コイルに発生する逆起電力が大きくなるので，アーマチュア・コイルに流れる電流は少なくなる。

Point
・始動直後のアーマチュアが停止しているときが最大電流となる。アーマチュアの回転速度に応じて逆起電力が発生して大きくなるので流れる電流は少なくなる。

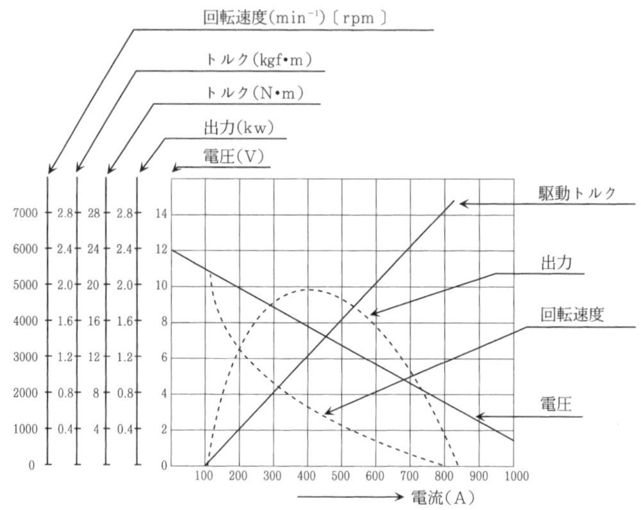

図1−9 直巻き式スタータの出力特性

No. 12 解答 (4)

覚える 一次コイルの自己誘導作用によって，二次コイルに高電圧を発生する。

自己誘導作用は，一次コイルに電流を流し始めた瞬間又は電流を遮断した瞬間に発生します。

相互誘導作用は，自己誘導作用によって誘起された電圧が二次コイルに作用して，二次コイルに高電圧を発生させます。

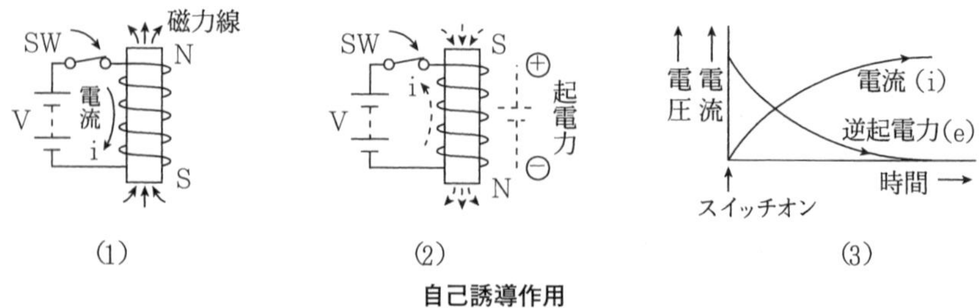

自己誘導作用

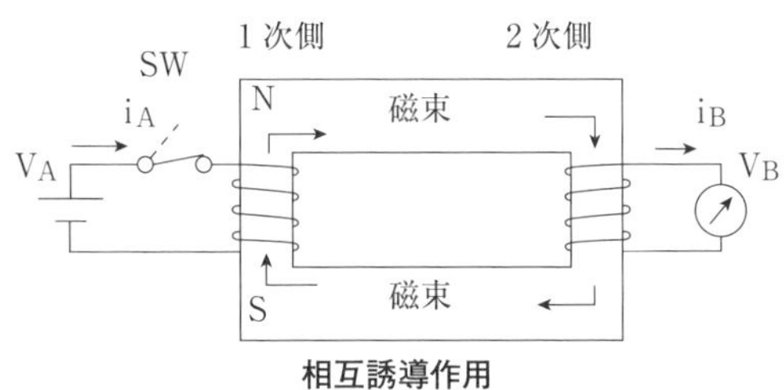

図1−10　自己誘導作用と相互誘導作用

No. 13　**解答**　(3)

覚える　**燃焼には，適度なガソリン量，温度，火炎核の連続燃焼が必要**

燃焼室内の混合気の燃焼は，中心電極と接地電極の間に強い火花を発生させ，発生した火炎核を次々と連鎖的に広げることで起こります。

火炎核の熱が奪われると，連続燃焼ができなくなって着火ミスになります。

Point
・火炎核の熱が奪（うば）われると，連続燃焼ができなくなって着火ミスになる。

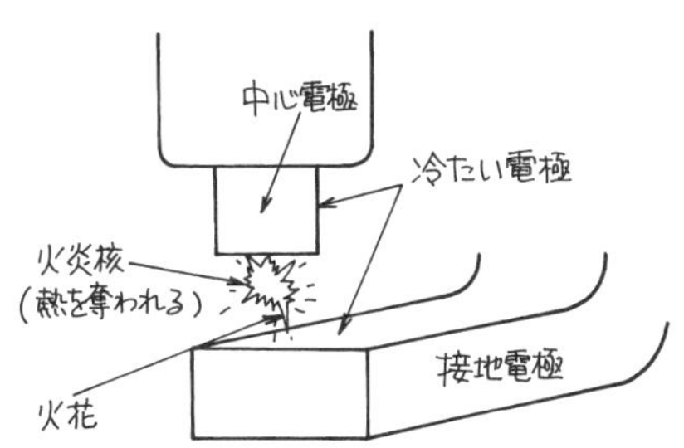

図1−11　中心電極の消炎作用

No. 14　**解答**　(3)

覚える　**ISCV は冷却水温度に関係する。**

エンジン始動時は，ISCV の吸入空気量は最大になって回転速度が高くなるので，始動と同時にそのときの冷却水温を検出して図1−12のようにISCV の開度を決めています。

ISCV（アイドル・スピード・コントロール・バルブ）

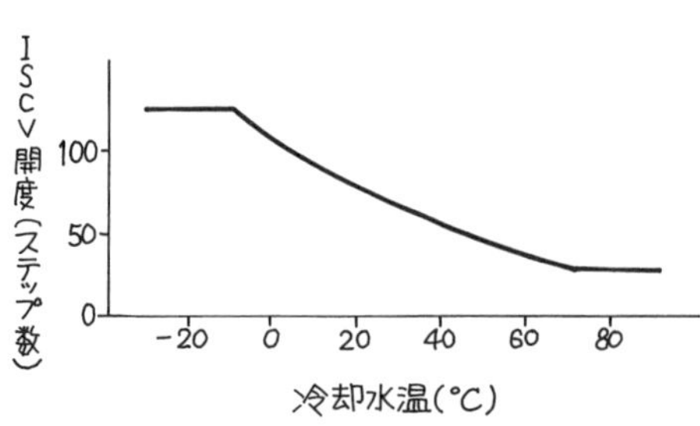

図1−12　冷却水温度とISCV開度

Point
・エンジン始動時は，多量の空気を吸入して，回転速度が高くなりすぎる原因となるので，冷却水温によって開度を決めている。

No. 15 解答 (2)

覚える　回転速度が速く，吸入空気量が少なくなると，点火時期は進める。

エンジンの回転速度が同じで，エンジンの負荷が小さいときはスロットル・バルブの開度が小さくなり，吸入空気量が少なくなるので，点火時期を進める。

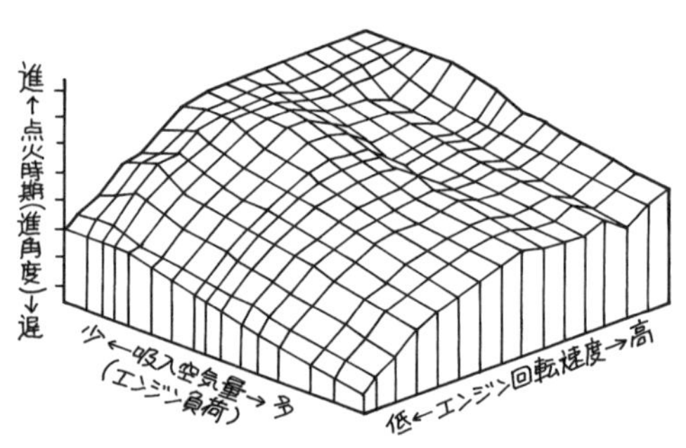

図1−13　点火時期制御

Point
・点火時期を進めるときの条件は，エンジンの回転速度が速くなるとき，吸入空気量が少なくなるとき。

No. 16 解答 (2)

覚える　トルク比は“2.0〜2.5”

トルク比は，図1−14に示す“t”曲線で速度比ゼロ（タービン・ランナが停止している：ストール・トルク）のときが最大になり，一般に2.0〜2.5

程度になります。このときタービン・ランナが受けるトルクは最大になります。

Point
- トルク比の最大は2.0～2.5
- このとき速度比がゼロ（タービン・ランナが停止）である。

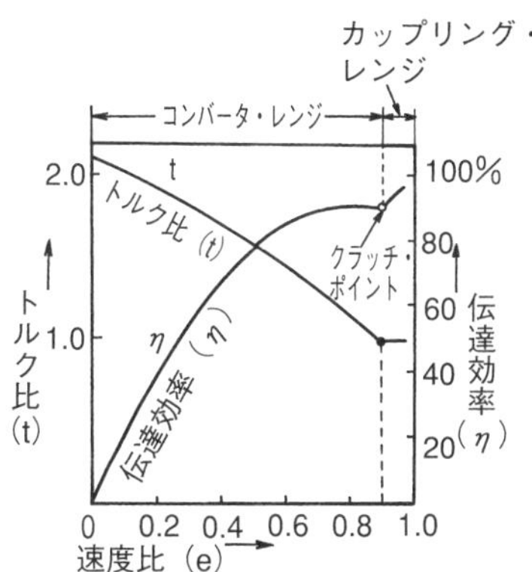

e：速度比＝$\dfrac{\text{タービン軸回転速度}}{\text{ポンプ軸回転速度}}$

t：トルク比＝$\dfrac{\text{タービン軸トルク}}{\text{ポンプ軸トルク}}$

η：伝導効率＝$\dfrac{\text{出力馬力}}{\text{入力馬力}}\times 100\%$

図1－14　トルク・コンバータの性能曲線

No. 17　解答　(4)

覚える　オイル粘度の高い，低いには関係しない。

ストール・テストとは，トランスミッションのアウトプット・シャフトの回転を固定して各レンジ（D，2，1，R）ごとに，エンジンをフル・スロットルにしたときの，エンジンの回転数を測定することです。各レンジのテストは約5秒以下で行います。

測定の結果，特定レンジのみが規定回転数より高い場合の原因として考えられることは，プラネタリ・ギヤ・ユニットの中の，特定レンジのクラッチ，ブレーキ，ブレーキ・バンドの滑り，また，オイル漏れがあります。

Point
・クラッチとブレーキが正常に作動しないと滑りの原因となる。

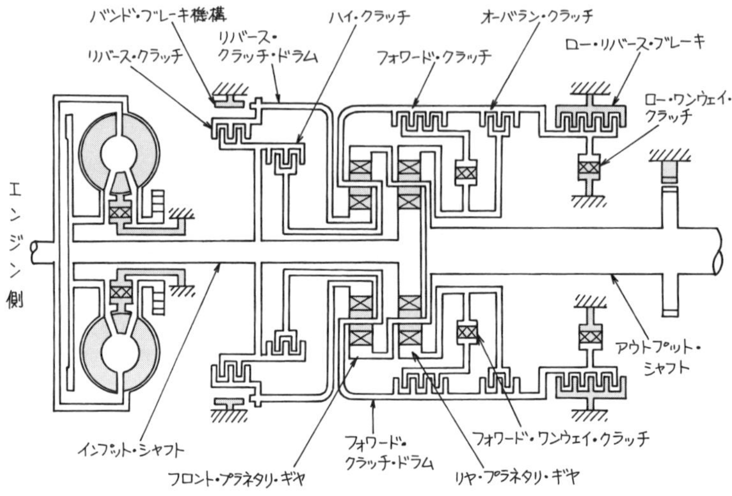

図 1−15　プラネタリ・ギヤ・ユニット

No. 18　解答　(3)

覚える　長くなるとバランスが取りにくくなる。

プロペラ・シャフトは，わずかなバランスのずれがあると振動を発生します。この振動とプロペラ・シャフトの回転速度とが一致すると共振を起こして，さらに大きな振動になります。このときの回転速度を危険回転速度といいます。

中空の鋼管を使用したプロペラ・シャフトの危険回転速度は，計算式で求めることができます。

$$n = (1.2\times10^{8})\times\frac{\sqrt{d_1^{2}+d_2^{2}}}{L^{2}}$$

n：危険回転速度［min^{-1}］
L：プロペラ・シャフトの長さ［mm］
d_1：プロペラ・シャフトの内径［mm］
d_2：プロペラ・シャフトの外形［mm］

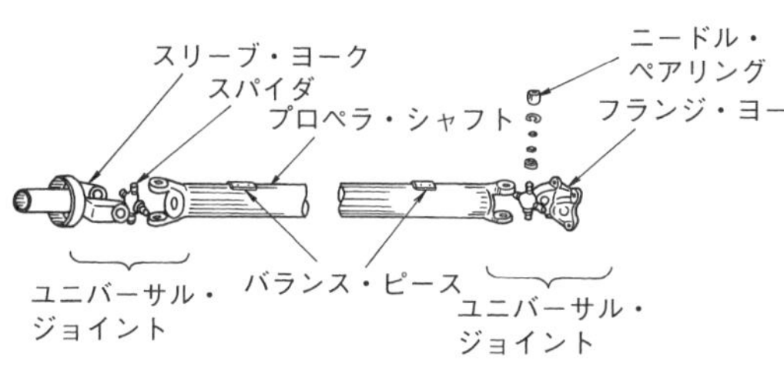

図 1−16　プロペラ・シャフト

Point
・長くなるほど，回転バランスが取りにくくなり，振動が発生しやすい。

No. 19　解答　(4)

覚える　ばね定数は，1 mm 動かすときの力をいう。

(1)　リーフ・スプリングは，車軸懸架式に用いられる。

(2)　サイレンサ・パッドは，作動時の異音を防ぐ働きをします。

(3)　枚数が少なく，スパンが長く，ばね定数が小さいリーフ・スプリングは小型トラックに多く使われています。

(4)　ばね定数の単位は，「N/mm」で表します。これは，単位長さだけ圧縮又は伸張するのに要する力を表しており，この値が大きいほどスプリングは硬くなります。

Point
・リーフを重ねて使うことができる。

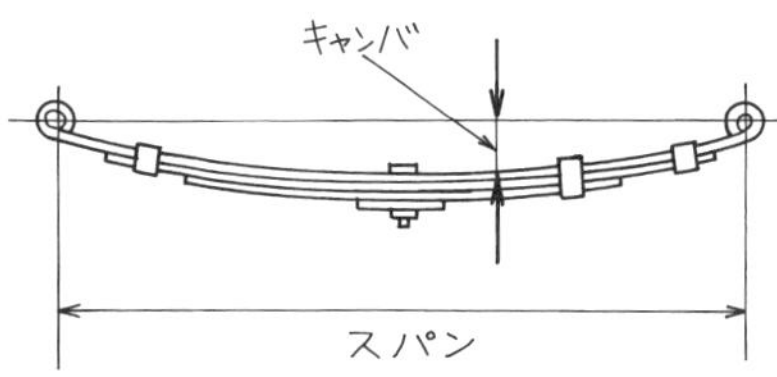

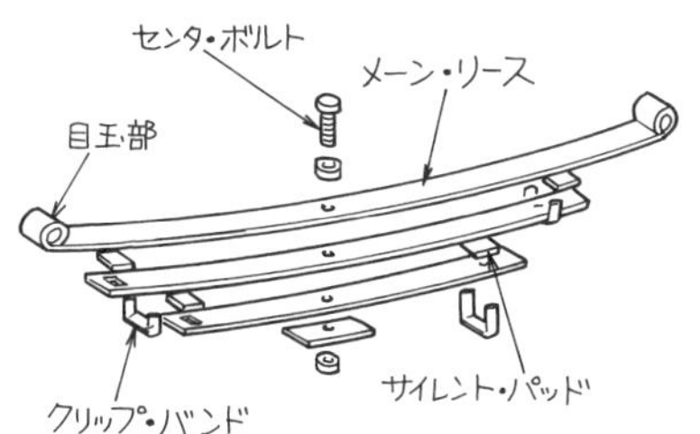

図 1−17　リーフ・スプリング

No. 20　解答　(4)

覚える　ラテラル・ロッドは左右の力に作用する。

アッパ・リンクとロアー・リンクは前後の力を受け止め，ラテラル・ロッドは左右の力を受け止めます。

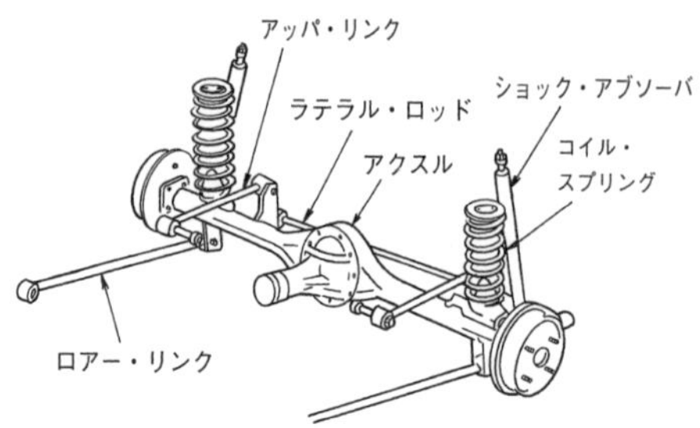

図１−18　リンク型リヤ・サスペンション

Point
・アッパ・リンクとロアー・リンクは前後方向に取り付け，ラテラル・ロッドは左右方向に取り付けている。

No. 21　解答　(1)

覚える　オーバステアは，旋回半径が小さくなる。

一定の角度を保ちながら旋回速度を増すと，リヤ・ホイールはスリップ・アングルが大きくなり，コーナリング・フォースが低下して横滑り量が多くなるので，旋回半径は小さくなります。

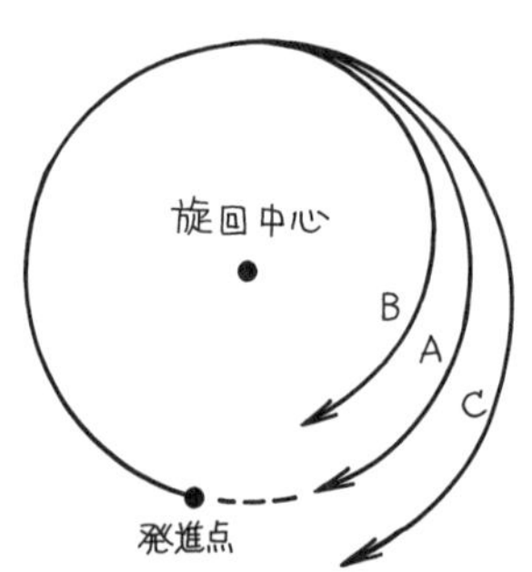

図１−19　旋回時の軌跡

Point
・A：ニュートラル・ステア
・B：オーバ・ステア
・C：アンダ・ステア

No. 22　解答　(2)

覚える　キャスタ効果とは復元力をいう。

キャスタ効果とは，旋回したときに自動車自身の重さでホイールを直進状態に戻そうとする復元力をいいます。

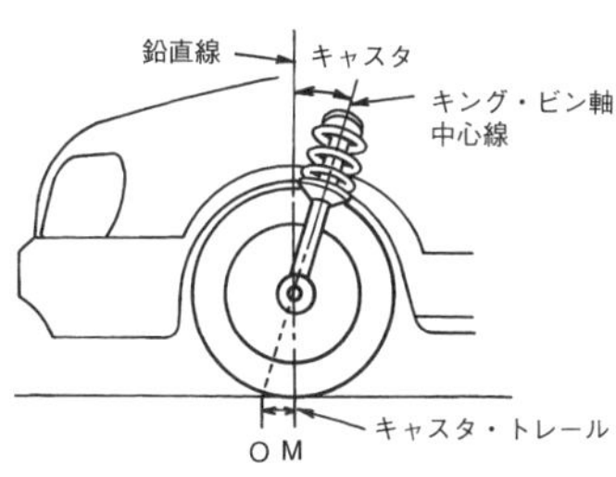

図 1—20　キャスタ角

Point
・キャスタ角が大きくなると復元力は大きくなるが，ハンドル操作力も大きくなる。

No. 23　**解答**　(4)

覚える　**ホイールの振れの測定は，ホイールのフランジ部を測定する。**

ホイールの横振れの測定は，ホイールのフランジに外側からダイヤル・ゲージを当て，ホイールを回転させたときの針の振れを読み取り，さらにフランジの中心側からダイヤル・ゲージを当て，ホイールを回転させたときの針の振れで読み取る。

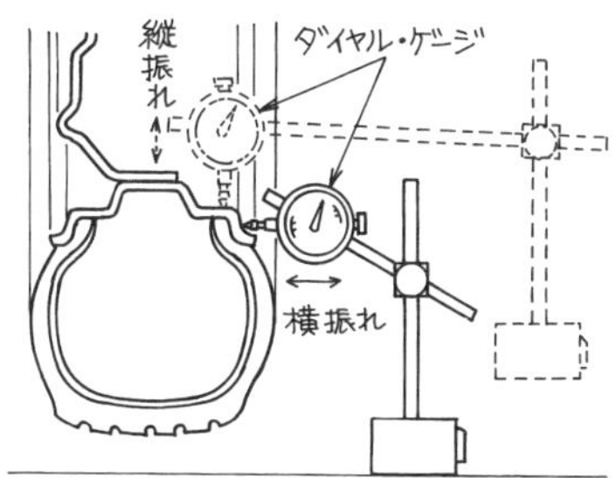

図 1—21　ホイールの振れ点検

Point
・ダイヤル・ゲージの設定は，ホイールの凸部と凹部が測定できるようにする。

No. 24　**解答**　(3)

覚える　**最初にくる数字 195 はタイヤの幅を意味する。**

195/60　R　14　85　H

195：タイヤの幅（ミリメートル）

60：タイヤの偏平比×100

R：ラジアル・タイヤ

14：タイヤの内径（インチ）

85：荷重指数

H：速度記号

＊　荷重指数とは，規定の使用条件，かつ，その速度記号で示されている速度において，タイヤが運搬できる最大の荷重に対応する数の記号です。

「例」 82：4,655[N]　　83：4,772.6[N]

84：4,900[N]　　85：5,047[N]

＊　速度記号とは，規定の使用条件で，その荷重指数に対する荷重をタイヤが運搬できる速度で示す記号です。

「例」 S：180[km/h]　　T：190[km/h]　　U：200[km/h]

H：210[km/h]　　N：240[km/h]

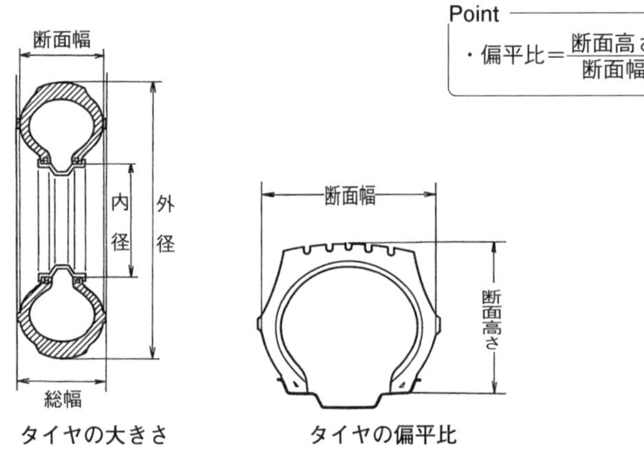

図1−22　タイヤの呼称

No. 25 **解答** (1)

覚える ラグ型が最も大きな音を発生する。

(1)　ラグ型は，横に細長いパターン構造のため，最も大きな音を発生します。

(2)　ラジアル・タイヤは，トレッドの変形をベルトで抑えているので，発生音は小さい。

(3)　幅の広いタイヤは，振動面積が大きくなって発生する音も大きい。

(4)　同一のパターンやピッチにすると，共振して発生音が大きくなる。

Point
・走行音は，トレッドパターンによっても変わる。

(1) リブ型

(2) ラグ型

(3) リブ・ラグ併用型

(4) ブロック型

図1−23 タイヤのトレッド・パターン

No. 26 解答 (3)

覚える 沸点が低いほど，低い熱で沸騰する。

沸点が低過ぎると，低い熱でブレーキ液が沸騰して泡が発生し，ブレーキの効きが悪くなります。

(1) ウォータ・フェードとは，パッドやライニングが水にぬれて摩擦係数が低くなることをいいます。

(2) ブレーキ・ノイズとは，制動時に発生する摩擦振動をいいます。

(3) ベーパ・ロック現象とは，ブレーキ液中に泡が発生する現象をいいます。

(4) フェード現象とは，ブレーキの頻繁な使用によって摩擦係数が低下することをいいます。

No. 27 解答 (1)

覚える 前進時と後退時は，同じ制動力

制動時に自己倍力作用を受けるシューをリーディング・シューといい，自己倍力作用を受けないシューをトレーリング・シューといいます。

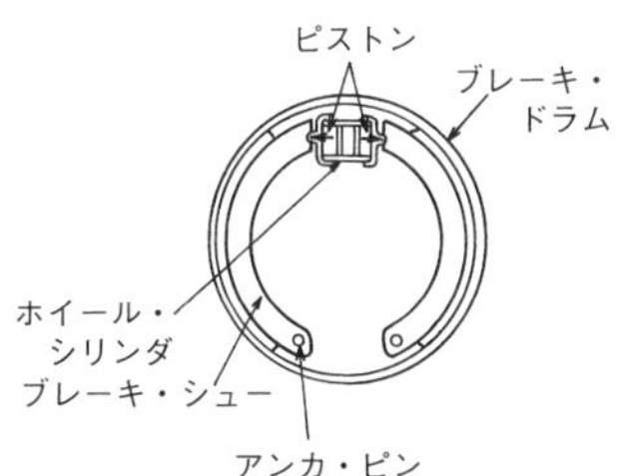

図1−24 リーディング・トレーリング・シュー式ブレーキ

Point
・前進時も後退時も制動力は同じ。

No. 28 解答 (3)

覚える 比重が約 1.280 のときが最も凍結温度が低い。

電解液の比重が約 1.280 のときが最も凍結温度が低く（約 −70℃），この比重より低くなっても高くなっても凍結温度は上昇します。

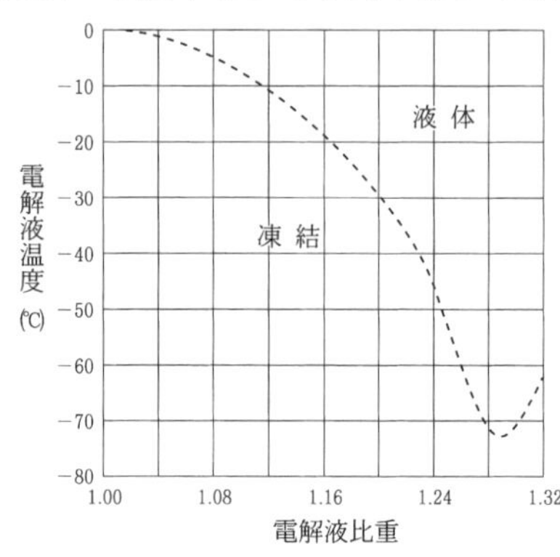

図 1−25　電解液の凍結温度

Point
- 電解液比重が 1.28 のときが最も凍結しにくい。また，完全充電状態である。

No. 29 解答 (4)

覚える 電極板の枚数が多くなると，容量が大きくなる。

(1)　茶褐色の二酸化鉛は，陽極板です。

(2)　灰色の海綿状鉛は，陰極板です。

(3)　電極板の枚数を多くしても，1 セルの電圧は変わらない。

(4)　電極板の枚数を多くすると，1 セルの容量が大きくなる。

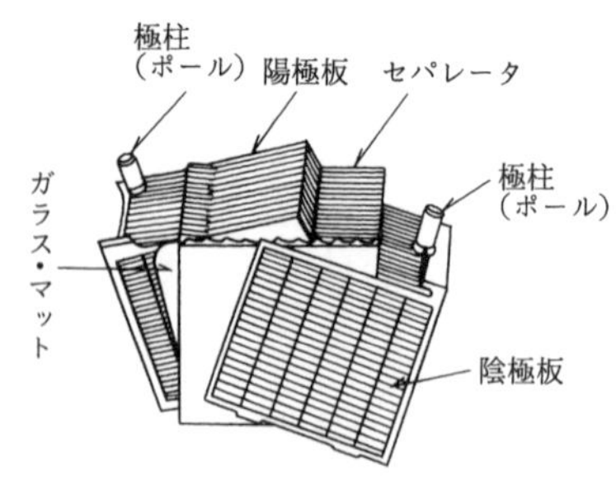

図 1−26　バッテリの電極板

Point
- 容量は，極板枚数と比例する。
- 1 セルの電圧は，極板枚数と関係しない。

No. 30 解答 (2)

覚える　最初に合成抵抗値を求める。

電流値を求めるときは，オームの法則を使います。

1［Ω］と3［Ω］の並列合成抵抗 R_A を求めると，

$$R_A = \frac{1}{\frac{1}{1}+\frac{1}{3}} = 0.75$$

全体の合成抵抗を求めると，

$$R = 2.25 + R_A$$
$$= 2.25 + 0.75$$
$$= 3\ [\Omega]$$

オームの法則を用いて電流値を求めると，

$$I = \frac{V}{R}$$
$$= \frac{12[\mathrm{V}]}{3[\Omega]}$$
$$= 4\ [\mathrm{A}]$$

Point
・並列合成抵抗値は，最も小さい抵抗値よりも小さくなる。

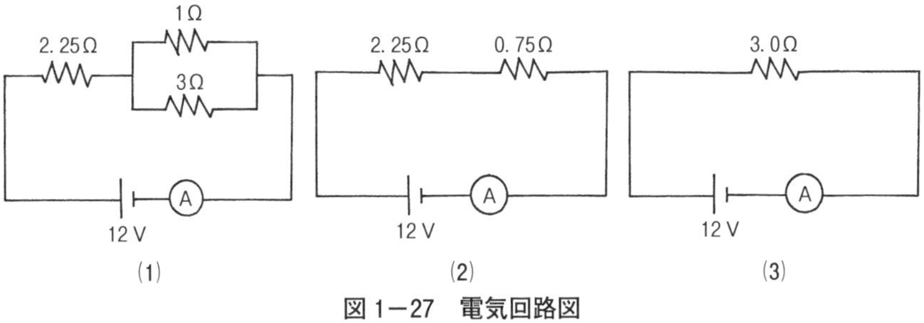

図1−27　電気回路図

No. 31 解答 (4)

覚える　勾配抵抗は，上がり角度が大きくなるほど大きい。

勾配抵抗は，坂道を上がるときと反対方向に働き，自動車総重量と勾配角度が大きいほど，大きくなる。

$R_S = W \sin\theta$（サイン・シータ）

R_S：勾配抵抗［N］

W：自動車総重量［N］

θ：勾配角度［°］

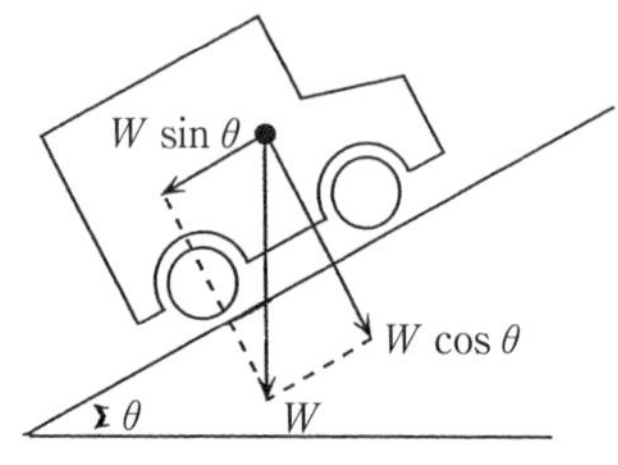

図 1－28　勾配抵抗

Point
・勾配抵抗 $W \sin\theta$ は，後向きに作用する。

No. 32　解答　(1)

覚える　少量の気泡の流れとパイプの温度差がある。

(1) 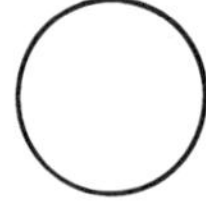

＊　異常です。

＊　冷媒量が多過ぎる。

(2) 

＊　正常です。

(3) 

＊　異常です。

＊　油汚れは，冷媒の漏れに原因があります。

(4) 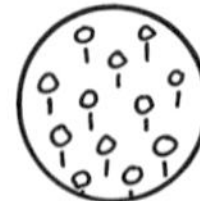

＊　異常です。

＊　正常のときは，高圧パイプは熱く，低圧パイプは冷たく温度差がはっきりしている。

図 1－29　冷媒量の点検

No. 33 解答 (3)

覚える ウォーニング・ランプの点滅パターンで判断する。

自己診断システムの判定方法は，ウォーニング・ランプの点滅パターンによって判定します。異常のときは，自己診断コード表と比べて故障状態を知ることができます。

Point

・正常のときは，同じタイミングで点滅する。

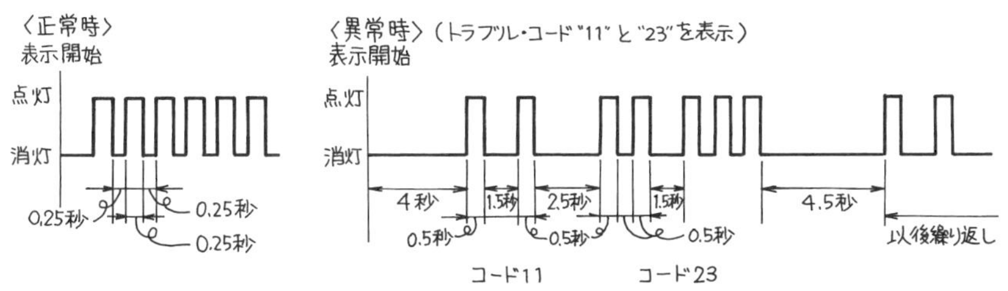

図 1−30　ウォーニング・ランプの点滅

No. 34 解答 (2)

覚える 駆動輪の円周と回転速度から求める。

車速＝駆動輪の円周×駆動輪の回転速度×分速を時速に

駆動輪の円周 $= 2\pi r$　　r：タイヤの半径

$= 2 \times 3.14 \times 0.3$

$= 1.884$

$$駆動輪の回転速度 = \frac{エンジンの回転速度}{変速比 \times 終減速比}$$

$$= \frac{2,000}{1.5 \times 3.5}$$

$$= \frac{2,000}{5.25}$$

$$分速を時速に = \frac{60}{1,000}$$

車速＝駆動輪の円周×駆動輪の回転速度×分速を時速に

$$=1.884\times\frac{2,000}{5.25}\times\frac{60}{1,000}$$

$$=\frac{1.884\times2,000\times60}{5.25\times1,000}$$

$$=\frac{226,080}{5,250}$$

$$=43.06\cdots[\mathrm{km/h}]$$

No. 35 解答 (4)

覚える　ストロークのミリメートルをメートルに変換する。

120 ミリメートルをメートルに変換すると,

$$\frac{120[\mathrm{mm}]}{1,000}=0.12[\mathrm{m}]$$

$$\text{平均スピード}[\mathrm{m/s}]=\frac{2\times\text{ストローク}\times\text{毎分回転速度}}{60}$$

$$=\frac{2\times0.12\times2,400}{60[\text{second：秒}]}$$

$$=9.6[\mathrm{m/s}]$$

No. 36 解答 (3)

覚える　「大型自動車」の種別はない。

「道路運送車両法」の第3条（自動車の種別）に「この法律に規定する普通自動車，小型自動車，軽自動車，大型特殊自動車及び小型特殊自動車は，自動車の大きさ及び構造並びに原動機の種類及び総排気量又は定格出力を基準として国土交通省令で定める。」となっています。

No. 37 解答 (4)

覚える　所有者の氏名又は名称及び住所

「道路運送車両法」の第7条（新規登録の申請）に「申請書に記載する事項は，(1)車名及び型式，(2)車台番号，(3)原動機の型式，(4)所有者の氏名又は名称及び住所，(5)使用の本拠の位置，(6)取得の原因」となっています。

No. 38 **解答** (4)

覚える **1年ごとの点検は，ディスクとパッドの隙間，パッドの摩耗**
2年ごとの点検は，ディスクの摩耗及び損傷

「自動車点検基準」の第2条（定期点検基準）別表第6に「ディスクの摩耗及び損傷は2年ごと」となっています。

No. 39 **解答** (2)

覚える **窓ガラスの可視光線透過率は70%以上あること。**

「道路運送車両の保安基準」の第29条（窓ガラス），「細目を定める告示」の第195条（窓ガラス）第3項に「運転者が交通状況を確認するために必要な視野の範囲に係る部分における可視光線の透過率が70%以上のものであること。」となっています。

No. 40 **解答** (1)

覚える **軸重は10トンを超えてはならない。**

「道路運送車両の保安基準」の第4条の2（軸重等）に「自動車の軸重は，10トンを超えてはならない」となっています。

2級ガソリン自動車整備士

模擬テスト

(試験時間は 80 分)

第2回

No. 1 出るヨ

ガソリン・エンジンを搭載した自動車で，エンジンを暖機した後に高速道路を走行したが高出力が得られなかった。このときの原因と考えられるものとして，適切なものは次のうちどれか。

(1) 水温センサが不良である。

(2) アイドル・スピード・コントロール・バルブが開かない。

(3) バッテリ電圧が低い。

(4) 電子制御装置の燃料圧力が低すぎる。

No. 2 出るヨ

クランクシャフトに関する記述として，適切なものは次のうちどれか。

(1) 直列4シリンダ・エンジン用のクランクシャフトのクランク・ジャーナルは，5箇所である。

(2) バランス・ウエイトは，クランクシャフトの回転速度を速くする。

(3) 高速回転に耐えられるようにアルミニウム合金を用い，表面処理が施されている。

(4) クランクシャフト・ジャーナル部にコンロッドを取り付ける。

No. 3 出るヨ

点火順序が1−5−3−6−2−4の4サイクル直列6シリンダ・エンジンの第5シリンダが圧縮上死点にあります。この位置からクランクシャフトを回転方向に240度回転させたとき，吸入行程中でインレット・バルブが開いているものとして，適切なものはどれか。

(1) 第1シリンダ

(2) 第2シリンダ

(3) 第3シリンダ

(4) 第4シリンダ

No. 4 出るヨ

燃焼室のスキッシュ・エリアに関する次の文章の（　）に当てはまるものとして，下の組み合わせのうち適切なものはどれか。

スキッシュ・エリアとは，シリンダ・ヘッド内面と（ イ ）の間にできる隙間をいい，吸入する混合気に（ ロ ）を与えて，燃焼行程における火炎伝播の速度を高める役目をする。

	（イ）	（ロ）
(1)	エキゾースト・バルブ	過流
(2)	インレット・バルブ	熱
(3)	ピストン・ヘッド	過流
(4)	ピストン・ヘッド	熱

冷却装置のラジエータ及びサーモスタットに関する記述として，適切なものは次のうちどれか。

(1) ワックス・ペレット型サーモスタットのワックスは，ワックスが固体になると合成ゴムを圧縮する。

(2) ワックス・ペレット型サーモスタットは，ワックスが液体になって膨張することでペレットを動かしてバルブを開く。

(3) プレッシャ型ラジエータ・キャップが正常に作動している時のラジエータ内部の圧力は常に負圧になっている。

(4) プレッシャ型ラジエータ・キャップのプレッシャ・バルブが開くときは，冷却水温度が常温に近くなったときである。

No. 6 出るヨ

ピストン・リングに起こる異常現象に関する次の文章の（　）に当てはまるものとして，下の組み合わせのうち適切なものはどれか。

スティック現象とは，（ イ ）やスラッジ（燃焼生成物）が固まってリングが（ ロ ）なることをいう。

	(イ)	(ロ)
(1)	カーボン	動きやすく
(2)	カーボン	動かなく
(3)	水あか	動きやすく
(4)	水あか	動かなく

No. 7 出るヨ

電子制御装置の自己診断システムで，イグナイタ系統の点検として，不適切なものは次のうちどれか。

(1) スパーク・プラグに火花が飛ばない場合には点火指示信号系統に異常があるので，系統別の火花点検をする。

(2) コントロール・ユニット及びイグナイタのコネクタを外し，点火確認信号端子とイグナイタ間のハーネスの導通及び絶縁状態の回路の点検をする。

(3) イグナイタのコネクタを外し，イグニションをONにして点火確認信号端子とボデー・アースとの間の電圧の点検をする。

(4) イグナイタのコネクタを外し，オシロスコープを用いてイグナイタの点火指示信号波形を観測する。

No. 8 出るヨ

リダクション式スタータに関する次の文章の（　）に当てはまるものとして，下の組み合わせのうち適切なものはどれか。

トルクの伝達はアーマチュアの回転速度を（ イ ）に減速し，ピニオン・ギヤの回転速度を通常型スタータと同程度とすると同時に，ピニオン・ギヤのトルクを（ ロ ）している。

	(イ)	(ロ)
(1)	$\frac{1}{2}\sim\frac{1}{3}$	大きく
(2)	$\frac{1}{2}\sim\frac{1}{3}$	小さく
(3)	$\frac{1}{3}\sim\frac{1}{4}$	大きく

(4) $\frac{1}{3}$ ～ $\frac{1}{4}$　　小さく

No. 9

オシロスコープで発電中のオルタネータのB端子を観測したら，図のような電圧波形が表示された。このときの故障内容として，適切なものは次のうちどれか。

(1) ダイオード1個が断線
(2) ダイオード1個が短絡
(3) ステータ・コイル1相が断線
(4) ステータ・コイル1相が短絡

No. 10

吸入空気量を検出するとき，真空室とインレット・マニホールド内の圧力差を電気信号に置き換えるものとして，適切なものは次のうちどれか。

(1) バキューム・センサ
(2) 熱線式エア・フロー・メータ
(3) スロットル・ポジション・センサ
(4) ノック・センサ

No. 11

電子制御式スロットル装置のスロットル・バルブで行っている制御の記述として，不適切なものは次のうちどれか。

(1) アイドル回転速度制御は，ISCVを使用した装置と同じ制御をスロットル・バルブだけで行っている。
(2) アクセル・ペダルの踏み込み量とスロットル・バルブの開度は常に比例

している。

(3) 電子制御式オートマティック・トランスミッション協調制御は，変速時にスロットル・バルブの開度を制御し，主に変速ショックを低減させている。

(4) トラクション・コントロール制御は，スキッド・コントロール・コンピュータが出力する信号でスロットル・バルブを開閉し，エンジン出力を制御して走行安定性を確保している。

No. 12 出るヨ

図に示す独立点火方式のイグナイタの回路図において，イグナイタの作動として，不適切なものは次のうちどれか。

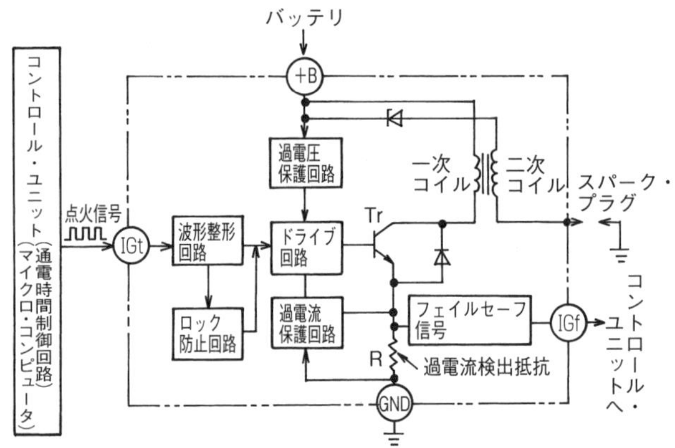

(1) 過電圧保護回路は，ドライブ回路に必要とする電圧以上にならないようにする。

(2) ドライブ回路は，トランジスタ Tr を ON させる役目がある。

(3) 過電流保護回路は，一次コイルに流れる電流が規定以上にならないようにドライブ回路に作用する。

(4) トランジスタのコレクタとエミッタの間に設けられているダイオードが短絡すると，過電流検出回路に入る電圧が大きく変動する。

No. 13 出るヨ

スパーク・プラグの着火性の向上に関する記述として，不適切なものは次のうちどれか。

(1) スパーク・プラグのギャップを広くする。

(2) 中心電極を細くする。

(3) 電極に溝を設ける。

(4) 中心電極の突き出し量を小さくする。

No. 14 出るヨ

図に示す電子制御式燃料噴射装置のインジェクタの噴射波形（インジェクタのマイナス側での測定）のうち，電流制御式インジェクタの噴射時間として，適切なものは次のうちどれか。

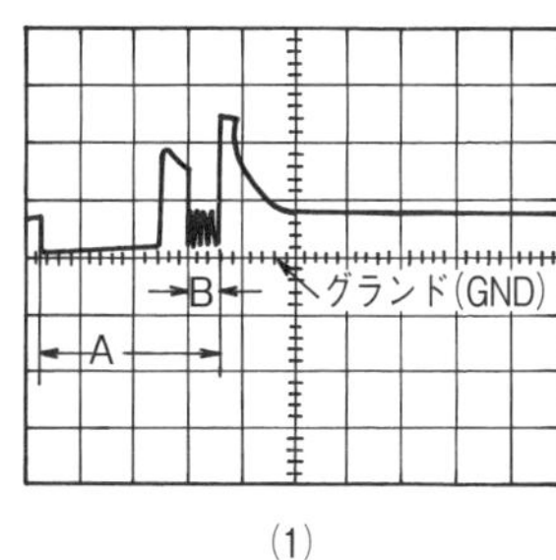

(1)

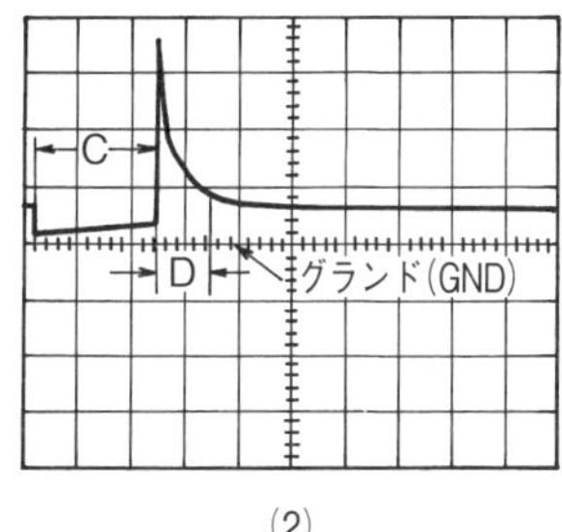

(2)

(1) A

(2) B

(3) C

(4) D

No. 15 出るヨ

電子制御式燃料噴射装置における始動時の噴射時間を決定する要素として，適切なものは次のうちどれか。

(1) インレット・マニホールド内圧力，バッテリ電圧，外気温度

(2) 吸入空気量，冷却水温度，エンジンの回転速度

(3)　エンジンの回転速度，バッテリ電圧，冷却水温度

(4)　冷却水温度，吸気温度，バッテリ電圧

No. 16　出るヨ

図のような特性を持つトルク・コンバータでポンプ軸の回転速度が3,000[min^{-1}]，トルクが200[N·m]で回転し，タービン軸の回転速度が2,400[min^{-1}]で回転しているとき，タービン軸に掛かるトルクとして，適切なものは次のうちどれか。

(1)　120[N·m]

(2)　240[N·m]

(3)　280[N·m]

(4)　320[N·m]

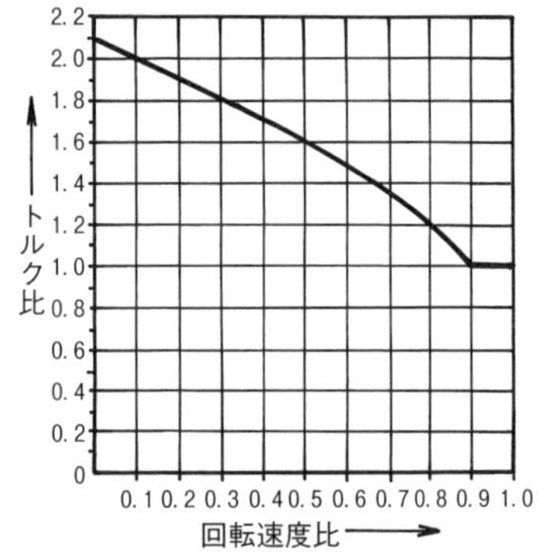

No. 17　出るヨ

図のようなDレンジ変速特性を持つオートマティック・トランスミッション（A/T）に関する記述として，適切なものは次のうちどれか。

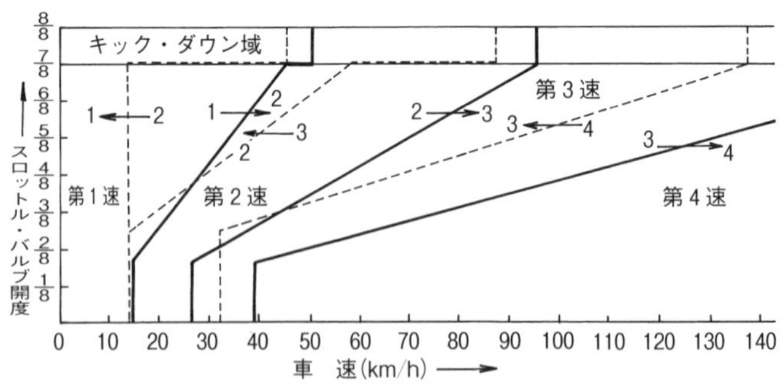

(1) 60[km/h]時，スロットル・バルブ開度$\frac{4}{8}$から全開したときには第1速にキック・ダウンする。

(2) スロットル・バルブ開度が$\frac{4}{8}$一定の減速時，第2速から第1速への変速点（車速）は約28[km/h]付近である。

(3) スロットル・バルブ開度が$\frac{2}{8}$一定の加速時，第2速から第3速への変速点（車速）は約16[km/h]付近である。

(4) 60[km/h]時，スロットル・バルブ開度を$\frac{4}{8}$から$\frac{2}{8}$に戻したときに第4速にアップ・シフトする。

No. 18 出るヨ

自動車を旋回させたとき，ファイナル・ギヤのリング・ギヤが550回転で，左の駆動輪が500回転のとき，右の駆動輪の回転数として，適切なものは次のうちどれか。

(1) 450回転
(2) 500回転
(3) 550回転
(4) 600回転

No. 19 出るヨ

次の文章の（　）に当てはまるものとして，下の組み合わせのうち，適切なものはどれか。

自動差動制限型ディファレンシャルに使用されているビスカス・カップリングは，左右輪の間に回転速度差が生じると，インナ・プレートとアウタ・プレートの間にある（ イ ）に抵抗力が発生し，差動回転速度が（ ロ ）ビスカス・トルク（差動制限力）となる。

	（イ）	（ロ）
(1)	シリコン・オイル	大きいほど大きな
(2)	シリコン・オイル	大きいほど小さな

⑶　ギヤ・オイル　　　小さいほど大きな
⑷　ギヤ・オイル　　　小さいとき規定以上の

No. 20　出るヨ

ローリングに関する次の文章の（　）に当てはまるものとして，下の組み合わせのうち適切なものはどれか。

ローリングの角度は，重心が（ イ ），また，ロール・センタが（ ロ ）大きくなる。

	（イ）	（ロ）
⑴	高いほど	高いほど
⑵	低いほど	低いほど
⑶	高いほど	低いほど
⑷	低いほど	高いほど

No. 21　出るヨ

電動式パワー・ステアリングに関する記述として，不適切なものは次のうちどれか。

⑴　電動式パワー・ステアリングは，車速とハンドルの操舵力に応じてコントロール・ユニットが電動モータに流れる電流を制御して，操舵方向に対し適切な補助動力を与える。
⑵　コラム・アシスト式は，ステアリング・ギヤ・ボックスにモータを取り付けて，ステアリング・シャフトの回転に対して補助動力を与えている。
⑶　ピニオン・アシスト式は，ステアリング・ギヤ部にモータを取り付けて，ピニオン・シャフトの回転に対して補助動力を与えている。
⑷　ラック・アシスト式は，ラック・チューブにモータを取り付けて，ラックの動きに対して補助動力を与えている。

No. 22

ホイール・アライメントのキャンバに関する記述として，不適切なものは次のうちどれか。

⑴　キャンバ角は，自動車が旋回しても変化しない。

⑵　プラス・キャンバ角は，ホイールが路面に対する鉛直線より外側に傾いている状態をいう。

⑶　キャンバ角が大きくなると，キャンバ・スラストも大きくなる。

⑷　独立懸架式自動車が旋回したときのキャンバ・スラストは，左右異なる。

No. 23

図に示すようなタイヤの偏摩耗について，図のようになった原因とそれを調整する方法を記述した文章の（　）に当てはまるものとして，下の組み合わせのうち適切なものはどれか。

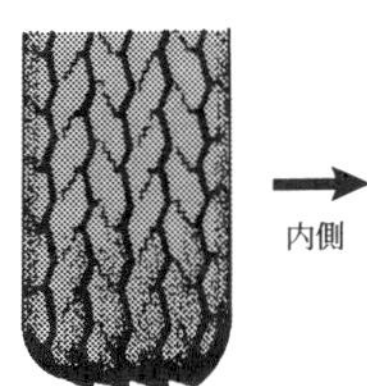

図はトレッドが外側から内側に向かって羽根状に摩耗しているのでトーインが（ イ ）と考えられるので，タイロッドの長さを（ ロ ）なるように調整する。

	（イ）	（ロ）
⑴	過小	小さく
⑵	過小	大きく
⑶	過大	小さく
⑷	過大	大きく

No. 24 出るヨ

ホイールのバランスに関する次の文章の（　）に当てはまるものとして，下の組み合わせのうち適切なものはどれか。

ホイールを自由に回転できるようにしたとき，同じところで停止する場合，このホイールは（ イ ）があり，また，ホイールがどの位置でも停止するが，回転させたときホイールが（ ロ ）振れを起こす場合には（ ハ ）がある。

	（イ）	（ロ）	（ハ）
(1)	ダイナミック・アンバランス	縦	スタティック・アンバランス
(2)	ダイナミック・バランス	横	スタティック・バランス
(3)	スタティック・バランス	縦	ダイナミック・バランス
(4)	スタティック・アンバランス	横	ダイナミック・アンバランス

No. 25 出るヨ

タイヤのスリップ率に関する記述として，適切なものはどれか。

(1) スリップ率100%のとき路面摩擦係数はゼロである。
(2) 路面摩擦係数が最小のときがスリップ率約20～30%である。
(3) 車輪がロックしたときがスリップ率100%である。
(4) 車輪がロックしたときがスリップ率0%である。

No. 26 出るヨ

アンチロック・ブレーキ・システムの車輪速センサの記述として，不適切なものは次のうちどれか。

(1) 車輪速センサの発生電気は直流である。
(2) 車輪速センサは，ロータ，コイル，磁石で構成されている。
(3) 速度によって，発生する電気は異なる。
(4) ロータは，ホイール・ハブと同速度で回転する。

No. 27 出るヨ

ロード・センシング・プロポーショニング・バルブに関する次の文章の（　）に当てはまるものとして，下の組み合わせのうち適切なものはどれか。

ロード・センシング・プロポーショニング・バルブ（LSPV）は，（ イ ）の早期ロックを防止する装置で，積載荷重に応じて（ ロ ）を変えることでリヤ・ブレーキの制動力を（ ハ ）及び減速度に応じて制御する。

	（イ）	（ロ）	（ハ）
(1)	後輪	油圧制御終止点	増速度
(2)	後輪	油圧制御開始点	積載荷重
(3)	前輪	油圧制御開始点	増速度
(4)	前輪	油圧制御終止点	積載荷重

No. 28 出るヨ

バッテリを5時間率放電電流で放電したときの1セル当たりの放電終止電圧として，適切なものは次のうちどれか。

(1)　1.50[V]
(2)　1.75[V]
(3)　2.00[V]
(4)　2.25[V]

No. 29 出るヨ

バッテリに関する次の文章の（　）に当てはまるものとして，下の組み合わせのうち適切なものはどれか。

放電電流を流さないときの端子電圧を（ イ ）といい，完全充電時で比重が（ ロ ）のバッテリでは1セル当たり（ ハ ）である。

	（イ）	（ロ）	（ハ）
(1)	起電流	1.120	約1.75［V］
(2)	起電流	1.210	約2.10［V］
(3)	起電力	1.120	約1.75［V］

(4) 起電力　1.280　約2.10［V］

No. 30 出るヨ

図に示す電気用図記号が表す論理回路として，適切なものは次のうちどれか。

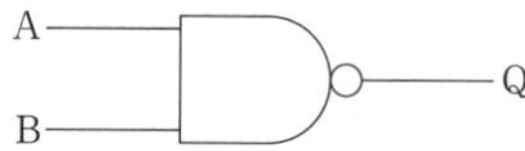

(1) NOT（ノット）回路図
(2) OR（オア）回路図
(3) NAND（ナンド）回路図
(4) AND（アンド）回路図

No. 31 出るヨ

ガソリンに関する記述として，適切なものは次のうちどれか。

(1) オクタン価はアンチノック性を示している。
(2) 軽油に比較して発火点は低い。
(3) 軽油に比較して引火点は高い。
(4) ガソリンの主成分は，CO_2 と H_2O である。

No. 32 出るヨ

運転席のSRSエア・バッグ・システムの脱着に関する記述として，適切なものは次のうちどれか。

(1) 取り外したエア・バッグ・アッセンブリは，パッド面を下にして置く。
(2) エア・バッグ・アッセンブリを取り付けるときは，バッテリにマイナス・ケーブルを取り付けた後にプラス・ケーブルを取り付ける。
(3) エア・バッグ・アッセンブリを取り付けるトルクス・ボルトは，損傷がないときは再使用する。
(4) エア・バッグ・システムのワイヤ・ハーネスを取り外したときは，ショート・カプラをエア・バッグ・システム側カプラに取り付ける。

No. 33 出るヨ

ブレーキ・テスタに関する次の文章の（　）に当てはまるものとして，下の組み合わせのうち適切なものはどれか。

ブレーキ・テスタを用いて制動力をテストするとき，ホイールがロックをする（ イ ）の指示値を読み取る。このときが（ ロ ）制動力である。

	（イ）	（ロ）
(1)	直前	最小
(2)	直前	最大
(3)	直後	最小
(4)	直後	最大

No. 34 出るヨ

荷重 15,000[N]の自動車が，100 分の 1 勾配の坂道を 1 秒間に 0.3[m]上がるとしたら，同じ速度で水平な道路を走行する場合に比べて余分に必要とする出力として，適切なものは次のうちどれか。

(1) 3.5［kW］

(2) 4.0［kW］

(3) 4.5［kW］

(4) 5.0［kW］

No. 35 出るヨ

ある自動車が 90［km/h］の一定の速度で走行しているときの走行抵抗が 1,200［N］でした。そのときの出力として，適切なものは次のうちどれか。ただし，動力伝達による機械的損失はないものとして計算しなさい。

(1) 3［kW］

(2) 30［kW］

(3) 300［kW］

(4) 3,000［kW］

No. 36 出るヨ

「道路運送車両法」に照らして，次の文章の（　）に当てはまるものとして，適切なものは次のうちどれか。

登録自動車の所有者は，自動車を解体して廃棄処分したときは，（　）日以内に，永久抹消登録の申請をしなければならない。

(1) 5
(2) 10
(3) 15
(4) 20

No. 37 出るヨ

「道路運送車両法」に照らし，運行の用に供する場合に登録を必要とする自動車として，適切なものは次のうちどれか。

(1) 大型特殊自動車
(2) 小型特殊自動車
(3) 軽自動車
(4) 二輪の小型自動車

No. 38 出るヨ

「道路運送車両法」及び「自動車点検基準」に照らし，点検整備記録簿の保存期間に関する記述として，不適切なものは次のうちどれか。

(1) 事業用自動車は，1年間である。
(2) 自家用貨物自動車は，1年間である。
(3) 二輪自動車は，2年間である。
(4) 自家用乗用自動車は，1年間である。

No. 39 出るヨ

「道路運送車両の保安基準」及び「道路運送車両の保安基準の細目を定める告示」に照らして，次の文章の（　）に当てはまるものとして，適切なものは次のうちどれか。

燃料タンクの注入口及びガス抜口は，露出した電気端子及び電気開閉器から（　　）mm 以上離れていること。

(1) 100
(2) 200
(3) 300
(4) 400

No. 40 出るヨ

「道路運送車両の保安基準」及び「道路運送車両の保安基準の細目を定める告示」に照らして，後退灯の点灯が確認できる距離の基準として，適切なものは次のうちどれか。

(1) 夜間にその後方 50 m の距離から
(2) 夜間にその後方 100 m の距離から
(3) 昼間にその後方 50 m の距離から
(4) 昼間にその後方 100 m の距離から

第2回テストの解答

No. 1 解答 (4)

覚える **必要とする燃料供給量が不足している。**

(1) 水温センサが不良のときは，エンジンがオーバ・ヒートを起こす原因等がある。

(2) アイドル・スピード・コントロール・バルブが不良になると，低速回転時やアイドリング時が不調になる。

(3) バッテリの電圧が低いときは，エンジン始動が困難になる。

(4) 燃料圧力が低すぎるとフューエル・インジェクタから噴射する燃料が少なすぎて燃焼エネルギーが不足する。

Point
・燃料系統のフューエル・ポンプからプレッシャ・レギュレータの間は，規定圧力を保持している。

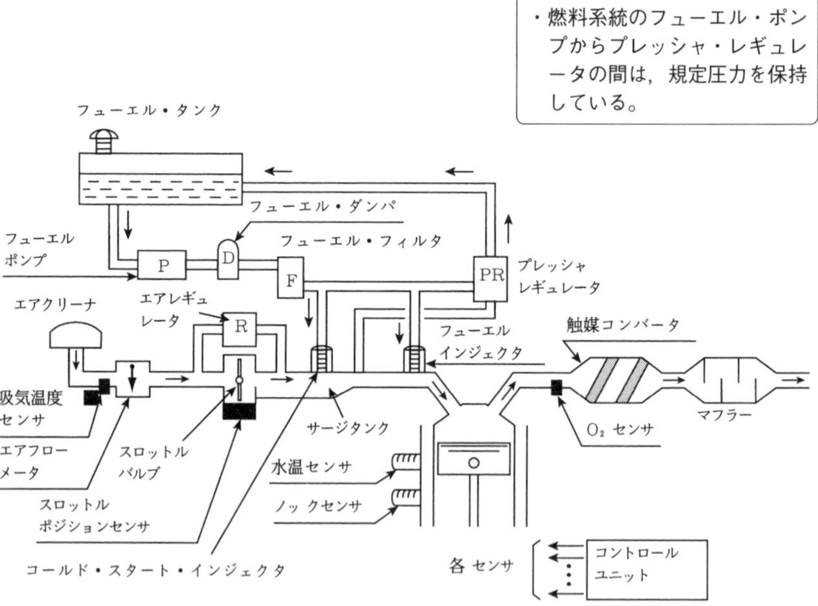

図 2−1 電子制御式燃料噴射装置

No. 2 **解答** (1)

覚える **シリンダの数より1箇所多い。**

(1) 4シリンダ+1=5箇所

(2) 回転時の質量バランスを良くする。

(3) クランクシャフトの材質は，特殊鋼，炭素鋼，特殊鋳鉄が用いられている。

(4) クランクシャフト・ジャーナル部は，クランクシャフトをエンジン・ブロックに取り付ける部分です。

Point
・ジャーナル部の数は，シリンダ数より1箇所多い。

解答

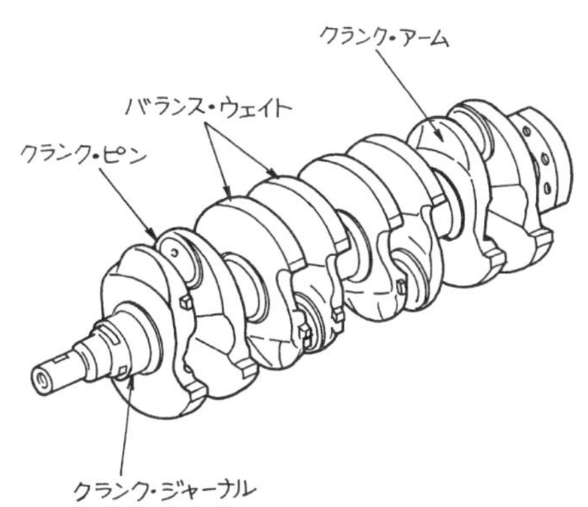

図2−2 クランクシャフト

No. 3 **解答** (4)

覚える **第4シリンダが吸入行程中**

第5シリンダが圧縮上死点のときは図(1)となり，これより120度回転すると図(2)，さらに120度回転すると図(3)になる。このとき吸入行程中でインレット・バルブが開いているものは第4シリンダです。

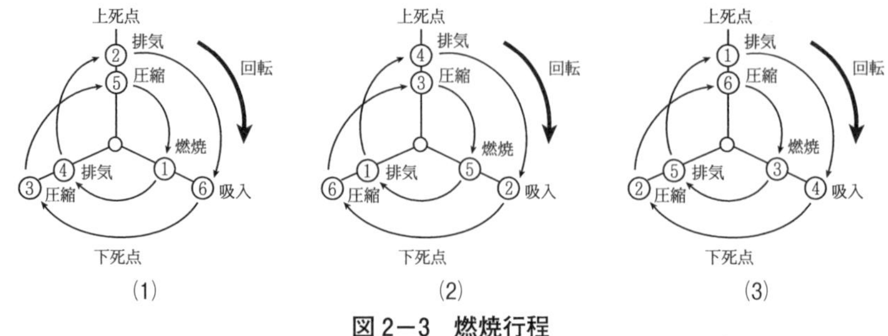

図2−3 燃焼行程

No. 4 **解答** (3)

覚える **シリンダ・ヘッドとピストン・ヘッドの隙間をいう。**

シリンダ・ヘッドとピストン・ヘッドの隙間をスキッシュ・エリアといい，吸入混合気に強い過流を発生させて，燃焼行程における火炎伝播の速度を高める。また，スキッシュ・エリアの面積が大きく，厚みが小さいほど発生する過流の速度は高くなる。

Point
・吸入混合気に過流を発生させる。
・火災伝幡の速度を高める。

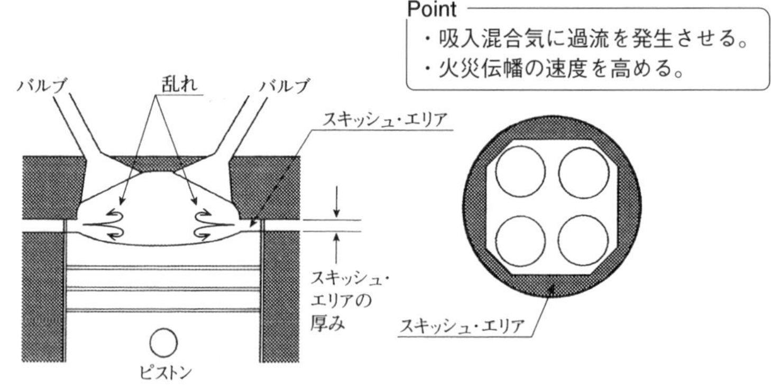

図2−4 スキッシュ・エリア

No. 5 **解答** (2)

覚える **ワックスが液体になって膨張することでバルブを開く。**

(1) ワックスが液体になって膨張すると，合成ゴムを圧縮する。

(2) 膨張したワックスによって，合成ゴムを圧縮し，ペレットを動かしてバルブを開く。

(3) ラジエータ内部が負圧になると，バキューム・バルブが作動して大気圧と同じ圧力になる。

(4) ラジエータ内の圧力が規定以上になると，プレッシャ・バルブが開いて規定圧力以上にならないように作用する。

冷却水温度が低いときは，図(1)のようにワックスは収縮して固体になるので，合成ゴムは自由になりスプリングの力でバルブを閉じて，冷却水は通過できない。

冷却水温度が高くなると，図(2)のようにワックスは膨張して液体になり，合成ゴムを圧縮してペレットを動かして，バルブを開く。これで冷却水は通過する。

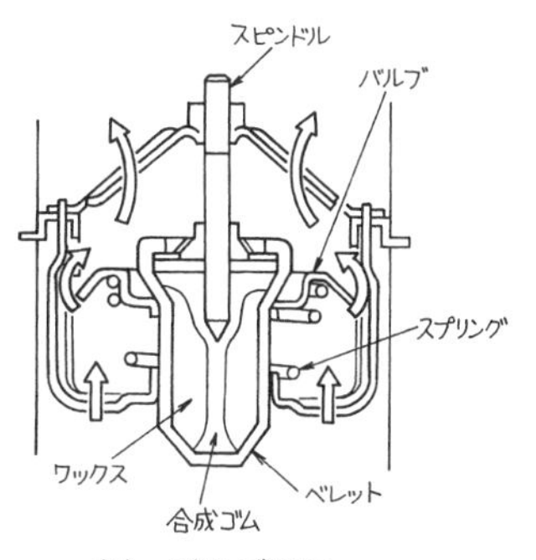

(1) バルブ閉じ

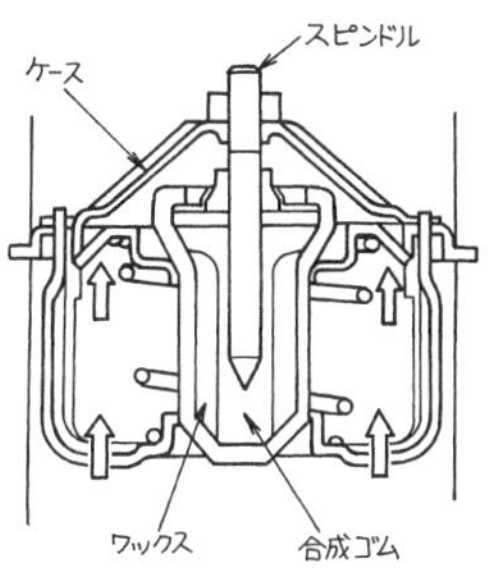

(2) バルブ開く

図2−5 ワックス・ペレット型サーモスタット

Point
・温度が高くなると，ワックスが熱膨張してペレットを動かして，バルブを開く。

No. 6 **解答** (2)

覚える **スティック現象は，リングが動かなくなること。**

スティック現象は，気密性や油かき性能が悪くなり，オイル上がりや出力低下を起こす。

No. 7 **解答** (4)

覚える **点火確認信号系統の点検と点火指示信号系統の点検には，回路の点検，電圧の点検がある。**

(1) 火花点検は，スパーク・プラグに飛ぶ火花を確認する。

(2) 回路点検は，抵抗レンジでハーネスの導通・絶縁状態を確認する。

(3) 電圧点検は，電圧計レンジで信号端子の電圧を確認する。

(4) コネクタを外すとイグナイタには信号が発生しない。

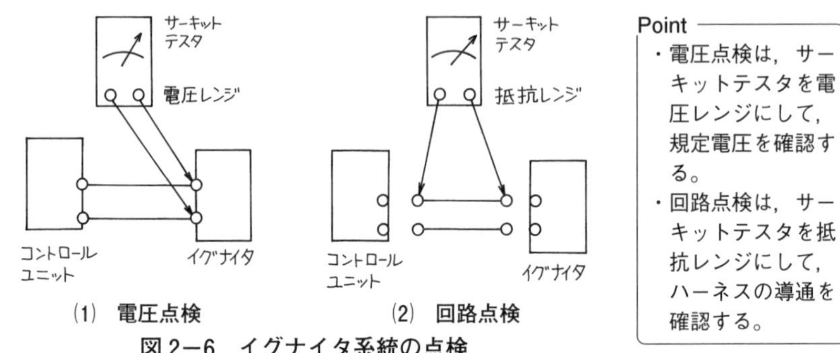

図2−6 イグナイタ系統の点検

Point

- 電圧点検は，サーキットテスタを電圧レンジにして，規定電圧を確認する。
- 回路点検は，サーキットテスタを抵抗レンジにして，ハーネスの導通を確認する。

No. 8 **解答** (3)

覚える **回転速度を$\frac{1}{3}$〜$\frac{1}{4}$に減速してトルクを大きくする。**

リダクション式スタータは，回転速度の速いアーマチュアを，$\frac{1}{3}$〜$\frac{1}{4}$の回転に減速させて回転トルクを大きくしている。

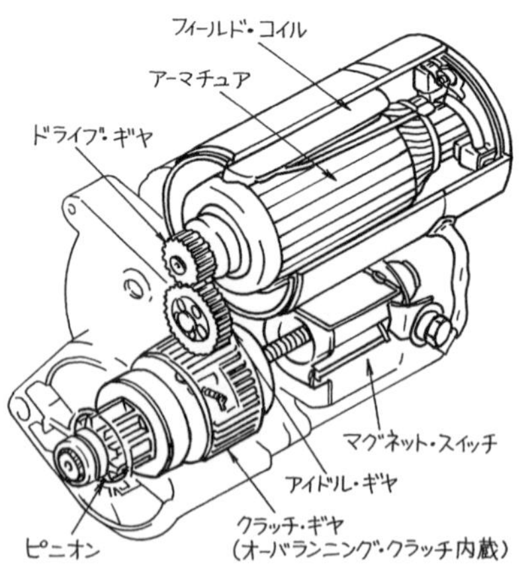

図2−7 リダクション式スタータ

Point

- ピニオンの回転速度は，アーマチュアの回転を$\frac{1}{3}$から$\frac{1}{4}$程度減速している。

No. 9 解答 (1)

覚える 富士山の形をした波形は，ダイオード１個が断線

ダイオード１個が断線：富士山の形

ダイオード１個が短絡：カニさんのツメの形

ステータ・コイル１相が断線：三角おにぎりの形

ステータ・コイル１相が短絡：ノコギリの刃の形

故障内容	電圧波形
ダイオード1つが断線	
ダイオード1つが短絡	
ステータ・コイル1相が断線	
ステータ・コイル1相が短絡	

図２−８　オルタネータの故障時のＢ端子電圧波形

Point
・ダイオードが不良のときは，波形の山が複数になる。

No. 10 解答 (1)

覚える バキューム・センサは，負圧を検出する。

(1)　バキューム・センサは，インレット・マニホールド内の圧力と真空室の圧力差を電気信号に変換して吸入空気量としています。

(2)　熱線式エア・フロー・メータは，発熱抵抗体に流れる電流が，吸入される空気量によって変化することを信号として用いています。

(3)　スロットル・ポジション・センサは，アクセル・ペダルを踏んでスピードを加速するときに作動するスロットル・バルブの開度を電気信号に変換する部分です。

(4)　ノック・センサは，燃料が異常燃焼を起こした場合のエンジンの異常振動を電気信号に変換します。

Point
・バキューム・センサは，インレット・マニホールド内の負圧を測定して，吸入空気量の信号としている。

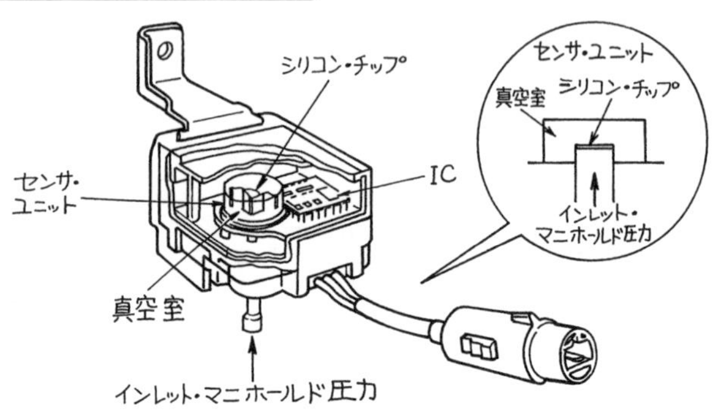

図2−9　バキューム・センサ

No. 11 **解答** (2)

覚える　センサ信号の処理をしてからバルブの開度が決まる。

スロットル・バルブの開度は，コントロール・ユニットが各センサなどの信号を処理した後に制御しています。図のように通常モードのときは，アクセル・ペダル踏み込み量が約60%を超えたあたりから急激に大きく開くように制御します。

Point
・アクセル・ペダル踏み込み量とスロットル・バルブの開度は比例していない。

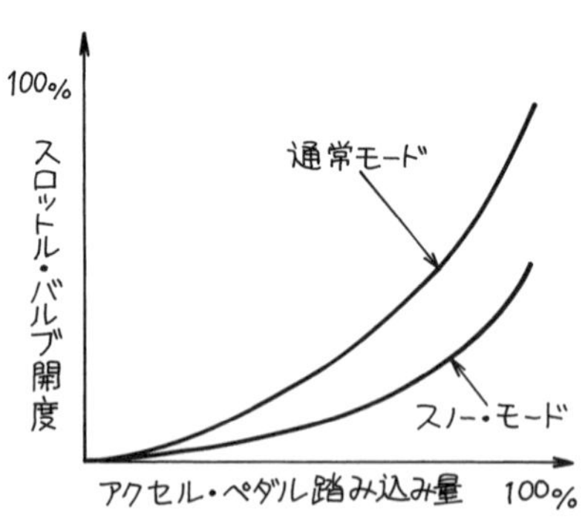

図2−10　スロットル・バルブ開度

No. 12 解答 (4)

覚える **トランジスタが不良になると火花は飛ばない。**

(1) 過電圧保護回路は，規定以上の電圧にならないようにする。

(2) ドライブ回路は，トランジスタ Tr を ON，OFF させる。

(3) 過電流保護回路は，一次コイルに流れる電流が規定電流以上にならないようにする。

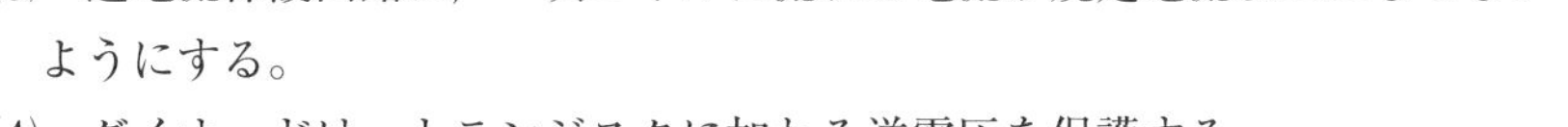

(4) ダイオードは，トランジスタに加わる逆電圧を保護する。

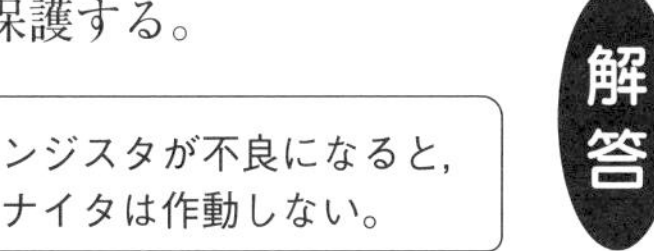

Point
・トランジスタが不良になると，イグナイタは作動しない。

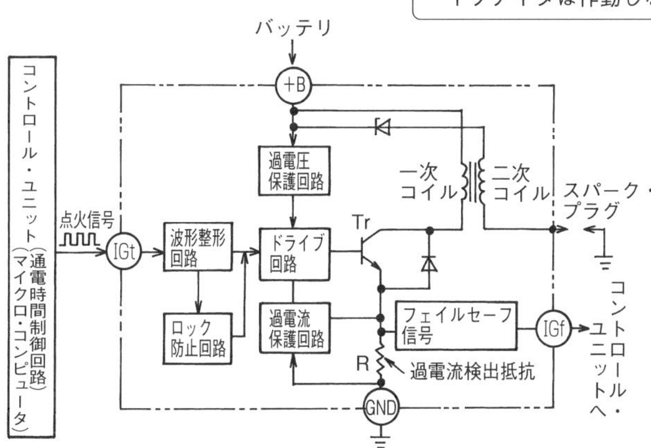

図2－11 独立点火方式のイグナイタの回路図

No. 13 解答 (4)

覚える **中心電極の突き出し量が大きいと，薄い混合気でも着火する。**

着火性を向上させるには，次の項目があります。

① スパーク・プラグのギャップを広くする。

② 中心電極を細くする。

③ 電極に溝を設ける。

④ 中心電極の突き出し量を大きくする。

⑤ 電極に白金を溶接する。

⑥ 中心電極にインジウム合金を使用する。

Point
・突き出し量が大きいと，着火性も良い。

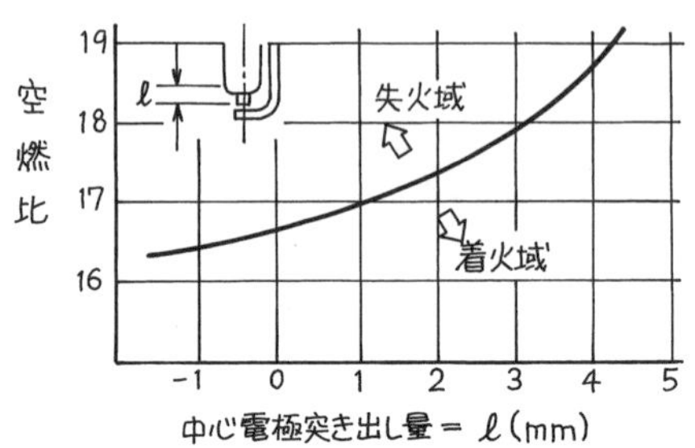

図2−12　中心電極の突き出し量と空燃比

No. 14 **解答** (1)

覚える　波形の山が2つのものは電流制御式インジェクタ

Aは，電流制御式インジェクタの噴射時間

Bは，電流制御式インジェクタの電流制御

Cは，電圧制御式インジェクタの噴射時間

Dは，電圧制御式インジェクタの噴射後の安定する期間

Point
・波形の山が2つのものは，電流制御式　・波形の山が1つのものは，電圧制御式

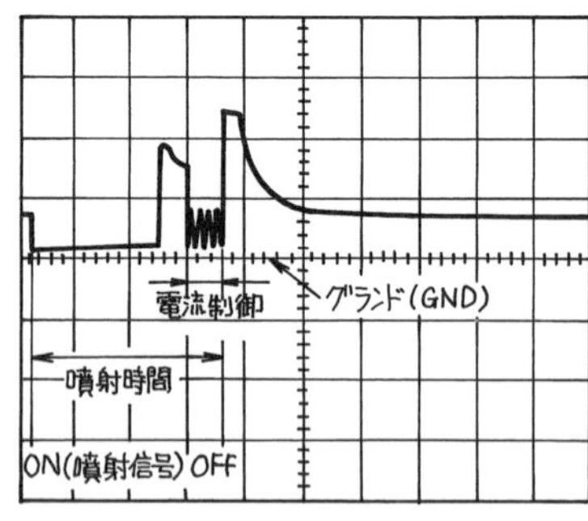

(1)　電流制御式

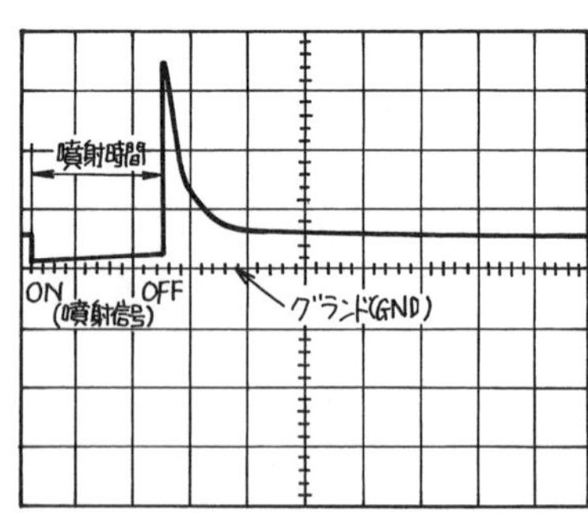

(2)　電圧制御式

図2−13　インジェクタの噴射波形

No. 15 解答 (4)

覚える 冷却水温度，吸気温度，バッテリ電圧

エンジン始動時は，吸入空気量とインレット・マニホールド内の圧力は不安定であるので，冷却水温度と吸入空気温度とバッテリ電圧によって，燃料噴射時間を決定しています。

始動時の燃料噴射時間(T)＝始動時基本噴射時間(Tp)×吸気温度補正係数(K)＋電圧補正係数(Tv)

始動時基本噴射時間は冷却水温度に関係します。

No. 16 解答 (2)

覚える 速度比とトルク比の公式を用いる。

タービンの回転速度とトルク，ポンプの回転速度とトルクが分かっていますので，速度比の公式とトルク比の公式を使います。

$$回転速度比=\frac{タービン軸回転速度}{ポンプ軸回転速度}$$

$$=\frac{2,400}{3,000}=0.8$$

図2－14より回転速度比が0.8のときのトルク比は1.2になる。

$$トルク比=\frac{タービン軸トルク}{ポンプ軸トルク}$$

$$タービン軸トルク=トルク比×ポンプ軸トルク$$

$$=1.2×200$$

$$=240[N·m]$$

Point
・タービン軸の回転速度とポンプ軸の回転速度を用いて，回転速度比を求める。

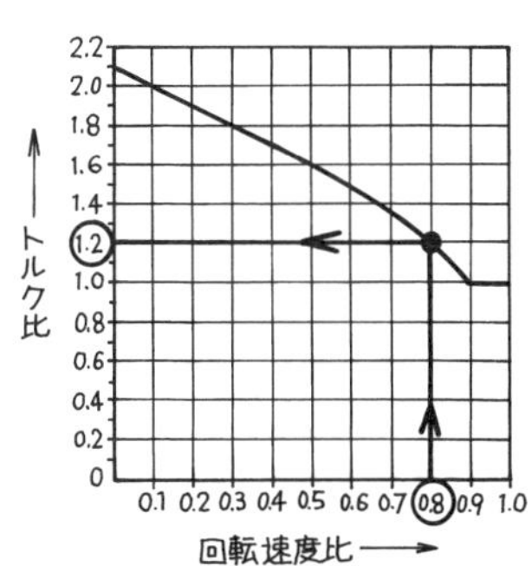

図2－14 トルク・コンバータのトルク曲線

No. 17 **解答** (4)

覚える **車速とバルブ開度の交点をまず考える。**

(1) 60[km/h]時，バルブ開度$\frac{4}{8}$から全開したときには，図のB領域になるので第2速にキック・ダウンします。

(2) バルブ開度が$\frac{4}{8}$一定の減速時，第2速から第1速への変速点（車速）は，図の1←2の破線の位置で約14[km/h]になります。

(3) バルブ開度が$\frac{2}{8}$一定の加速時，第2速から第3速への変速点（車速）は，図の2→3の黒線の位置で約26[km/h]になります。

(4) 60[km/h]時，バルブ開度が$\frac{4}{8}$のときは第3速で，そこからバルブ開度を$\frac{2}{8}$にすると，図の3→4の黒線より下の位置になり第4速になります。

Point

・A点は第1速へのキック・ダウン・シフトの可能限界車速である。
・B点は第2速へのキック・ダウン・シフトの可能限界車速である。
・C点は第3速へのキック・ダウン・シフトの可能限界車速である。

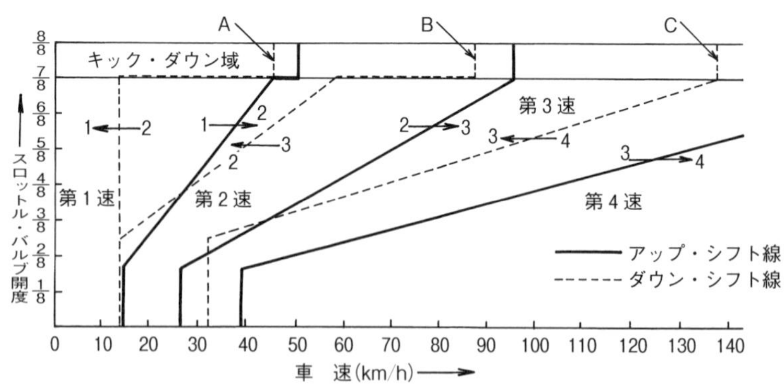

図2−15 Dレンジ変速特性

No. 18 **解答** (4)

覚える **左右の回転数の和＝リング・ギヤの回転数×2**

右の駆動輪の回転数＋左の駆動輪の回転数＝リング・ギヤの回転数×2

右の駆動輪の回転数＋500＝550×2

右の駆動輪の回転数＝(550×2)－500

＝1, 100－500

＝600

Point
・旋回時の車輪の回転速度は，外側の車輪が内側の車輪よりも回転数が多い。

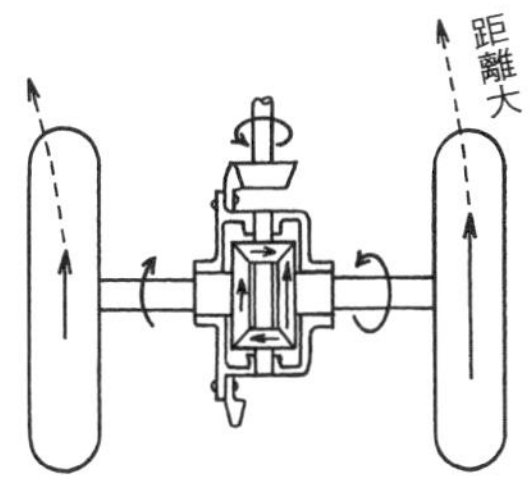

図2−16　旋回時のホイールの回転速度

No. 19 **解答** (1)

覚える **ビスカス・トルクは差動回転速度と比例する。**

ビスカス・カップリングは，左右輪と同期して回転するインナ・プレートとアウタ・プレートの間にあるシリコン・オイルに，左右輪の回転速度差に比例したビスカス・トルクを発生します。

例)　走行中に左側車輪が路面の滑りなどで急に回転速度が大きくなったとき，左右輪に回転速度差が生じて発生したビスカス・トルクは，右側車輪を回転させるように働きます。

Point
・ビスカス・トルクは左右輪の回転速度差が大きいほど大きくなる。

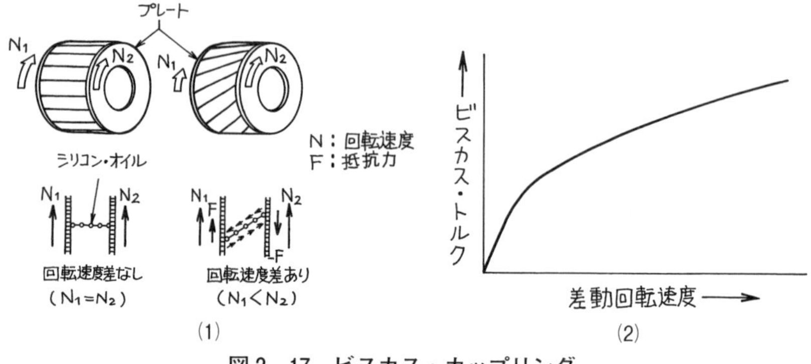

図2−17　ビスカス・カップリング

No. 20 **解答** (3)

覚える **重心が高く，ロール・センタが低いほどローリングは大きくなる。**

ローリングとは，ボデーの横揺れのことをいいます。

ローリング角度は，ボデーの横揺れ角度をいい，図のように重心が高くロール・センタが低く（ℓ：の長さ）なるほど大きく（$F \times \ell$）揺れます。

Point
・重心とロール・センタの距離が長くなるほどローリングは大きくなる。

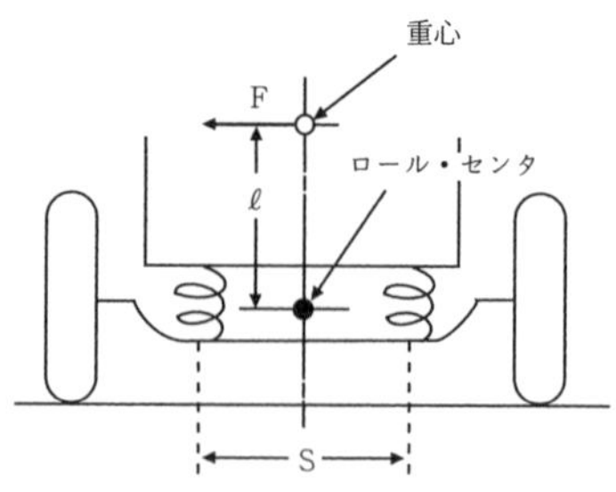

図2−18　重心とロール・センタ

No. 21 解答 (2)

覚える　コラム・アシスト式は，ステアリング・コラムに取り付けます。

電動モータの取り付け場所は，コラム・アシスト式はステアリング・コラム，ピニオン・アシスト式はステアリング・ギヤ部，ラック・アシスト式はラック・チューブに取り付けます。

Point
・モータによる補助動力は，ステアリング・シャフトに与える。

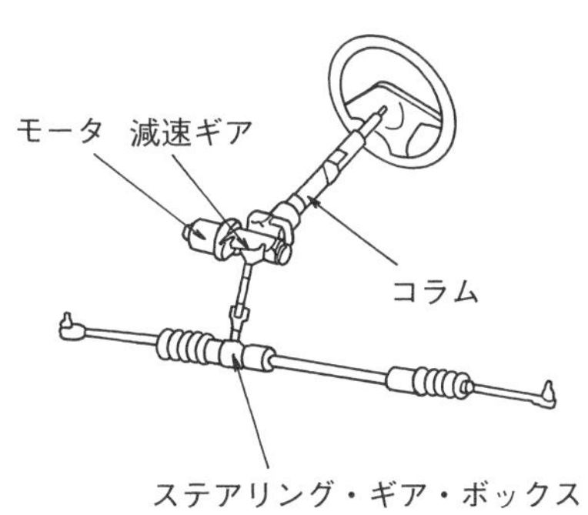

図2−19　コラム・アシスト式電動パワー・ステアリング

No. 22 解答 (1)

覚える　独立懸架式のキャンバ角は変化する。

旋回時のキャンバは，車軸懸架式は変化しないが，独立懸架式は変化します。

独立懸架式自動車が旋回すると，外側ホイールは内側ホイールよりもキャンバ・スラストが大きい。

Point
・キャンバ・スラストとは，キャンバ角度を設けるとタイヤが内側に転がり込もうとするため，矢印方向に横向きに働く力をいう。

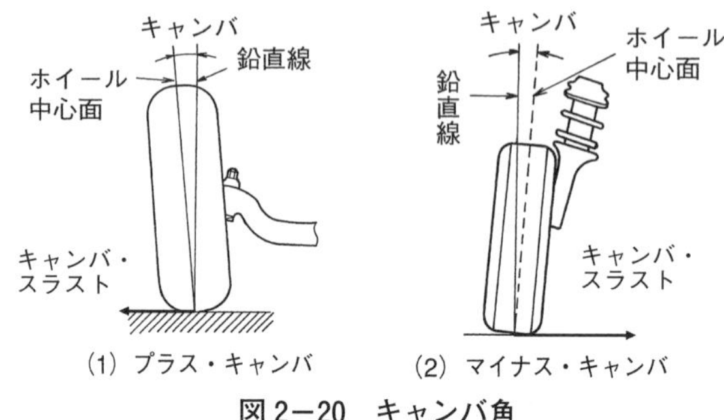

図 2−20　キャンバ角

No. 23 解答 (3)

覚える 内側に向かった羽根状の摩耗は，トーインの過大

トーインが大き過ぎると，タイヤの外側から内側に押す力が大きくなって，羽根状の摩耗になります。トーインを小さくするには，タイヤの後方にあるタイロッドの長さを小さくします。

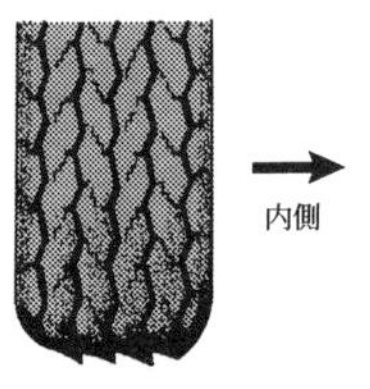

図 2−21　タイヤの偏摩耗

Point
・タイヤが外から内側に滑るような力が作用している。

No. 24 解答 (4)

覚える スタティック・アンバランスとは，停止場所が一定している。

スタティック・アンバランスは，停止場所が一定するときで，この状態で回転させると縦揺れを起こします。

ダイナミック・アンバランスは，停止場所は一定しないが回転させたときに横揺れを起こします。

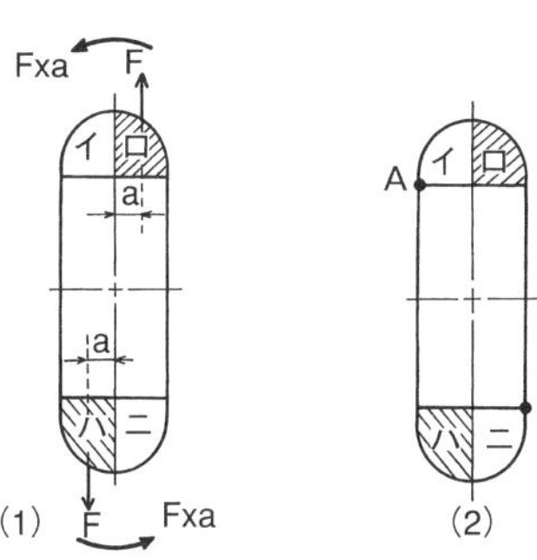

図 2−22　ホイール・バランス

Point
・ダイナミック・バランスは，ホイールを回転させるときにわかる。

No. 25 **解答** (3)

覚える **スリップ率 100% は，車輪がロックしたとき。**

(1)　スリップ率 100% のとき，路面摩擦係数は約 0.6 になります。

(2)　スリップ率約 20〜30% のとき，路面摩擦係数が最大になります。

(3)　スリップ率 100% のとき，ロック（車輪周速度がゼロ）状態になります。

(4)　スリップ率 0% のとき，摩擦係数もゼロになります。

$$\text{スリップ率} = \left(\frac{\text{車体速度} - \text{車輪周速度}}{\text{車体速度}}\right) \times 100\ [\%]$$

Point
・スリップ率 25% 程度のとき，摩擦係数が最も高い。

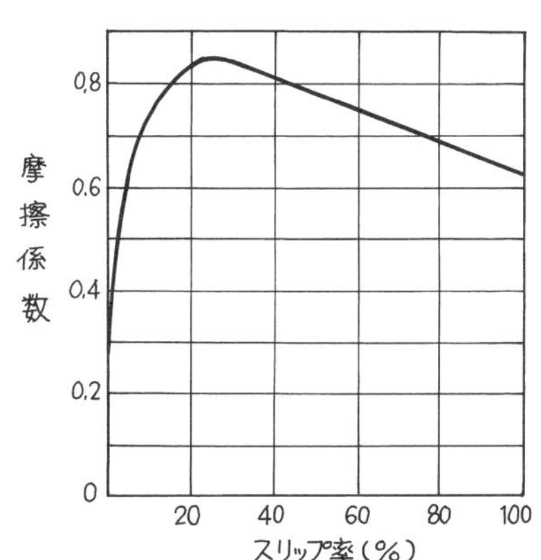

図 2−23　タイヤのスリップ率

No. 26 解答 (1)

覚える ピックアップ・コイルに発生する電気

(1) 発生電気は，交流電気です。

(2) 回転するロータ，電気を発生するコイル，磁界をつくる永久磁石で構成されています。

(3) 高速になるほど周波数が高くなります。

(4) ホイール・ハブにロータが取り付けられています。

Point
・シグナル・ロータの回転速度によって発生周波数も変わる。

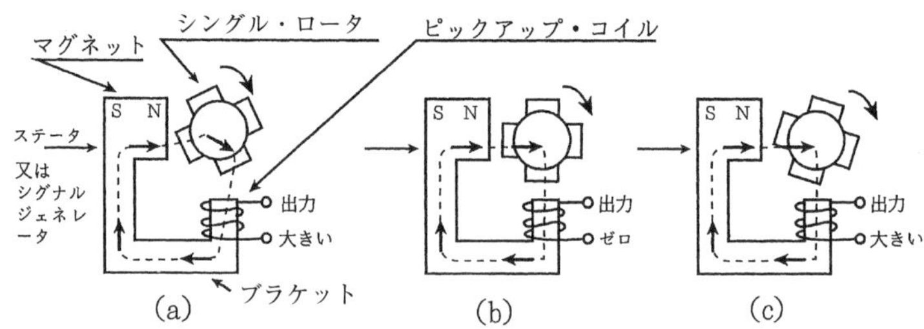

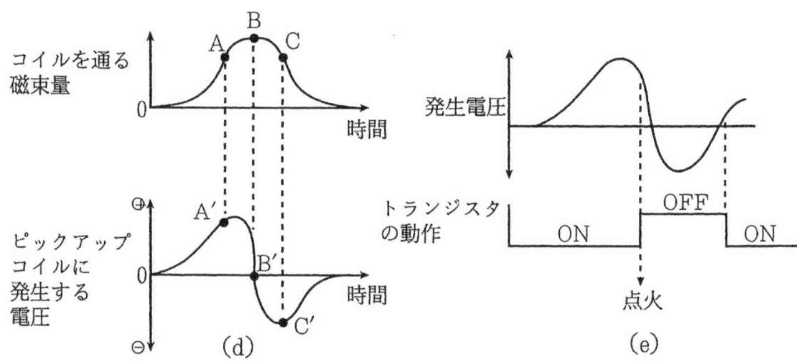

図 2−24 車速センサのピックアップ・コイル

No. 27 解答 (2)

覚える LSPV は，後輪の早期ロックを防止します。

ロード・センシング・プロポーショニング・バルブ（LSPV）は，後輪の早期ロックを防止する装置でリヤ・フレームに取り付けられ，積載荷重によって図のS点を変えることで後輪制動力も変化します。

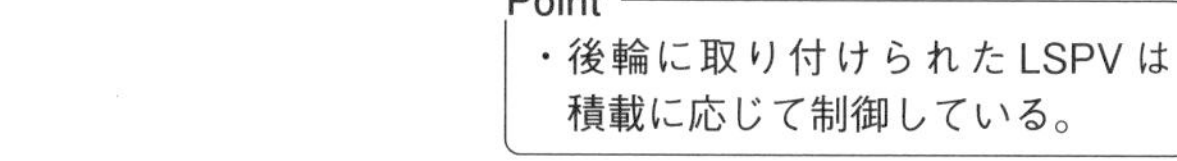
Point
・後輪に取り付けられたLSPVは積載に応じて制御している。

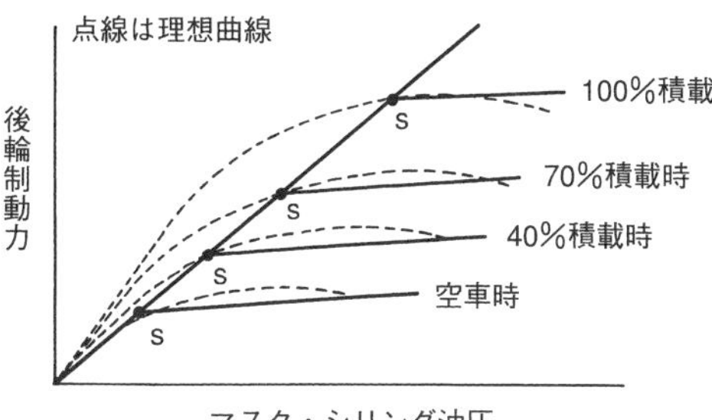

図2−25　LSPVの積載に応じた制動力の配分

No. 28　解答　(2)

覚える　放電終止電圧は，1.75［V］です。

バッテリは，放電電流が大きいほど電圧降下は速くなって，ある程度以上放電すると悪影響があるので，これ以上放電してはならないという一定の限度を定めています。これが放電終止電圧で，1セル当たり1.75［V］です。

1.75［V］×6セル＝10.5［V］

Point
・放電終止電圧は，1セル当たり1.75［V］で，6セルで10.5［V］になる。

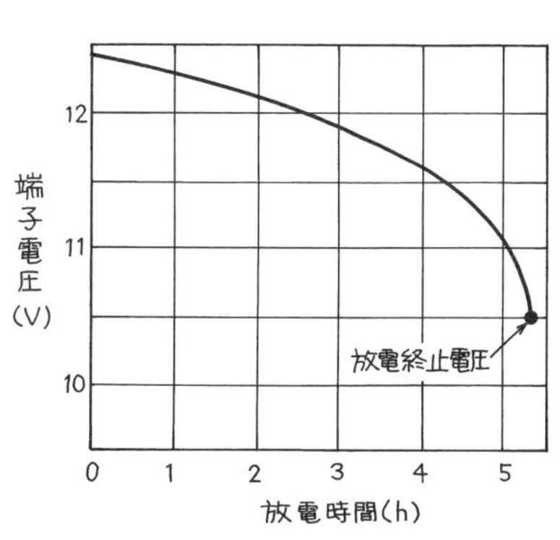

図2−26　放電終止電圧

No. 29 解答 (4)

覚える 完全充電状態のとき，比重は 1.280，電圧は約 2.1［V］

起電力は電解液の比重が高いほど大きくなります。

1セル当たりの起電力と比重との関係は，計算式からも概略を知ることができます。

起電力≒0.85＋比重値

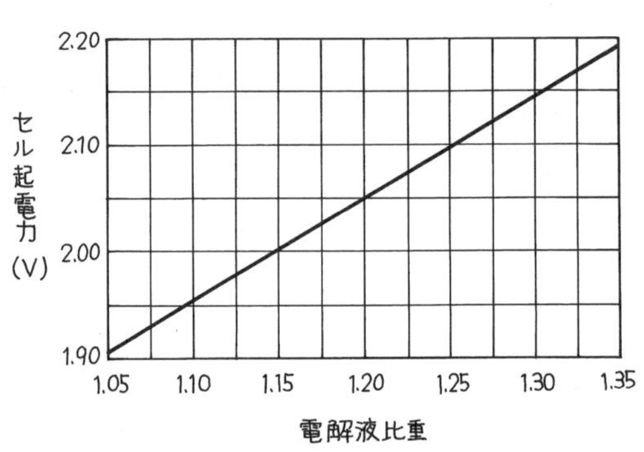

Point
・電解液比重が分かれば，セル起電力を求めることができる。

図 2−27 電解液比重とセル起電力

No. 30 解答 (3)

覚える NAND 回路図は，AND 回路図と NOT 回路図の組み合わせ

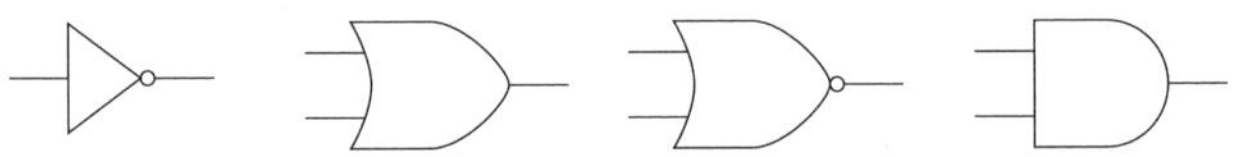

(1) NOT 回路 (2) OR 回路 (3) NOR 回路 (4) AND 回路

図 2−28 論理回路図

No. 31 解答 (1)

覚える オクタン価の高いガソリンを，ハイオク・ガソリンという。

(1) オクタン価は，アンチノック性の高いイソオクタンと，アンチノック性の低いノルマン・ヘプタンで標準燃料を造っている。

⑵　ガソリンの発火点（着火点）は500℃前後，軽油の発火点は350℃前後である。

⑶　ガソリンの引火点は（－35～46℃），軽油は（45～80℃）

⑷　ガソリンの主成分は，C（炭素）とH（水素）である。

No. 32　解答　⑷

覚える　誤動作を防止する作業をする。

⑴　エア・バッグ・アッセンブリのパッド面は，必ず上にして置く。万一，誤作動したときにエア・バッグ・アッセンブリが飛び上がって大変危険になります。

⑵　電源ケーブルの取り付け順序は，最初にプラス・ケーブルを取り付け，次にマイナス・ケーブルを取り付ける。ケーブル取り付け時に，工具とボデーの接触による事故を防止します。取り外しのときは，逆の順番になります。

⑶　エア・バッグ・アッセンブリを取り付けるトルクス・ボルトは，ねじロック処理をしているので，新品を使う。

⑷　エア・バッグ・システムのワイヤ・ハーネスを取り外したときは，静電気による誤動作を防止するために，ショート・カプラをエア・バッグ・システム側カプラに取り付ける。

Point
・静電気による誤動作を防止するため，カプラを外したらすぐに，ショート・カプラを取り付ける。

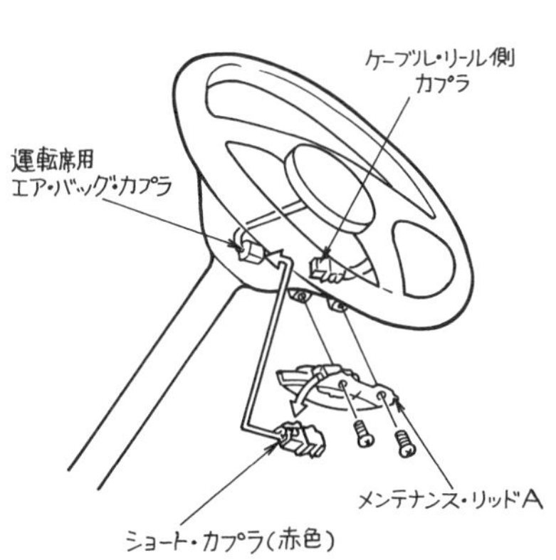

図2－29　SRSエア・バッグ・システム

No. 33 **解答** (2)

覚える **ロック直前が最大制動力**

制動力は，ホイールがロックする直前に最大になります。

Point
・左右ホイールの制動力のバランスも点検する。

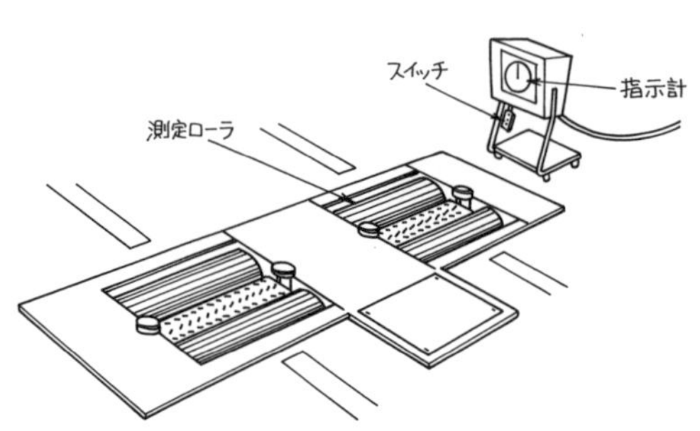

図2−30　ブレーキ・テスタ

No. 34 **解答** (3)

覚える **出力=力×速度**

出力［W］＝力［N］×速度［m/s］
＝15,000［N］×0.3［m/s］
＝4,500［W］

［W：ワット］を［kW：キロワット］にすると

$$\frac{4,500[\mathrm{W}]}{1,000}=4.5\ [\mathrm{kW}]$$

Point
・単位に気をつけましょう。

図2−31　登り勾配出力

No. 35 解答 (2)

覚える 時速を秒速に変換する。

90［km/h］を秒速に変換すると，

$$\frac{(90\times1,000：m)}{(60：分\times60：秒)}=25\ [m/s]$$

1秒間に必要とする出力は，

出力＝1,200［N］×25［m/s］＝30,000［N･m/s］

出力＝30,000［N･m/s］＝30,000［W：ワット］

［W：ワット］を［kW：キロワット］にすると，

$$\frac{30,000\ [W]}{1,000}=30\ [kW]$$

＊　SI単位より　1［N･m/s］＝1［W］

No. 36 解答 (3)

覚える 永久抹消登録の申請は15日以内

「道路運送車両法」の第15条（永久抹消登録）に「登録自動車の所有者は，次に掲げる場合には，その事由があった日から15日以内に，永久抹消登録の申請をしなければならない。

(1)　登録自動車が滅失し，解体（整備又は改造のために解体する場合を除く。），又は自動車の用途を廃止したとき。

(2)　当該自動車の車台が当該自動車の新規登録の際存したものでなくなったとき。」となっています。

No. 37 解答 (1)

覚える 登録の必要な自動車は，大型特殊自動車，普通自動車，小型自動車（二輪車を除く）

「道路運送車両法」の第4条（登録の一般的効力）に「自動車（軽自動車，小型特殊自動車及び二輪の小型自動車を除く。）は，自動車登録のファイルに登録を受けたものでなければ，これを運行の用に供してはならない。」となっています。

No. 38 **解答** (4)

覚える **自家用乗用自動車は，2年間である。**

「自動車点検基準」第4条（点検整備記録簿の記載事項等）に「点検整備記録簿の保存期間は，その記載の日から第2条第1号から第3号までに掲げる自動車にあっては1年間，同条第4号及び第5号に掲げる自動車にあっては2年間とする。」となっています。

第2条第1号は事業用自動車等，第2号は被牽(けん)引自動車，第3号は自家用貨物自動車等，第4号は自家用乗用自動車等，第5号は二輪自動車。

No. 39 **解答** (2)

覚える **電気関係から200 mm以上離す。**

「道路運送車両の保安基準」第15条（燃料装置）「細目を定める告示」第174条に「燃料タンクの注入口及びガス抜口は，露出した電気端子及び電気開閉器から200 mm以上離れていること。」となっています。

No. 40 **解答** (4)

覚える **後退灯は昼間に後方100 mの距離から確認できること**

「道路運送車両の保安基準」第40条（後退灯）「細目を定める告示」第214条に「後退灯は，昼間にその後方100 mの距離から点灯を確認できるものであり，かつ，その照射光線は，他の交通を妨げないものであること。」となっています。

第3回

2級ガソリン自動車整備士

模擬テスト

（試験時間は 80 分）

第3回

No. 1

出るヨ

シリンダ・ヘッド・ボルトに関する次の文章の（　）に当てはまるものとして，下の組み合わせのうち適切なものはどれか。

シリンダ・ヘッド・ボルトの塑性域締め付け法とは，２～３回に分けてある程度締め付けてから（ イ ）で締め付けた後，さらにボルトを一定の（ ロ ）だけ（ ハ ）ことをいう。

	（イ）	（ロ）	（ハ）
(1)	２倍のトルク	トルク	増し締めする
(2)	２倍のトルク	角度	緩める
(3)	規定トルク	トルク	緩める
(4)	規定トルク	角度	増し締めする

No. 2

出るヨ

ガソリン・エンジンにノッキングが発生する原因の記述として，適切なものは次のうちどれか。

(1) 熱価の低いスパーク・プラグが使われている。
(2) 点火時期が規定よりかなり遅い。
(3) インレット・バルブのクリアランスが規定より大きすぎている。
(4) バルブ・スプリングが弱い。

No. 3

出るヨ

コンロッド・ベアリングに関する記述として，適切なものは次のうちどれか。

(1) クラッシュ・ハイトとは，ベアリングの内周の寸法とベアリング・キャップの外周の差をいう。
(2) クラッシュ・ハイトが大きいと，ベアリングを破損する原因になる。
(3) オイル・クリアランスは，大きいほどよい。
(4) オイル・クリアランスの測定方法には，ノギスを用いる。

No. 4

出るヨ

エンジン・オイルが潤滑部に供給されない原因として，適切なものは次のうちどれか。

(1) オイル・フィルタに穴が開いた。
(2) リリーフ・バルブ・スプリングが破損した。
(3) オイル・フィルタが目詰まりを起こした。
(4) オイル・ポンプの圧力が高くなりすぎた。

No. 5

クランクシャフトのトーショナル・ダンパに関する記述として，適切なものは次のうちどれか。

(1) トーショナル・ダンパは，スタータでエンジンを始動するときに作用する。
(2) クランクシャフトが等速回転をしているときに，トーショナル・ダンパは作用する。
(3) クランクシャフトに大きな加速度が生じたときに，トーショナル・ダンパは作用する。
(4) トーショナル・ダンパは，クランクシャフトの中間部に設けられている。

No. 6

ピストン・リングに起こる異常現象に関する次の文章の（　）に当てはまるものとして，下の組み合わせのうち適切なものはどれか。

フラッタ現象とは，ピストン・リングが（ イ ）と密着せずに（ ロ ）現象をいう。

	（イ）	（ロ）
(1)	リング溝	傷を付ける
(2)	リング溝	浮き上がる
(3)	シリンダ	浮き上がる
(4)	シリンダ	傷を付ける

No. 7 出るヨ

電子制御装置の自己診断システムで，アイドル回転速度制御系統の点検として，不適切なものは次のうちどれか。

(1) ISCVのコネクタを外し，イグニション・スイッチをONにしたとき，ISCV用の電源端子とアース端子の電圧を点検する。

(2) コントロール・ユニット及びISCVのコネクタを外し，信号端子とISCV間のハーネス導通状態の回路点検をする。

(3) コントロール・ユニットの信号端子にオシロスコープのプローブを接続して，信号波形の波形点検をする。

(4) アイドリング時のISCVの正常信号波形は，常にゼロ・ボルトである。

No. 8 出るヨ

スタータ・スイッチをオンにすると，ピニオン・ギヤが飛び出したり戻ったりする原因に関する記述として，適切なものは次のうちどれか。

(1) プルイン・コイルの断線

(2) ホールディング・コイルの断線

(3) フィールド・コイルの断線

(4) アーマチュア・コイルの断線

No. 9 出るヨ

スパーク・プラグに関する次の文章の（　）に当てはまるものとして，下の組み合わせのうち適切なものはどれか。

スパーク・プラグの中心電極部が放熱しやすいものを（ イ ）といい，放熱しにくいものを（ ロ ）という。

	(イ)	(ロ)
(1)	高熱価型	低熱価型
(2)	高熱価型	コールド・タイプ
(3)	低熱価型	高熱価型
(4)	低熱価型	ホット・タイプ

No. 10 出るヨ

冷却装置で2個のファン・リレーを持った多段階制御（停止，低速回転，高速回転）式電動ファンに関する記述として，適切なものは次のうちどれか。

(1) 電動ファンは，ラジエータを通過する空気の温度を感知して作動する。
(2) 電動ファンは，エアコンの作動とは無関係である。
(3) 電動ファンが高速回転のとき，2個のリレーがONになる。
(4) 電動ファンが低速回転のとき，2個のリレーがONになる。

No. 11 出るヨ

ターボ・チャージに関する次の文章の（　）に当てはまるものとして，下の組み合わせのうち適切なものはどれか。

ターボ・チャージは，排気ガスによって（ イ ）を回転させることで，吸入側にある（ ロ ）を回転させ，吸入空気は圧縮空気としてシリンダ内に供給される。

	（イ）	（ロ）
(1)	コンプレッサ・ホイール	タービン・ホイール
(2)	タービン・ホイール	コンプレッサ・ホイール
(3)	コンプレッサ・ホイール	ドリブン・ロータ
(4)	タービン・ホイール	ドライブ・ロータ

No. 12 出るヨ

次の文章の（　）に当てはまるものとして，適切なものは次のうちどれか。

IC式ボルテージ・レギュレータを備えたオルタネータの回転速度が高くなって調整電圧を超えると，（　）に流れる電流を遮断して調整する。

(1) IC
(2) 中性点ダイオード
(3) ステータ・コイル
(4) ロータ・コイル

No. 13 出るヨ

イグニション・コイルの二次コイルに高電圧を発生させる原理として，適切なものは次のうちどれか。

(1) 一次コイルと二次コイルの巻数比を同じにする。
(2) 一次コイルに流れる電流を少なくする。
(3) 一次コイルに流れる電流の遮断速度を遅くする。
(4) 一次コイルに流れる電流を多くする。

No. 14 出るヨ

ノック・センサ付き電子制御式点火装置を搭載している自動車が，高負荷でノッキングが発生しているときのコントロール・ユニットの制御として，適切なものは次のうちどれか。

(1) インジェクタの噴射時間を短くする。
(2) インジェクタの噴射時間を長くする。
(3) 点火時期を遅らせる。
(4) 点火時期を早める。

No. 15 出るヨ

点火信号の通電時間に関する記述として，適切なものは次のうちどれか。

(1) イグニション・コイルの一次電流の時定数が小さいほど，一次電流の立ち上がりが早い。
(2) イグニション・コイルの一次電流の時定数が小さいほど，一次電流の立ち上がりが遅い。
(3) エンジンが高速回転時よりも低速回転時のときが，時定数は短い。
(4) エンジンの回転速度に関係無く時定数は一定である。

No. 16 出るヨ

トルク・コンバータの性能に関する記述として，不適切なものは次のうちどれか。

(1) クラッチ・ポイントでステータが空転を始める。

(2) コンバータ・レンジでは，トルク比は1.0である。

(3) 速度比がゼロのときをストール・ポイントという。

(4) 速度比が大きくなるにしたがって，トルク比は小さくなる。

No. 17 

図に示すプラネタリ・ギヤ・ユニットでインターナル・ギヤを固定し，サン・ギヤを1500回転させたときのプラネタリ・キャリヤの回転数として，適切なものは次のうちどれか。

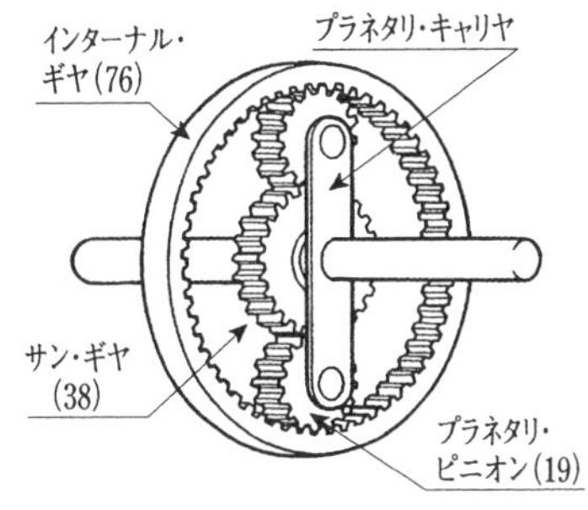

(1) 500回転

(2) 1000回転

(3) 1500回転

(4) 2000回転

No. 18 

自動車が発進時にクラッチにジッダを起こす原因として，不適切なものは次のうちどれか。

(1) クラッチ・ペダルの遊びが大き過ぎる。

(2) クラッチ・ディスクの振れが大き過ぎる。

(3) クラッチ・ディスクのフェーシングが硬化又は摩耗している。

(4) クラッチ・ディスクのダンパ・スプリングが衰損又は折損している。

No. 19 出るヨ

独立懸架方式のアクスルとサスペンションに関する記述として，適切なものは次のうちどれか。

(1) 片側のホイールの衝撃が他のホイールに伝わりやすい。

(2) 車軸懸架方式に比べて構造が簡単である。

(3) ストラット型フロント・サスペンションは，ウィッシュボーン型フロント・サスペンションより鋼性が確保できる。

(4) スタビライザは，横揺れを少なくする作用がある。

No. 20 出るヨ

車両振動に関する次の文章の（　）に当てはまるものとして，下の組み合わせのうち適切なものはどれか。

図に示すX軸を中心とした振動を(イ)，Y軸を中心とした振動を(ロ)，Z軸を中心とした振動を（ハ）という。

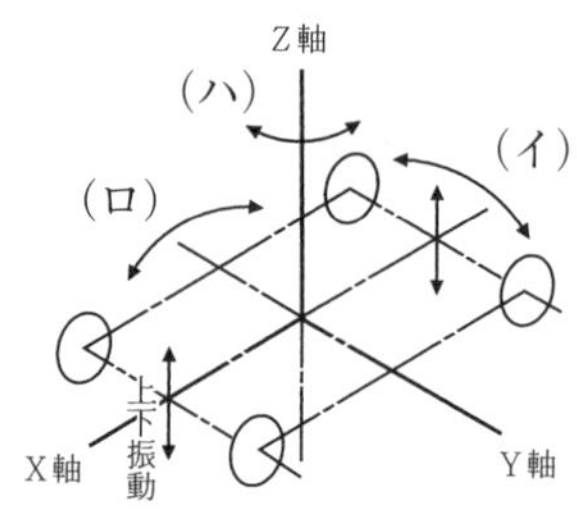

	(イ)	(ロ)	(ハ)
(1)	ピッチング	ヨーイング	ローリング
(2)	ローリング	ピッチング	ヨーイング
(3)	ヨーイング	ローリング	ピッチング
(4)	ローリング	ヨーイング	ピッチング

No. 21 出るヨ

自動車の旋回性能に関する次の文章の（　）に当てはまるものとして，

下の組み合わせのうち適切なものはどれか。

一定の角度を保ちながら自動車を旋回させるとき，速度が増すにつれてフロント・ホイールは，スリップアングルが（ イ ）なり，コーナリング・フォースが（ ロ ）し，横滑り量が多くなって，旋回半径が大きくなることを（ ハ ）という。

	(イ)	(ロ)	(ハ)
⑴	大きく	上昇	アンダステア
⑵	大きく	低下	アンダステア
⑶	小さく	上昇	ニュートラル・ステア
⑷	小さく	低下	オーバステア

No. 22

ホイール・アライメントのキング・ピン傾角に関する記述として，不適切なものは次のうちどれか。

⑴ キング・ピン・オフセットとは，キング・ピン軸中心線の路面交点とタイヤ中心線の点の距離をいう。

⑵ キング・ピン・オフセットが大きいと，制動時のキング・ピン回りのモーメントは大きくなる。

⑶ キング・ピンは，鉛直線に対して外側に傾いて取り付けている。

⑷ キング・ピンを傾斜して取り付けると，旋回したときに直進状態に戻ろうとするハンドルの復元力が発生する。

No. 23

タイヤの異常摩耗の原因の記述として，適切なものは次のうちどれか。

⑴ 空気圧が不足のときは，トレッドの両肩が摩耗する。

⑵ 空気圧が不足のときは，トレッドの中央が摩耗する。

⑶ 空気圧が過大のときは，トレッドの外側が内側より多く摩耗する。

⑷ 空気圧が過大のときは，トレッドの内側が外側より多く摩耗する。

No. 24

ホイールのバランスに関する次の文章の（　）に当てはまるものとして，下の組み合わせのうち適切なものはどれか。

図のように，タイヤの上下反対側の2箇所に同量の重い部分があると，ホイールはスタティック・バランスが良くてもダイナミック・バランスが悪く，ホイールを回転させると，（ イ ）揺れを起こすようになる。これを修正するには，図のリム周辺の（ ロ ）に適当なバランス・ウエイトを取り付ける。

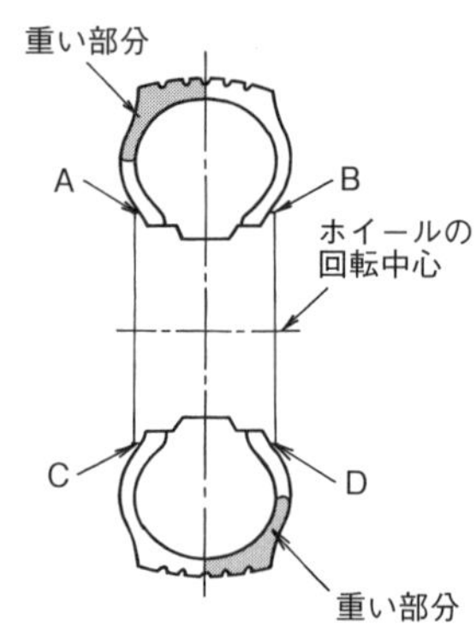

	（イ）	（ロ）
⑴	縦	AとD
⑵	横	AとC
⑶	横	BとC
⑷	縦	BとD

No. 25

ブレーキのタンデム・マスタ・シリンダに関する記述として，適切なものは次のうちどれか。

⑴　2つの独立した油圧系統の1つは主系統で，残る1つの系統は故障したときに作動する。

⑵　プライマリ・ピストンの直径は，セカンダリ・ピストンの直径より15%大きくなっている。

⑶　フロント・ブレーキ系統に液漏れがあると，プライマリ・ピストンの先

端が直接セカンダリ・ピストンを押す。

(4) フロント・ブレーキ系統に液漏れがあると，セカンダリ・ピストンの先端がシリンダ・ボデーに当たって止まる。

No. 26

電子制御式アンチロック・ブレーキの説明として，不適切なものは次のうちどれか。

(1) フェイル・セーフ機能を持っている。

(2) ABS は，制動時にブレーキの作動油圧を制御している。

(3) ハイドロリック・ユニットからの制御信号によって，コントロール・ユニットが直接ホイール・シリンダの油圧を制御している。

(4) 電子制御式アンチロック・ブレーキ・システムは，急制動などによる車輪のロックを防止する。

No. 27

モノコック・ボデーの特徴に関する記述として，不適切なものは次のうちどれか。

(1) 一体構造のため，ねじれ及び曲げの剛性が劣っている。

(2) ボデー自体がフレームの役目を担うので，車両重量を軽くできる。

(3) 床面を低く，車内空間を広くできる。

(4) 薄鋼板を使用して，スポット溶接を用いているので，精度が高い。

No. 28

バッテリの電解液に関する記述として，適切なものは次のうちどれか。

(1) 電解液の温度が下がると，比重は高くなる。

(2) 温度が 1℃ 変化するときの係数は，0.07 である。

(3) 電解液の温度が高いほど，自己放電量は少なくなる。

(4) 電解液の比重が高いほど，自己放電量は少なくなる。

No. 29

次の文章の（　）に当てはまるものとして，下の組み合わせのうち適切なものはどれか。

12 V のバッテリは，（ イ ）のセルを（ ロ ）に接続した構造になっている。

	（イ）	（ロ）
⑴	2 個	直列
⑵	4 個	並列
⑶	6 個	直列
⑷	8 個	並列

No. 30

電気図記号に関する部品名と図記号の組み合わせとして，不適切なものは次のうちどれか。

部品名　　　図記号

⑴ ダイオード

⑵ オルタネータ

⑶ 可変抵抗

⑷ PNP 型トランジスタ

No. 31

ねじに関する記述として，適切なものは次のうちどれか。

⑴ メートルねじの，ねじ山の角度は 30° である。

⑵ ［M 16］のねじの「16」は，直径 16 mm を示す。

⑶ ［M 16×1.5］のねじの「1.5」は，ねじの長さ 1.5 cm を示す。

⑷ ボルトにめねじが切られ，ナットにおねじが切られる。

No. 32 出るヨ

すれ違い用前照灯を点灯させて，ヘッドライト・テスタに正対させたとき，テスタのスクリーンに照射した次の図の説明として，適切なものは次のうちどれか。

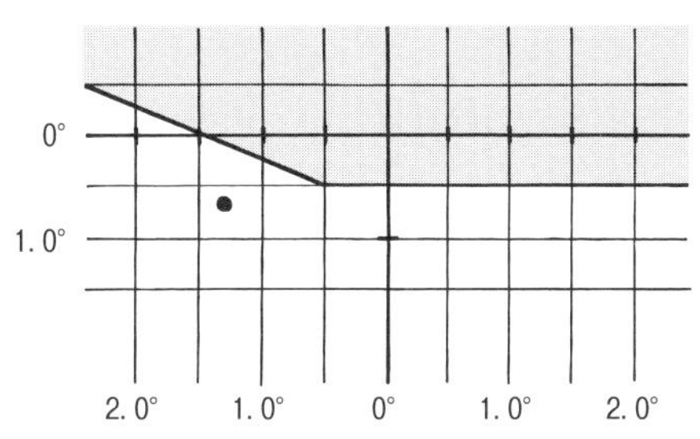

(1) 図はカットオフを有しない，すれ違い用前照灯である。

(2) エルボー点は，証明部中心（スクリーン中心）から下方 0.6°，左方 1.3° のところになる。

(3) エルボー点が，証明部中心（スクリーン中心）からずれているが，調整しなくてもよい。

(4) 光度測定点における光度は，一灯につき 3,200 カンデラ以上である。

No. 33 出るヨ

単位に関する記述として，適切なものは次のうちどれか。

(1) SI 基本単位の $kg \cdot m^{-1} \cdot s^{-2}$ は，Pa（パスカル）である。

(2) SI 基本単位の $kg \cdot m \cdot s^{-2}$ は，J（ジュール）である。

(3) SI 基本単位の $kg \cdot m^{2} \cdot s^{-2}$ は，W（ワット）である。

(4) SI 基本単位の $kg \cdot m^{2} \cdot s^{-3}$ は，N（ニュートン）である。

No. 34 出るヨ

初速度 72［km/h］の自動車が 10 秒後に 108［km/h］の速度になったときの加速度として，適切なものは次のうちどれか。

(1) 0.1［m/s^2］

(2) 0.5［m/s^2］

(3) 1.0 [m/s^2]

(4) 1.5 [m/s^2]

No. 35 出るヨ

図に示す方法で前輪荷重 7,680 [N] の乗用車を吊り上げたときに，レッカー車のワイヤに掛かる荷重として，適切なものは次のうちどれか。

ただし，吊り上げによる重心の移動はないものとする。

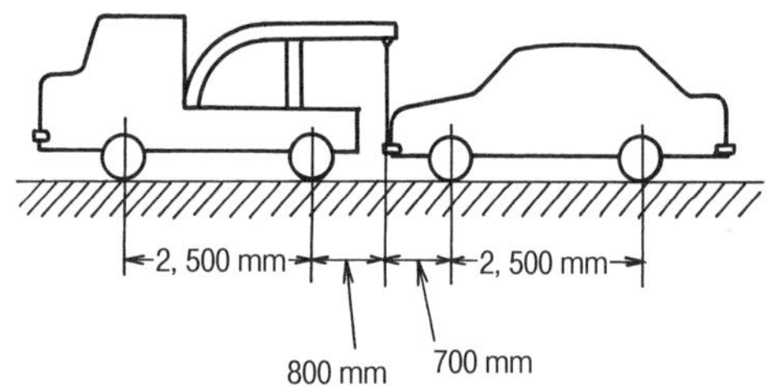

(1) 3,000 [N]

(2) 6,000 [N]

(3) 9,000 [N]

(4) 12,000 [N]

No. 36 出るヨ

「道路運送車両法施行規則」に照らして，次の文章の（　）に当てはまるものとして，下の組み合わせのうち適切なものは次のうちどれか。

自動車分解整備に従事する作業員（整備主任者を含む。）の人数が（ イ ）の自動車分解整備事業の認証を受けた事業場には，自動車整備士の技能検定に合格した者が（ ロ ）以上いること。

	（イ）	（ロ）
(1)	3人	1人
(2)	5人	3人
(3)	10人	5人
(4)	15人	7人

No. 37 出るヨ

「道路運送車両法」に照らし，自動車分解整備事業の種類の記述として，不適切なものは次のうちどれか。

(1) 大型自動車分解整備事業
(2) 普通自動車分解整備事業
(3) 小型自動車分解整備事業
(4) 軽自動車分解整備事業

No. 38 出るヨ

「道路運送車両の保安基準」及び「道路運送車両の保安基準の細目を定める告示」に照らして，次の文章の（　）に当てはまるものとして，下の組み合わせのうち適切なものは次のうちどれか。

最高速度が 100［km/h］の普通自動車の走行用前照灯の数は，（ イ ）であること。ただし，二輪自動車及び側車付二輪自動車にあっては，（ ロ ）である。

	（イ）	（ロ）
(1)	2 個	1 個
(2)	4 個	2 個
(3)	4 個以下	2 個以下
(4)	2 個又は 4 個	1 個又は 2 個

No. 39 出るヨ

「道路運送車両の保安基準」に照らして，次の文章の（　）に当てはまるものとして，適切なものは次のうちどれか。

自動車の最小回転半径は，最外側のわだちについて（　　）以下でなければならない。

(1) 8 m
(2) 10 m
(3) 12 m
(4) 14 m

No. 40 出るヨ

「道路運送車両の保安基準」及び「道路運送車両の保安基準の細目を定める告示」に照らし，小型四輪の乗用自動車（車両重量 1,380［kg］，乗車定員 5 人，右ハンドル。）を左側及び右側に，それぞれ傾けた場合に転覆しない角度の組み合わせとして，適切なものは次のうちどれか。

	左側	右側
(1)	30°	30°
(2)	30°	35°
(3)	35°	30°
(4)	35°	35°

第3回テストの解答

No. 1 解答 (4)

覚える 塑性域締め付け法とは，増し締めすること。

塑性域締め付け法とは，ボルトを規定トルクで締め付けた後，弾性域内(元の状態に復元しようとする性質がある間）で一定の角度を増し締めすることをいう。これによって，安定した大きな軸力が得られ信頼性が向上します。

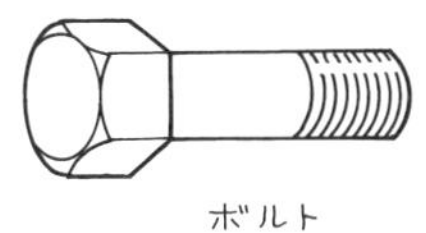

図 3−1 ボルトとナット

Point
・自動車にはメートルねじが使用されており，ねじ山の角度は 60° である。

No. 2 解答 (1)

覚える プレイグニションによってノッキングを発生する。

(1) 低熱価型のスパーク・プラグは電極部の温度が高くなりやすい。
(2) 点火時期が遅い時は，出力が低下します。
(3) クリアランスが大きすぎるとタペット音が発生する。
(4) バルブの閉じる時間が遅くなる。

＊ ノッキングとは，運転中にエンジンをハンマでたたくような打音をいい，デトネーション（異常燃焼）とプレイグニション（過早点火）とがある。

＊ デトネーション（異常燃焼）とは，燃焼室内の混合気が音速を超える高速度で燃焼したときに発生する音をいいます。

＊ プレイグニション(過早点火)とは，エキゾースト・バルブやスパーク・プラグなどの一部が高温になって，正規の火花点火以外に混合気が燃焼することをいいます。

＊　ノッキングの原因には，熱価の低いスパーク・プラグ，点火時期の早過ぎ，低いオクタン価の燃料，カーボン体積の多い燃焼室，などがあります。

No. 3　解答　(2)

覚える　オイル・クリアランスは，潤滑油の通り道です。

(1)　クラッシュ・ハイトは，ベアリングの外周とベアリング・キャップの内周の差をいいます。

(2)　クラッシュ・ハイトが大き過ぎると，ベアリングに“しわ”が発生して局部的に圧力が加わり，破損の原因になります。

(3)　オイル・クリアランスが大き過ぎると，オイルが流れ出て油圧が低下する原因となります。

(4)　オイル・クリアランスの測定には，マイクロメータ又はシリンダ・ゲージを用います。

Point
- クラッシュ・ハイトは，大きすぎると偏摩耗になり，小さすぎると潤滑不足の原因になる。
- クラッシュ・ハイトは，0.02〜0.05 mm にすると良い。

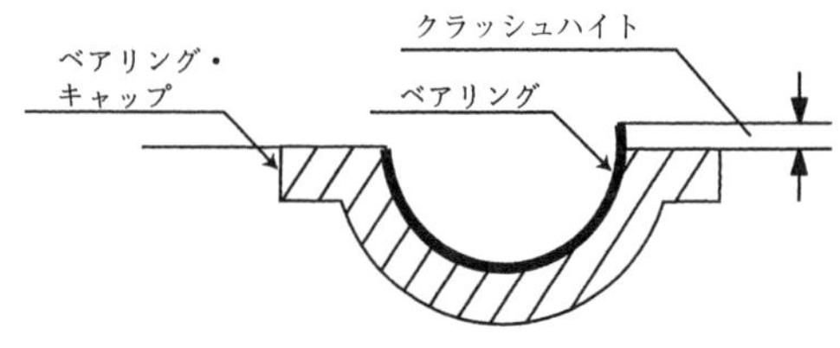

図 3−2　クラッシュ・ハイト

No. 4　解答　(2)

覚える　油圧は，スプリングの圧力で調整されています。

(1)　オイルがろ過されないで潤滑する。

(2)　リリーフ・バルブのスプリングが破損すると，オイルを送り出す圧力が保てなくなる。

(3)　フィルタが目詰まりを起こすと，バイパス・バルブが作動して潤滑できる。

(4) オイル・ポンプ圧力が高くなっても，潤滑はできる。

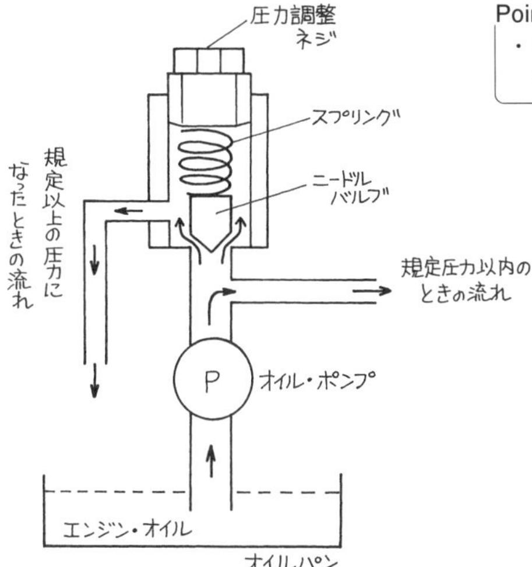

Point
・リリーフ・バルブは，潤滑油の圧力を一定に保つ働きをする。

図3−3 リリーフ・バルブ

No. 5 解答 (3)

覚える **トーショナル・ダンパは，ねじり振動を吸収する。**

トーショナル・ダンパは，クランクシャフト先端のプーリに設けてあり，燃料の燃焼によって大きな加速度が発生する。このとき発生するねじり振動をラバーが吸収して減衰してくれる。

Point
・トーショナル・ダンパは，クランクシャフトとプーリの回転速度にずれが発生したときに一時的にクッションの働きをする。

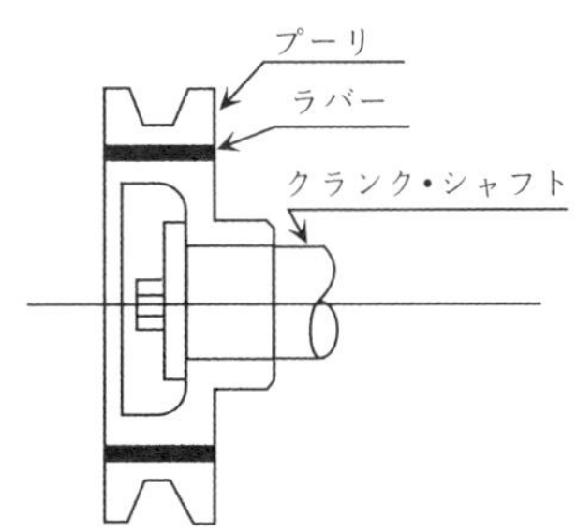

図3−4 トーショナル・ダンパ

No. 6 **解答** (2)

覚える **フラッタ現象は，密着せずに浮き上がる。**

フラッタ現象は，ピストン・リングの拡張力が小さいほど，ピストン・リング幅が広いほど，また，ピストン速度が速いほど起こりやすい。

No. 7 **解答** (4)

覚える **アイドル回転速度制御系統の点検には，電源点検，回路点検，信号波形点検がある。**

(1)の電源点検は，電圧計で電源端子電圧を測定する。
(2)の回路点検は，抵抗レンジでハーネスの導通を確認する。
(3)の信号波形は，オシロスコープで信号端子の波形を観測する。
(4)の信号波形は，ON，OFF のある波形が正常信号波形である。

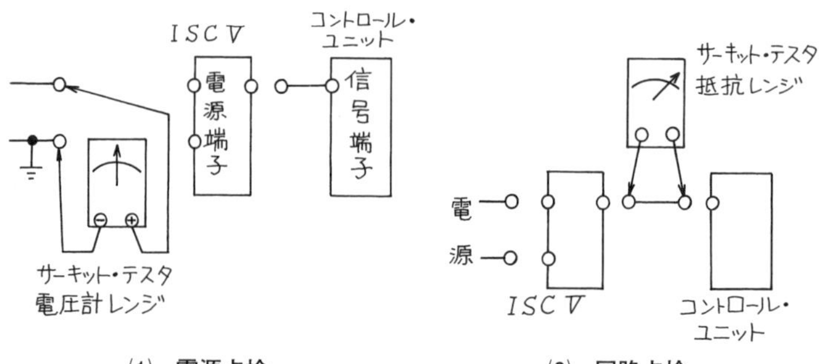

(1) 電源点検　(2) 回路点検

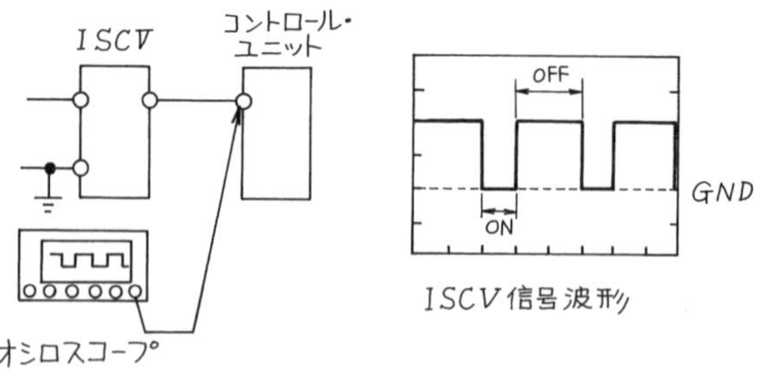

(3) 信号波形点検

図 3−5 アイドル回転速度制御系統の点検

No. 8 解答 (2)

覚える ホールディング・コイルは，接点のON状態を保持する。

プルイン・コイルがピニオン・ギヤを押し出して，ホールディング・コイルが保持する働きをする。保持が働かなくなると，飛び出したり戻ったりする。

Point
・ホールディング・コイルは，メーン接点がONになった後もON状態を保持する。

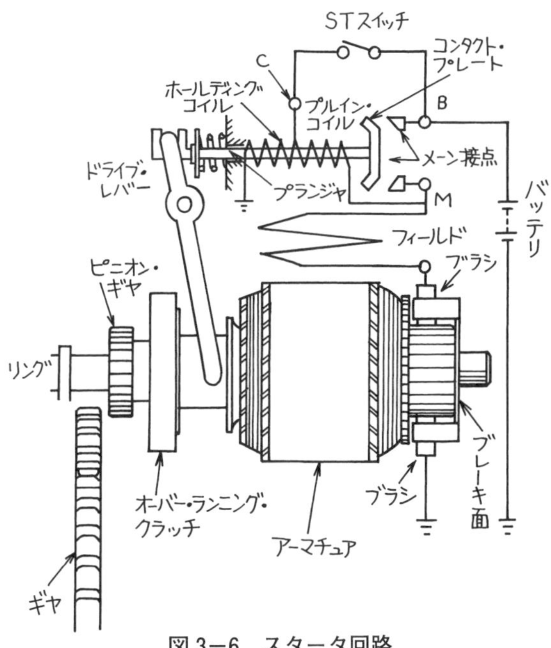

図3−6　スタータ回路

No. 9 解答 (1)

覚える 熱価とは，放熱の度合いを表す。

＊　高熱価型は，中心電極の碍子脚部が短いため，ハウジングまでの放熱経路が短く放熱量が多く中心電極の温度が上昇しにくい。

＊　低熱価型は，中心電極の碍子脚部が長いため，ハウジングまでの放熱経路が長く放熱量が少なく中心電極の温度が上昇しやすい。

Point
・図の「A」の部分が短いほど放熱効率が良い。

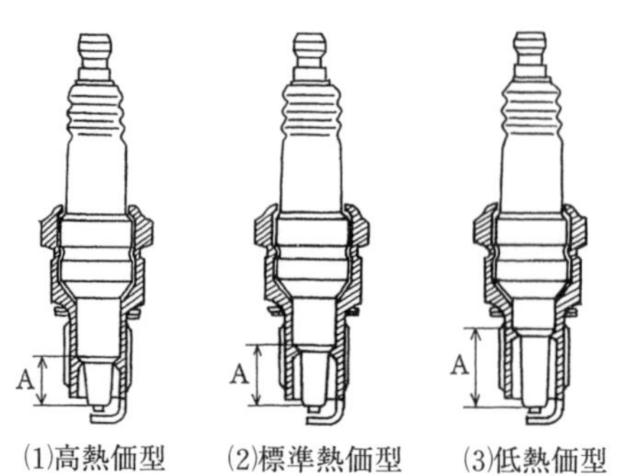

図 3-7　スパーク・プラグの熱価

No. 10　**解答**　(3)

覚える　**高速回転のときは2個のリレーが ON になる。**

2個のファン・リレーを持った多段階制御（停止，低速回転，高速回転）式電動ファンは，冷却水の温度を感知して作動し，冷却水が規定温度以下のときは回転を停止，規定温度を超えるとファン・リレーが1個作動して低速回転になり，冷却水がさらに高温になるとファン・リレーが2個作動して高速回転になります。また，走行状態や，エアコンの作動状態によって，きめ細かい制御をします。

Point
・低速回転時はファンモータ1個，高速回転時はファンモータ2個が作動する。

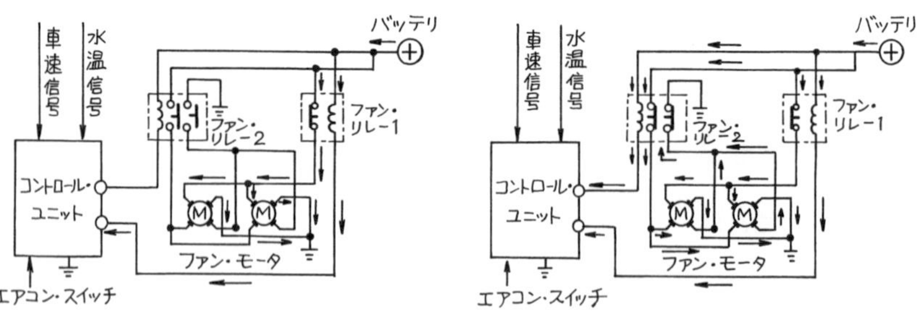

図 3-8　電動ファン

No. 11 解答 (2)

覚える　タービン・ホイールでコンプレッサ・ホイールを回す。

ターボ・チャージは，排気ガスのエネルギーでタービン・ホイールを回転させると，同軸上にあるコンプレッサ・ホイールを回して，吸入空気を圧縮してシリンダ内に供給する装置です。規定以上の空気を供給すると，ウエスト・ゲート・バルブが作動して排気ガスのエネルギーを減少させます。

Point
・排気ガスの排出エネルギーで，吸入空気量を多くシリンダへ圧送する。

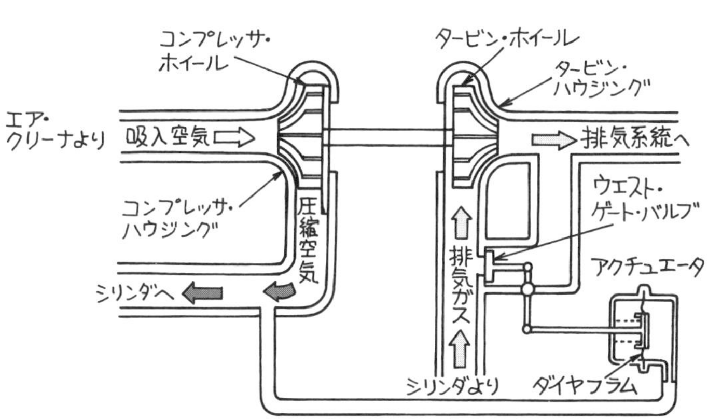

図3−9　ターボ・チャージャ

No. 12 解答 (4)

覚える　ロータ・コイルに流れる電流で調整する。

オルタネータの発生電圧が規定よりも高くなると，ロータ・コイルに流れる電流を遮断して，規定電圧になるようにIC式ボルテージ・レギュレータが作動します。

Point

・ロータ・コイルに流れる電流を調整することで，ステータ・コイルで発生する電気も変わる。

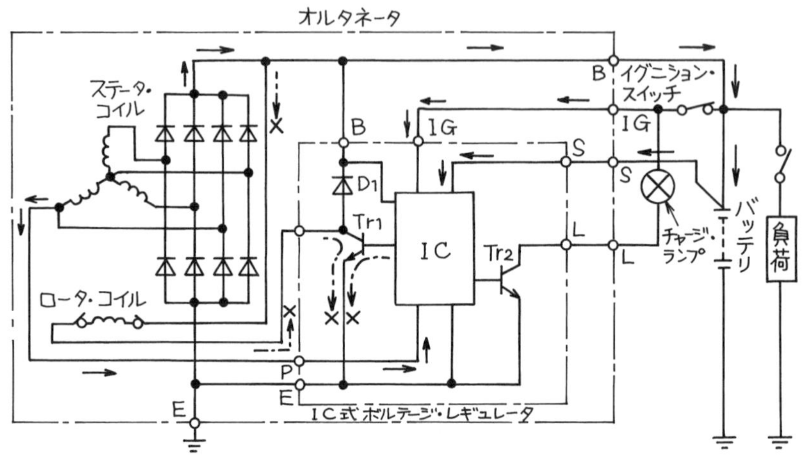

図3−10　オルタネータの回路図

No. 13　**解答**　(4)

覚える　**一次コイルに流す電流は多く，遮断を早くする。**

二次コイルに高電圧を発生させるには，一次コイルに大量の電流を流して磁束密度を高くし，遮断速度を早く，一次コイルと二次コイルの巻数比を大きくする。

Point

・二次コイルの発生電圧を高くするには，1次コイルに流れる電流を多くすることと，1次コイルと2次コイルの巻数比を大きくすること。

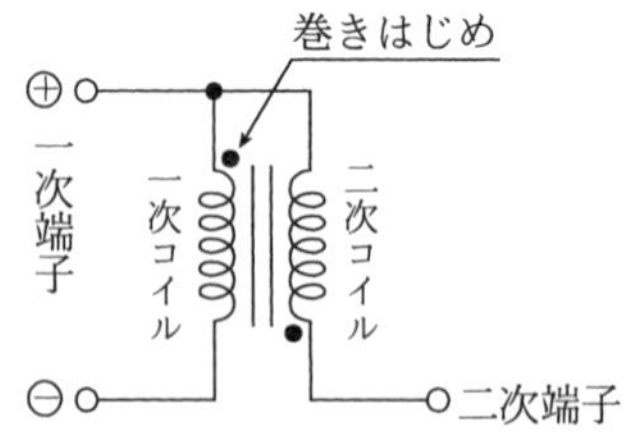

図3−11　イグニション・コイル

No. 14 解答 (3)

覚える ノッキングのときは点火時期を遅らせる。

未燃焼ガスが急速燃焼を起こし，それによって生じる圧力波がピストン壁やシリンダ・ヘッドに当たってノッキングを発生します。

Point
・A 点は点火
・B 点は火炎伝幡中
・C 点は最高圧力
・D 点は燃焼終了

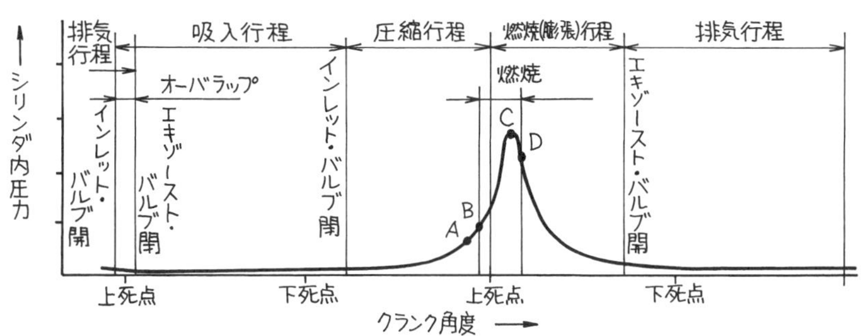

図 3−12　行程と圧力変化

No. 15 解答 (1)

覚える 時定数とは，定常電流が流れるまでの時間

イグニション・コイルの一次電流が，定常電流になるまでの時間が短いほど立ち上がりが早い。

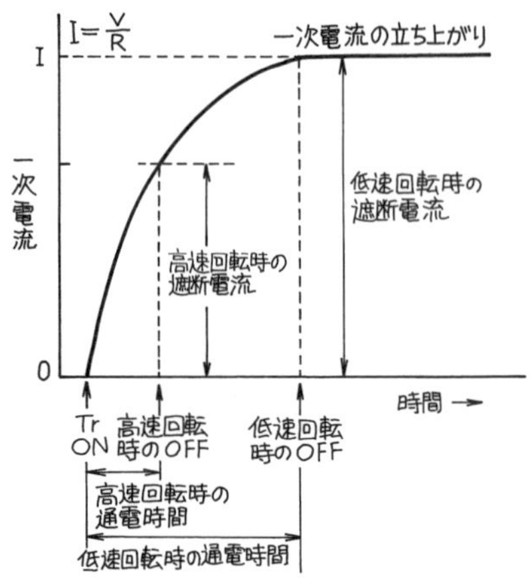

Point
- 時定数とは，電流を流し始めてから完全に安定するまでの時間をいう。
  図では，$I=\frac{V}{R}$の電流になるまでの時間をいう。
- 低速回転時の通電時間が時定数となる。

図 3－13　イグニション・コイルの一次電流の立ち上がり

No. 16　**解答**　(2)

覚える　**トルク比が 1.0 になるのは，カップリング・レンジのときです。**

(1)　ステータが空転を始めるときをクラッチ・ポイントといいます。

(2)　カップリング・レンジのときに，トルク比は 1.0 です。

(3)　ストール・ポイントとは，速度比がゼロの点をいいます。

(4)　速度比が大きくなるにしたがってトルク比は小さくなり，クラッチ・ポイントから一定値（1.0）になります。

Point
- 速度比が大きくなるにしたがって，トルク比は小さくなり，伝達効率は大きくなる。

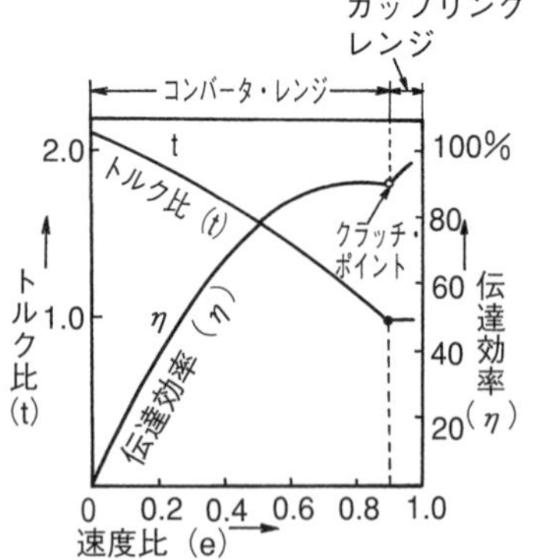

e：速度比＝$\frac{\text{タービン軸回転速度}}{\text{ポンプ軸回転速度}}$

t：トルク比＝$\frac{\text{タービン軸トルク}}{\text{ポンプ軸トルク}}$

η：伝導効率＝$\frac{\text{出力馬力}}{\text{入力馬力}}\times 100\%$

図 3－14　トルク・コンバータの性能曲線

No. 17　解答　(1)

覚える　初めにキャリヤとサン・ギヤの減速比を求める。

$$減速比=\frac{サン・ギヤの歯数+インターナル・ギヤの歯数}{サン・ギヤの歯数}$$

$$=\frac{38+76}{38}$$

$$=3$$

$$キャリヤの回転速度=\frac{サン・ギヤの回転速度}{減速比}$$

$$=\frac{1,500回転}{3}$$

$$=500回転$$

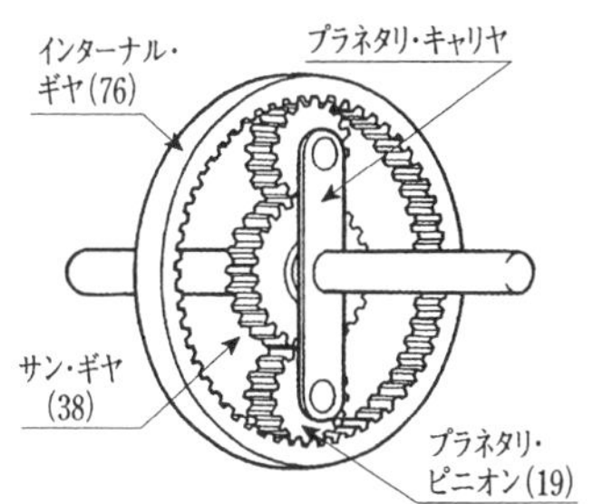

図3−15　プラネタリ・ギヤ・ユニット

Point
・減速比を求める。
・キャリヤの見かけ上の歯数を求める。

No. 18　解答　(1)

覚える　クラッチ・ペダルの遊びの大き過ぎは，クラッチの切れが悪くなる。

(1)　クラッチ・ペダルの遊びが大き過ぎると，レリーズ・レバーを押すストロークが少なくなり，切れが悪くなります。

(2)　クラッチ・ディスクの振れが大き過ぎると，接触する部分とそうでない部分ができて，ジッダ（びびり振動）を起こします。

(3)　フェーシングの硬化や摩耗があると，強く接触する部分と弱く接触する部分ができて，ジッダ（びびり振動）を起こします。

(4)　ダンパ・スプリングの衰損や折損があると，クラッチ・ディスクにエンジン又は駆動輪からのトルクが急激に伝えられた場合，その衝撃を吸収，緩和できなくなって，ジッダ（びびり振動）を起こします。

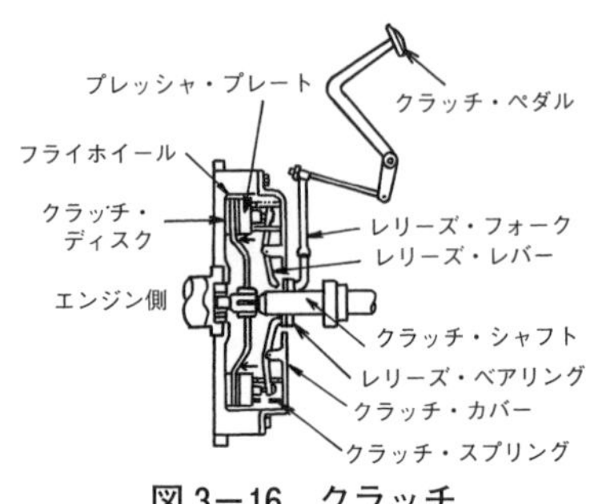

図 3−16　クラッチ

Point
- ジッダとは，クラッチを接続したときに起きる振動をいう。
- ジッダは，部分的に当たるのが発生原因となる。

No. 19　解答　(4)

覚える　**構造は複雑になるが，振動は他のホイールに伝わりにくい。**

(1)　独立懸架方式は，左右の車輪が独立しているので，片側ホイールの衝撃は他のホイールに伝わりにくい。

(2)　ホイールが独立しているため構造は複雑になります。

(3)　ウィッシュボーン型フロント・サスペンションは，アッパ・サスペンション・アームとロアー・サスペンション・アームによって，高い鋼性を確保することができます。

(4)　片側のホイールが上下するときに，スタビライザにねじり作用のばね力が働いて，旋回時，凹凸路走行時などの横揺れ（ローリング）を少なくする働きがあります。

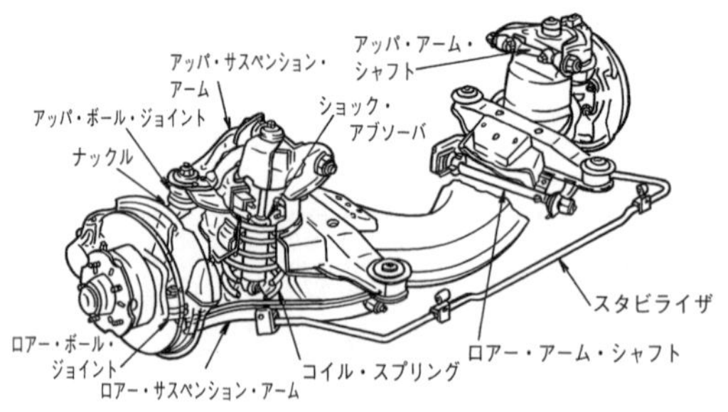

図 3−17　ウィッシュボーン型フロント・サスペンション

Point
- ウィッシュボーン型は，アッパ・サスペンション・アームとロアー・サスペンション・アームで支えられている。

No. 20 解答 (2)

覚える X軸＝ローリング　Y軸＝ピッチング　Z軸＝ヨーイング

X軸を中心に動くローリングは身体が右に傾いたり左に傾いたりする揺れ，Y軸を中心に動くピッチングは身体が前に傾いたり後に傾いたりする揺れ，Z軸を中心に動くヨーイングは身体を右にねじったり左にねじったりする揺れをいいます。

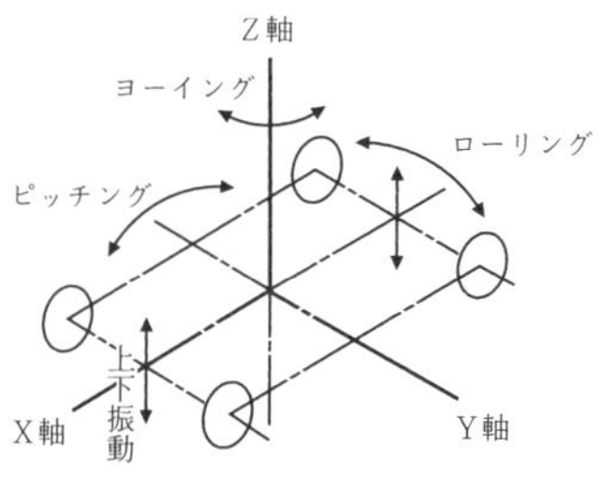

図 3−18　ボデーの振動と揺動

Point
・左右傾きの揺れはローリング
・前後傾きの揺れはピッチング
・首振りの揺れはヨーイング

No. 21 解答 (2)

覚える アンダステアは，旋回半径が大きくなる。

一定の角度を保ちながら旋回速度を増すと，フロント・ホイールはスリップ・アングルが大きくなりコーナリング・フォースが低下して横滑り量が多くなるので，旋回半径は大きくなります。

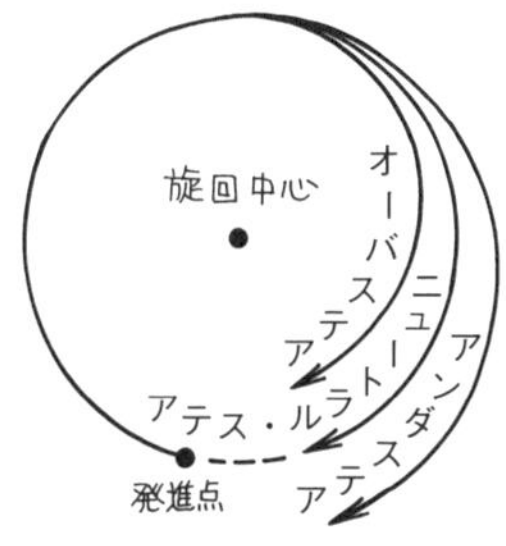

図 3−19　旋回時の軌跡

Point
・軌跡が小さくなるときは，オーバステア
・軌跡が同じのときは，ニュートラル・ステア
・軌跡が大きくなるときは，アンダステア

No. 22 解答 (3)

覚える キング・ピン傾角は，鉛直線に対して内側に傾いている。

キング・ピン傾角は，キング・ピンが内側に傾いている角度をいう。

キング・ピン・オフセットは，キング・ピンの中心線が路面となす点とタイヤの中心線が路面となす点の距離をいう。

Point
・キング・ピン傾角によって，路面からの振動や応力が，かじ取り装置のリンク機構に伝わりにくいように作用する。

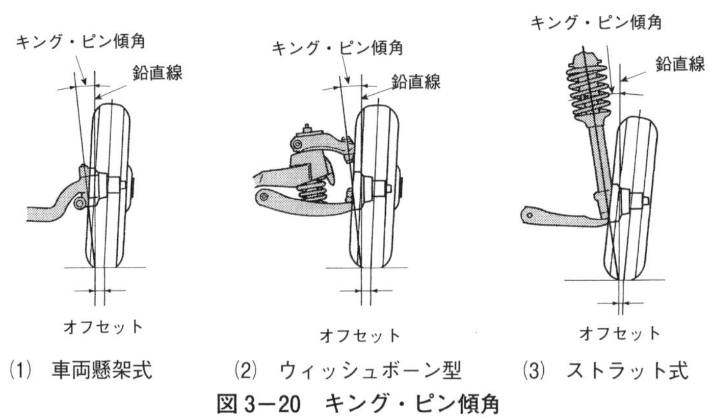

(1) 車両懸架式　(2) ウィッシュボーン型　(3) ストラット式

図3−20　キング・ピン傾角

No. 23 解答 (1)

覚える 両肩摩耗は空気圧不足

(1) トレッドの両肩の摩耗は，空気圧が不足です。
(2) トレッドの中央の摩耗は，空気圧が過大です。
(3) トレッドの外側が内側より多く摩耗するのは，トーインの過大です。
(4) トレッドの内側が外側より多く摩耗するのは，トーアウトの過大です。

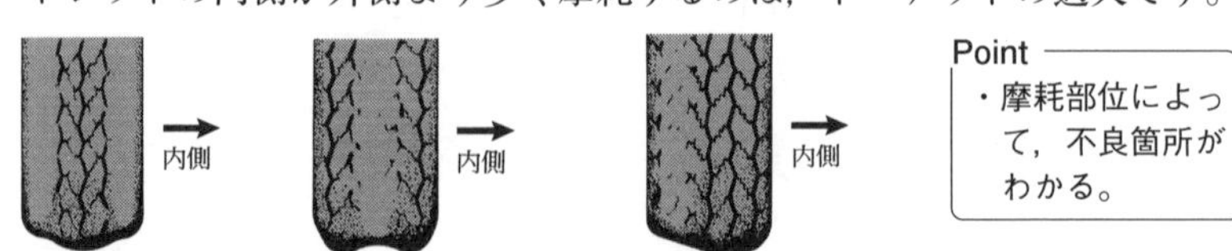

(1) 両肩摩耗　(2) 中央摩耗　(3) 外側摩耗

図3−21　タイヤのトレッド部摩耗

Point
・摩耗部位によって，不良箇所がわかる。

No. 24 **解答** (3)

覚える **ダイナミック・バランスが悪いときは，横揺れをする。**

スタティック・バランスが悪いときは縦揺れを起こし，ダイナミック・バランスが悪いときは横揺れをおこします。

ダイナミック・バランスの修正は，重い部分と反対側に同じくらいの重りを取り付けます。

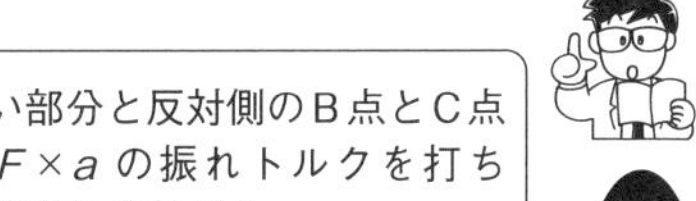

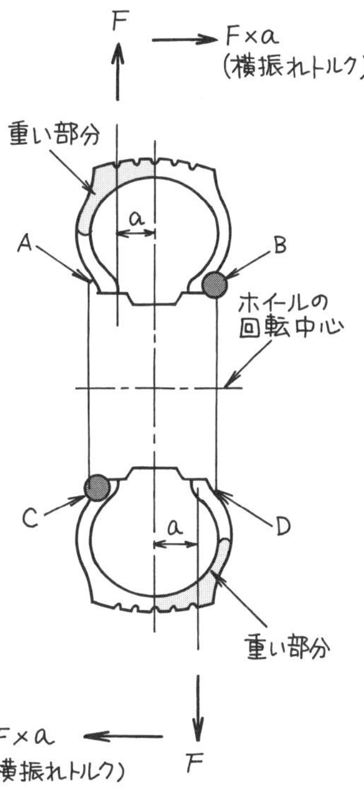

図3−22　ホイール・バランス

No. 25 **解答** (4)

覚える **独立した2つの油圧系統を持っている。**

(1)　2つの独立した油圧系統は，前輪と後輪などの2つの系統に分けており，一方が故障しても他方でブレーキ作用を行わせます。

(2)　プライマリ・ピストンの直径とセカンダリ・ピストンの直径は同じです。

⑶ プライマリ・ピストンの先端が直接セカンダリ・ピストンを押すときは，リヤ・ブレーキ系統に液漏れがあるときです。

⑷ フロント・ブレーキ系統に液漏れがあるときは，セカンダリ・ピストンの先端がシリンダ・ボデーに直接当たるので，正常に作動しません。

Point
・独立した2つの油圧系統を持っている。（プライマリ側とセカンダリ側）

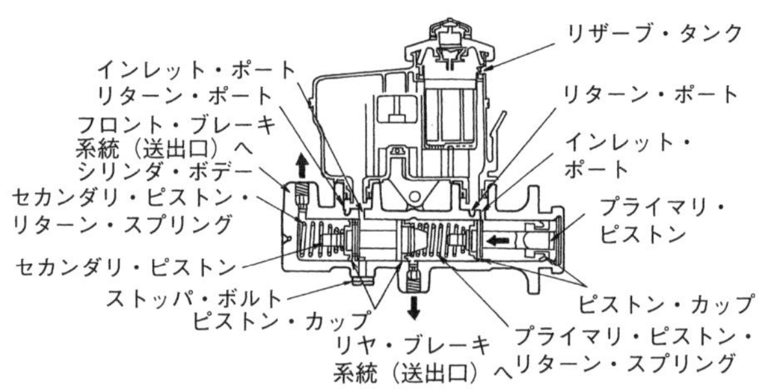

図3−23 タンデム・マスタ・シリンダ

No. 26 解答 ⑶

覚える ハイドロリック・ユニットは，コントロール・ユニットの制御信号で作動している。

⑴ フェイル・セーフ機能とは，万が一ABSに故障が発生しても，通常のブレーキ装置に復帰させる機能をいいます。

⑵ ABSは，ブレーキの作動油圧を減圧，増圧，保持の状態を選択して車輪がロックしないように制御しています。

⑶ コントロール・ユニットからの制御信号でハイドロリック・ユニットがホイール・シリンダの油圧を制御します。

⑷ ABSは，急制動時の車輪のロックによって生ずるスリップを防止して，操舵性や方向安定性を確保します。

Point
・車輪がロックしないように，ホイール・シリンダの油圧を，増圧，保持，減圧で調整する。

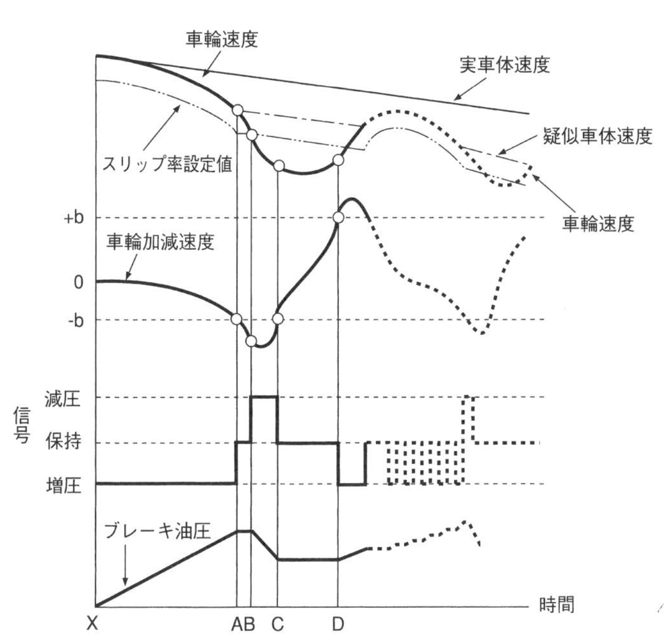

図 3−24　アンチロック・ブレーキ・システム（ABS）の油圧制御

No. 27　**解答**　(1)

覚える　**モノコック・ボデーは，剛性に優れている。**

モノコック・ボデーは，薄鋼板をスポット溶接で一体構造にしているため，ねじれ及び剛性に優れ，車両重量を軽くできます。また，構造から床面を低くすることができるので，車内空間を広くすることができます。

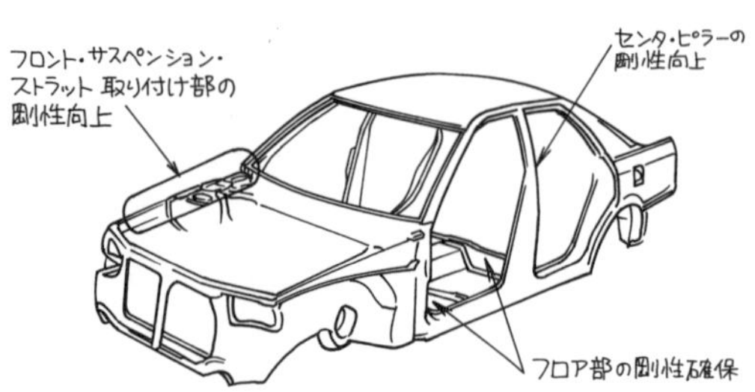

図 3−25　モノコック・ボデー

Point
・独立した骨組みがなく，一体構造にして強度を保っている。

No. 28　解答 (1)

覚える　電解液温度が下がると，比重は高くなる。

(1)　電解液の温度が下がると，比重は高くなります。

(2)　0℃ に換算したときの比重（S_{20}）は

$S_{20} = St + 0.0007(t - 20)$

(3)　電解液の温度が高いほど，自己放電量は多くなります。

(4)　電解液の比重が高いほど，自己放電量は多くなります。

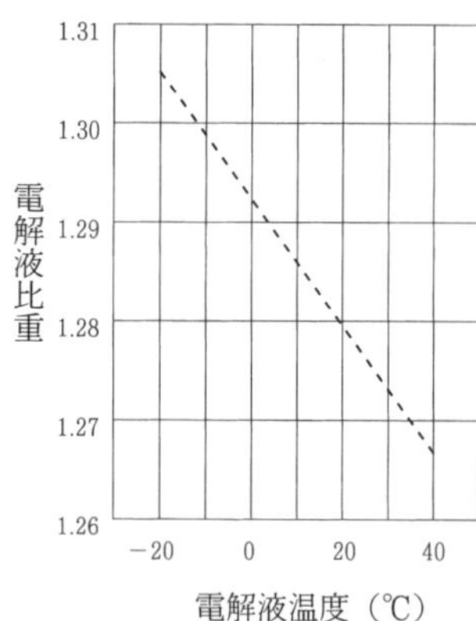

Point
・電解液は，温度が上がると比重は低くなる。

図 3−26　電解液の温度と比重

No. 29　解答 (3)

覚える　6 セルを直列接続

12［V］のバッテリは，1 セル 2［V］の電池を 6 個直列に接続しています。

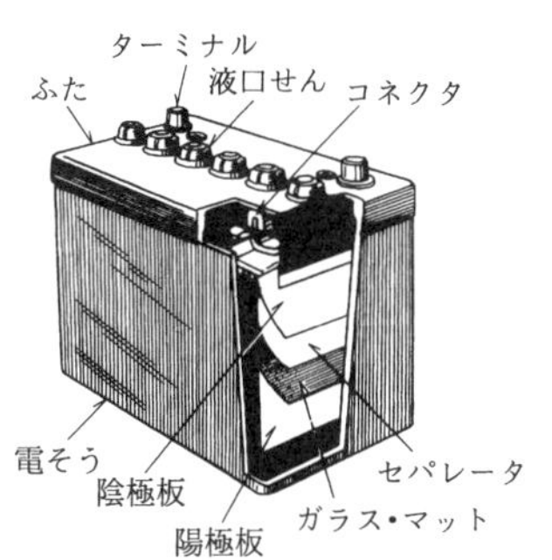

Point
・12 V のバッテリは，独立したセルが直列接続されている
・1 セルが不良になると，全体が不良になる。

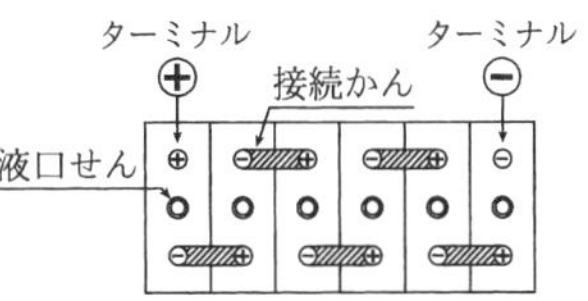

図 3−27　バッテリ

No. 30　解答　(4)

覚える　エミッタ端子の矢印の向きが違う。

NPN 型トランジスタと PNP 型トランジスタの違いは，エミッタ端子の矢印の向きです。

Point
・エミッタの矢印の向きに電流が流れる。

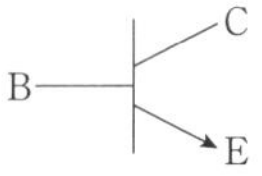

(1)　NPN 型トランジスタ

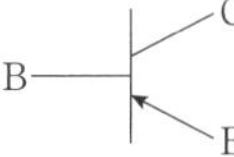

(2)　PNP 型トランジスタ

・C：コレクタ
・B：ベース
・E：エミッタ

図 3−28　トランジスタ

No. 31　解答　(2)

覚える　ねじ山の角度は 60°

(1)　メートルねじの，ねじ山の角度は 60° である。
(2)　［M 16］のねじの「16」は，直径 16 mm を示し，おねじは外径，めねじは谷の径をいう。
(3)　［M 16×1.5］のねじの「1.5」は，ねじ山のピッチをいい，「1.5 mm ピッチ」を表します。
(4)　ボルトにおねじが切られ，ナットにめねじが切られる。

Point
・おねじは，ボルト側に，めねじは，フット側に加工される。

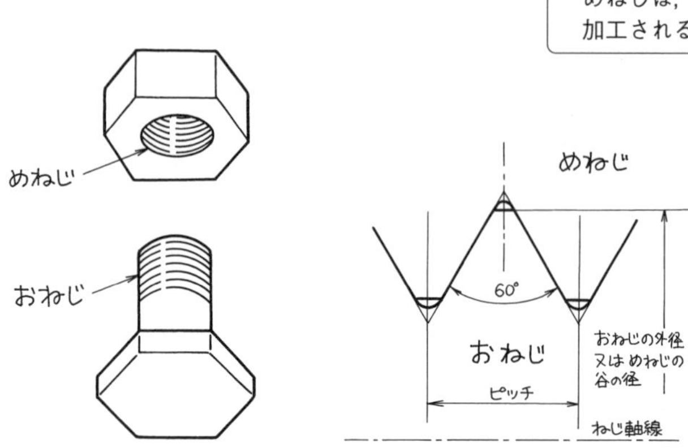

図 3−29　おねじとめねじ

No. 32　解答　(3)

覚える　エルボー点と光度測定点を確認する。

(1)　図は，すれ違い用前照灯の照射方向を調節する際に用いる光の明暗の区切線があるので，カットオフを有する前照灯である。

(2)　エルボー点は，カットオフ線が偏光した点をいい，証明部中心から下方 0.5°，左方 0.5° になります。

(3)　エルボー点の規定範囲は，証明部中心（スクリーン中心）の左右 1°，水平面下方 0.11°～0.85° となっているので調整しなくてよい。

(4)　光度測定点における光度は，一灯につき 6,400 カンデラ以上である。

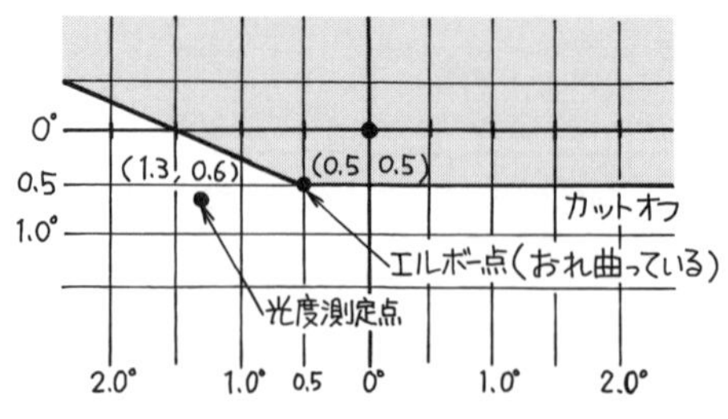

図 3−30　前照灯の点灯

Point
・エルボー点は，(0.5, 0.5) である
・光度測定点は，(1.3, 0.6) である。

No. 33 解答 (1)

覚える N（ニュートン）は$kg \cdot m \cdot s^{-2}$である。

(1) SI基本単位の$kg \cdot m^{-1} \cdot s^{-2}$は，Pa（パスカル）である。
(2) SI基本単位の$kg \cdot m \cdot s^{-2}$は，N（ニュートン）である。
(3) SI基本単位の$kg \cdot m^2 \cdot s^{-2}$は，J（ジュール）である。
(4) SI基本単位の$kg \cdot m^2 \cdot s^{-3}$は，W（ワット）である。

No. 34 解答 (3)

覚える $$加速度=\frac{速度変化}{要した時間}$$

時速を秒速に変換すると，

$$\frac{72\ [km/h]}{3.6}=20\ [m/s]$$

$$\frac{108\ [km/h]}{3.6}=30\ [m/s]$$

＊ $$3.6=\frac{60分\times 60秒}{1,000}$$

$$加速度=\frac{速度変化}{要した時間}$$
$$=\frac{30\ [m/s]-20\ [m/s]}{10秒}$$
$$=\frac{10\ [m/s]}{10\ [s]}$$
$$=1\ [m/s^2]$$

No. 35 解答 (2)

覚える ワイヤに掛かる荷重と前輪の荷重の釣り合いが等しい。

ワイヤの吊り上げに作用する荷重＝吊り上げ荷重×アームの長さ
前輪に作用する荷重＝前輪の荷重×ホイール・ベース
ワイヤの吊り上げに作用する荷重＝前輪に作用する荷重
吊り上げ荷重×アームの長さ＝前輪の荷重×ホイール・ベース

吊り上げ荷重×3, 200［mm］=7, 680［N］×2, 500［mm］

$$吊り上げ荷重 = \frac{7,680\,[\mathrm{N}] \times 2,500\,[\mathrm{mm}]}{3,200\,[\mathrm{mm}]}$$

$$= 6,000\,[\mathrm{N}]$$

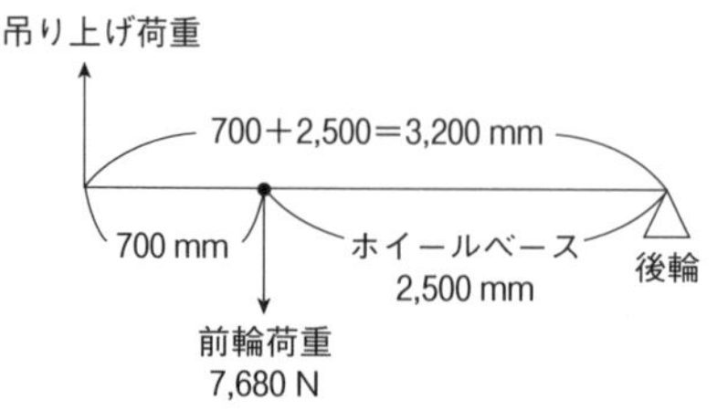

Point
・吊り上げ荷重×3, 200［mm］
=7, 680［N］×2, 500［mm］

図 3－31　吊り上げ荷重

No. 36　解答　(1)

覚える　作業員数÷4 を計算して，あまりがあるときは 1 をプラスする。

（例）　$\frac{作業員(5人)}{4}$=1 あまり 1

1+1=2 人（2 人以上必要）

「道路運送車両法施行規則」第 57 条（認証基準）に「事業場において分解整備に従事する従業員のうち，少なくとも 1 人の自動車整備士技能検定規則の規定による 1 級又は 2 級の自動車整備士の技能検定に合格した者を有し，かつ，1 級，2 級又は 3 級の自動車整備士の技能検定に合格した者の数が，従業員数を 4 で除して得た数（その数に 1 未満の端数があるときは，これを 1 とする。）以上であること。」となっています。

No. 37　解答　(1)

覚える　自動車分解整備事業の種類には，大型自動車分解整備事業はない。

「道路運送車両法」第 77 条（自動車分解整備事業の種類）に「自動車分解整備事業の種類は，次に掲げるものとする。(1)普通自動車分解整備事業，(2)小型自動車分解整備事業，(3)軽自動車分解整備事業」となっています。

No. 38 解答 (4)

覚える **4輪車は，2個又は4個**

2輪車は，1個又は2個

「道路運送車両の保安基準」第32条（前照灯等）「細目を定める告示」第198条に「走行用前照灯の数は，2個又は4個であること。ただし，二輪自動車及び側車付二輪自動車にあっては，1個又は2個。」となっています。

No. 39 解答 (3)

覚える **最小回転半径は12 m（1回転すると時計の数字と同じ12）**

「道路運送車両の保安基準」第6条（最小回転半径）に「自動車の最小回転半径は，最外側のわだちについて12 m以下でなければならない。」となっています。

No. 40 解答 (1)

覚える **車両総重量が車両重量の1.2倍以下のときは30°**

$$\frac{1,380\ [\text{kg}]+55\ [\text{kg}]\times 5\ [\text{人}]}{1,380\ [\text{kg}]}=1.19927$$

「道路運送車両の保安基準」第5条（安定性）「細目を定める告示」第164条に「空車状態において，自動車（二輪自動車及び被牽引自動車を除く。）を左側及び右側にそれぞれ35°（側車付二輪自動車にあっては25°，最高速度20 km/h未満の自動車又は車両総重量が車両重量の1.2倍以下の自動車又は積車状態における車両の重心の高さが空車状態における車両の重心の高さ以下の自動車にあっては30°）まで傾けた場合に転覆しないこと。」となっています。

また，「道路運送車両の保安基準」第1条（用語の定義）「細目を定める告示」第2条9号に「積車状態とは，空車状態の道路運送車両に乗車定員の人員が乗車し，最大積載量の物品が積載された状態をいう。この場合において乗車定員1人の重量は55 kgとし，…」となっています。

第4回

2級ガソリン自動車整備士

模擬テスト

（試験時間は 80 分）

第4回

No. 1 出るヨ

コンロッド・ベアリングのオイル・クリアランスに関する記述として，適切なものは次のうちどれか。

⑴ オイル・クリアランスは，規定値より大きいほどよい。

⑵ オイル・クリアランスは，規定値より小さいほどよい。

⑶ プラスチック・ゲージを用いてオイル・クリアランスを測定したとき，つぶれたゲージの幅が広いほどオイル・クリアランスは小さい。

⑷ プラスチック・ゲージを用いてオイル・クリアランスを測定したとき，つぶれたゲージの幅が広いほどオイル・クリアランスは大きい。

No. 2 出るヨ

インタ・クーラに関する次の文章の（　）に当てはまるものとして，下の組み合わせのうち適切なものはどれか。

インタ・クーラは，ターボ・チャージャによって吸入された空気を圧縮すると，吸入空気の温度が（ イ ）して充填効率が低下するので，圧縮された空気を冷却して温度を（ ロ ）働きをしてくれる。

	（イ）	（ロ）		（イ）	（ロ）
⑴	上昇	上げる	⑵	上昇	下げる
⑶	下降	上げる	⑷	下降	下げる

No. 3 出るヨ

クランクシャフトのバランサに関する次の文章の（　）に当てはまるものとして，下の組み合わせのうち適切なものはどれか。

クランクシャフトのバランサ機構は，（ イ ）のバランス・シャフトが用いられ，クランクシャフトの（ ロ ）の回転速度で回転し，回転方向はお互いに（ ハ ）に回転している。

	（イ）	（ロ）	（ハ）
⑴	2本	2倍	逆方向
⑵	2本	3倍	同じ方向
⑶	3本	4倍	逆方向

(4)　3本　　　5倍　　　同じ方向

No. 4

出るヨ

トロコイド（ロータリ）式オイル・ポンプに関する記述として，適切なものは次のうちどれか。

(1)　インナ・ロータとアウタ・ロータの中心軸は同じである。
(2)　インナ・ロータとアウタ・ロータの歯数は同じである。
(3)　インナ・ロータとアウタ・ロータの回転方向は同じである。
(4)　アウタ・ロータの回転動力でインナ・ロータを回転させる。

No. 5

出るヨ

図の論理回路を用いたクーラ・アンプ作動回路において，表に示す条件である場合，次の文章の（　）に当てはまるものとして，下の組み合わせのうち適切なものはどれか。

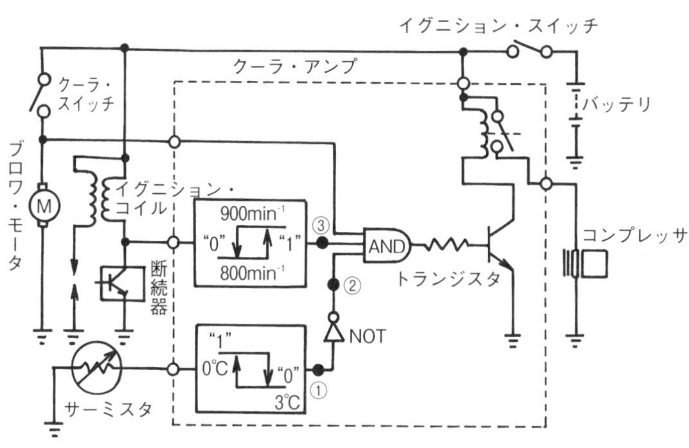

表

イグニション・スイッチ：ON
クーラ・スイッチ：ON
エンジン回転速度：900 min^{-1} 以上
クーラ吹き出し口温度：3℃ 以上

クーラ吹き出し口温度判定回路（図の①の部分）の出力は（ イ ）レベル，AND 回路の入力電圧（図の②の部分）は（ ロ ）レベルとなり，AND 回路の入力電圧（図の③の部分）は（ ハ ）レベルとなるため，コンプレッサが作動する。

	（イ）	（ロ）	（ハ）
(1)	“0”（Lo）	“1”（Hi）	“1”（Hi）
(2)	“1”（Hi）	“0”（Lo）	“0”（Lo）
(3)	“0”（Lo）	“1”（Hi）	“0”（Lo）
(4)	“1”（Hi）	“0”（Lo）	“1”（Hi）

No. 6 出るヨ

スパーク・プラグの焼け具合を目視により点検する場合の記述として，適切なものは次のうちどれか。

(1) 白色のときは，最適状態である。
(2) 黒色で乾燥しているときは，混合気の濃い過ぎの原因がある。
(3) 薄茶色のときは，混合気の薄過ぎの原因がある。
(4) 黒色で湿っているときは，点火時期の早過ぎの原因がある。

No. 7 出るヨ

電子制御装置の自己診断システムで，回転信号系統の点検として，不適切なものは次のうちどれか。

(1) エンジンを始動して，オシロスコープでコントロール・ユニットのクランク角度基準位置信号端子の波形を観測する。
(2) コントロール・ユニット，クランク角センサ，カム角センサのコネクタを外し，センサとコントロール・ユニットのアース回路の導通状態を確認する。
(3) コントロール・ユニット，クランク角センサ，カム角センサのコネクタを外し，各信号端子の導通状態を確認する。
(4) カム角センサとクランク角センサのコネクタを外し，各センサにオシロスコープを接続して，単体の波形を観測する。

No. 8 出るヨ

スタータの出力特性に関する記述として，不適切なものは次のうちどれか。

(1) スタータの駆動トルクは，アーマチュアの回転数と比例する。
(2) スタータの回転数は，スタート直後が最も低い。
(3) バッテリ電圧は，アーマチュアが回り始めたときが最も低い。
(4) アーマチュアが回り始めたときが，流れる電流は最大となる。

No. 9 出るヨ

電気図記号に関する部品名と図記号の組み合わせとして，不適切なものは次のうちどれか。

	部品名	図記号
(1)	NAND 回路	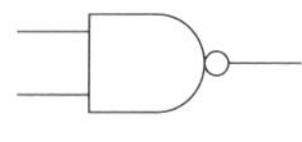
(2)	NPN 型トランジスタ	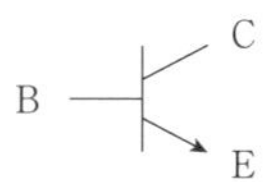
(3)	発光ダイオード	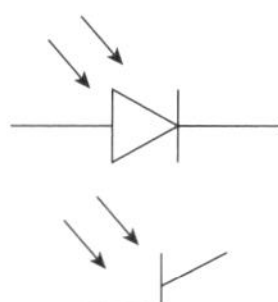
(4)	ホト・トランジスタ	

No. 10 出るヨ

ブローバイ・ガス還元装置の PCV バルブに関する次の文章の（　）に当てはまるものとして，下の組み合わせのうち適切なものはどれか。

ブローバイ・ガス還元装置は，エンジンが軽負荷時のときは（ イ ）内の負圧が（ ロ ）ので PCV バルブのブローバイ・ガス通過面積が少なくなり，流れるブローバイ・ガスの流量が（ ハ ）なる。

	(イ)	(ロ)	(ハ)
(1)	エキゾースト・マニホールド	低い	少なく
(2)	エキゾースト・マニホールド	高い	多く
(3)	インレット・マニホールド	低い	多く
(4)	インレット・マニホールド	高い	少なく

No. 11 出るヨ

大きい出力を得るための点火時期制御に関する記述として，適切なものは次のうちどれか。

(1) シリンダ内の燃料の火炎伝播は，エンジンの回転速度によって変わる。

(2) エンジンの最大出力を得るには，クランク角度が上死点後約 10° のときにシリンダ内の燃焼圧力を最大にする。

(3) エンジン回転速度が高いときは，点火時期を遅くするとよい。

(4) シリンダ内の圧縮圧力によって，点火時期を調整するとよい。

No. 12 出るヨ

次の文章の（　）に当てはまるものとして，下の組み合わせのうち適切なものは次のうちどれか。

中性点ダイオード付オルタネータの（ イ ）には三相交流が誘起されるので，（ ロ ）を用いて，三相全波整流を行っている。

	(イ)	(ロ)
(1)	ステータ・コイル	8個のダイオード
(2)	ロータ・コイル	8個のダイオード
(3)	ステータ・コイル	6個のダイオード
(4)	ロータ・コイル	6個のダイオード

No. 13 出るヨ

アイドル回転速度制御装置のロータリ・バルブ式に関する次の文章の（　）に当てはまるものとして，下の組み合わせのうち適切なものはどれか。

ロータリ・バルブ式のISCVは，コイルに流れる電流の大きさと方向を（ イ ）制御することで，磁石と一体で動く（ ロ ）が回転方向に移動して吸入空気通路が開閉する。

	（イ）	（ロ）
(1)	デューティ	バルブ・シャフト
(2)	デューティ	ロータリ・ソレノイド
(3)	コンスタント	バルブ・シャフト
(4)	コンスタント	ロータリ・ソレノイド

No. 14

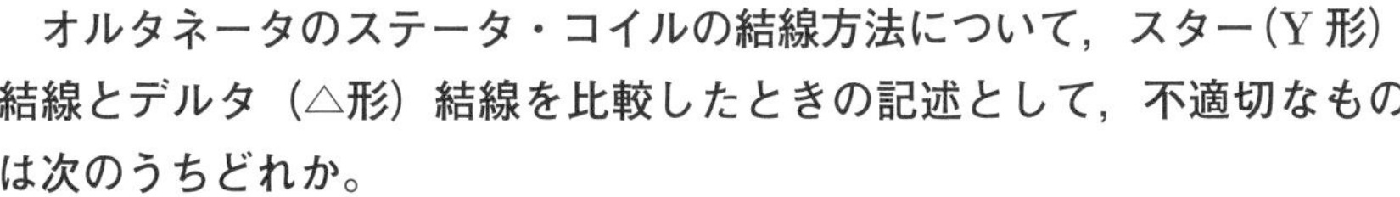

オルタネータのステータ・コイルの結線方法について，スター（Y形）結線とデルタ（△形）結線を比較したときの記述として，不適切なものは次のうちどれか。

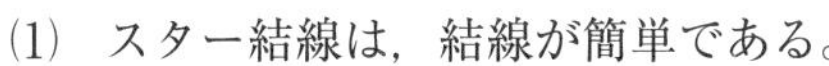

(1) スター結線は，結線が簡単である。
(2) スター結線は，低速特性に優れている。
(3) デルタ結線は，中性点がある。
(4) デルタ結線は，出力電流が大きい。

No. 15

出るヨ

点火時期を決めるときに必要な始動後制御補正進角の記述として，不適切なものは次のうちどれか。

(1) 暖機進角補正
(2) オイル潤滑補正
(3) アイドル安定化補正
(4) 過度期補正

No. 16

出るヨ

トルク・コンバータの性能曲線に関する記述として，不適切なものは次のうちどれか。

(1) 速度比は，タービン軸回転速度をポンプ軸回転速度で除して求める。

⑵　カップリング・レンジでは，伝達効率と速度比は比例する。

⑶　トルク比の最低値が1.0で，クラッチ・ポイント点になる。

⑷　速度比がゼロのとき，伝達効率が100％である。

No. 17 出るヨ

前輪のホイール・アライメント調整に関する記述として，適切なものは次のうちどれか。

⑴　キャスタ角を小さくすると，キャスタ・トレールも小さくなる。

⑵　キャスタ角を小さくすると，旋回時にホイールを直進状態に戻そうとする力は大きくなる。

⑶　ホイールを横から見た際に，キング・ピンの頂部が自動車の後方向に傾斜しているものをマイナス・キャスタという。

⑷　プラス・キャンバが過大の場合，タイヤのトレッドの内側が外側に比べて，より多く摩耗する原因になる。

No. 18 出るヨ

ファイナル・ギヤに用いられているハイポイト・ギヤに関する記述として，不適切なものは次のうちどれか。

⑴　プロペラ・シャフトの位置を高くしている。

⑵　車両の重心を下げて安定性を増す。

⑶　同じ大きさのスパイラル・ベベル・ギヤと比較して，強度が増す。

⑷　極圧性の高いハイポイト・ギヤ・オイルを用いる。

No. 19 出るヨ

サスペンション・スプリングに関する記述として，適切なものは次のうちどれか。

⑴　リーフ・スプリングは，荷重が大きくなると，ばね定数が大きくなる。

⑵　リーフ・スプリングは，荷重が大きくなると，ばね定数が小さくなる。

⑶　エア・スプリングは，荷重が大きくなると，ばね定数が大きくなる。

⑷　エア・スプリングは，荷重が大きくなると，ばね定数が小さくなる。

No. 20

車両振動に関する次の文章の（　）に当てはまるものとして，下の組み合わせのうち適切なものはどれか。

ホイールが路面の突起部を乗り越えたときに起きるボデーの縦揺れを（ イ ）という。この縦揺れは，後部は前部よりもホイールベースに相当する分だけ遅れて振動し始めるため，リヤの振動がフロントの振動周期の（ ロ ）遅れて振動するときに，前後の振動が反対になり，揺れは（ ハ ）になる。

	（イ）	（ロ）	（ハ）
(1)	ローリング	$\frac{1}{2}$	最大
(2)	ピッチング	$\frac{1}{2}$	最大
(3)	ヨーイング	$\frac{1}{3}$	最小
(4)	ピッチング	$\frac{1}{3}$	最小

No. 21

電動式パワー・ステアリングの車速感応制御に関する次の文章の（　）に当てはまるものとして，下の組み合わせのうち適切なものはどれか。

電動式パワー・ステアリングのモータに流す電流は，低速走行時に操舵したときは（ イ ），高速走行時に操舵したときは（ ロ ）して，モータの駆動力を制御する。

	（イ）	（ロ）
(1)	少なく	多く
(2)	少なく	一定に
(3)	多く	一定に
(4)	多く	少なく

No. 22 出るヨ

ポータブル型のキャンバ・キャスタ・キング・ピン・ゲージを用いて行う測定に関する記述として，不適切なものは次のうちどれか。

(1) キャンバの測定は，自動車を直進状態にして，ゲージのセンタ・ロッドの先端をスピンドルの中心に合わせ，ゲージをハブに密着させる。

(2) キャスタの測定は，ターニング・ラジアス・ゲージにフロント・ホイールを乗せてから測定する。

(3) キング・ピン傾斜の狂いは，単独で調整できない。

(4) 車軸懸架式でキャンバの狂う原因に，スプリングの“へたり”がある。

No. 23 出るヨ

タイヤの偏平比を求める式として，適切なものは次のうちどれか。

(1) $\dfrac{\text{タイヤの断面高さ}}{\text{タイヤの断面幅}}$

(2) $\dfrac{\text{タイヤの外径}}{\text{タイヤの内径}}$

(3) $\dfrac{\text{タイヤの内径}}{\text{タイヤの外径}}$

(4) $\dfrac{\text{タイヤの断面幅}}{\text{タイヤの断面高さ}}$

No. 24 出るヨ

水の溜まっている道路を自動車が高速で走行したとき，タイヤが路面上の水を排除する作用が間に合わなくなり，水上を滑走する状態になって自動車の操縦がきかない現象として，適切なものは次のうちどれか。

(1) スタンディング・ウェーブ

(2) ハイドロプレーニング

(3) ベーパ・ロック

(4) スキール

No. 25 出るヨ

一体型真空式制動倍力装置で，ブレーキ・ペダルを踏まない状態のときに，倍力装置のエア・クリーナからエアが流れているときの原因として，適切なものは次のうちどれか。

(1) ダイヤフラム・リターン・スプリングのばね力の強過ぎ

(2) バルブ・リターン・スプリングのばね力の強過ぎ

(3) エア・バルブの密着不良

(4) バキューム・バルブの密着不良

No. 26 出るヨ

制動力の制御に関する記述として，不適切なものは次のうちどれか。

(1) 舗装路面における最大摩擦係数は，スリップ率 20% 前後である。

(2) ABS は，スリップ率を規定範囲になるように制御する。

(3) 制動時にタイヤが完全にロックした状態を，スリップ率 0% という。

(4) 車輪がロックすると，制動距離が長くなる。

No. 27 出るヨ

ブレーキ安全装置のプロポーショニング・バルブに関する次の文章の（　）に当てはまるものとして，下の組み合わせのうち適切なものはどれか。

プロポーショニング・バルブは，後輪が前輪より（ イ ）ロックすることを防止する装置で，プランジャに作用する面積は，（ ロ ）側より（ ハ ）側が大きくなっている。

	(イ)	(ロ)	(ハ)
(1)	同時に	マスタ・シリンダ	ホイール・シリンダ
(2)	先に	マスタ・シリンダ	ホイール・シリンダ
(3)	同時に	ホイール・シリンダ	マスタ・シリンダ
(4)	後に	ホイール・シリンダ	マスタ・シリンダ

No. 28 出るヨ

バッテリに関する次の文章の（　）に当てはまるものとして，下の組み合わせのうち適切なものはどれか。

バッテリの容量は，放電率が小さいほど（ イ ）なるが，これは化学反応に必要な硫酸基の補給速度が遅れて，速く（ ロ ）に到達するためである。また，電解液温度が高いほどバッテリ容量は，（ ハ ）するが，これは（ ニ ）の拡散が促進されるためである。

	（イ）	（ロ）	（ハ）	（ニ）
⑴	小さく	放電終止電圧	増加	電解液
⑵	小さく	定格電圧	増加	陽極板
⑶	大きく	放電終止電圧	減少	電解液
⑷	大きく	定格電圧	減少	陰極板

No. 29 出るヨ

バッテリに関する次の文章の（　）に当てはまるものとして，下の組み合わせのうち適切なものはどれか。

バッテリの放電中の化学反応は，陽極板の二酸化鉛と陰極板の海綿状鉛が電解液の硫酸イオンと結合して硫酸鉛になる。このとき電解液の希硫酸はだんだん（ イ ）に変化し，電解液の濃度が（ ロ ）なり比重は（ ハ ）。

	（イ）	（ロ）	（ハ）
⑴	水	濃く	上がる
⑵	水	薄く	下がる
⑶	硫酸	濃く	上がる
⑷	硫酸	薄く	下がる

No. 30 出るヨ

電気抵抗に関する次の文章の（　）に当てはまるものとして，下の組み合わせのうち適切なものはどれか。

12［V］−48［W］の電球の電気抵抗は（ イ ），12［V］−72［W］の電球の電流は（ ロ ）である。

	（イ）	（ロ）
(1)	1 [Ω]	2 [A]
(2)	2 [Ω]	4 [A]
(3)	3 [Ω]	6 [A]
(4)	4 [Ω]	8 [A]

No. 31

エンジンの性能曲線に関する記述として，適切なものは次のうちどれか。

(1)　軸出力は，エンジンの回転速度と比例する。
(2)　軸出力は，燃料消費率が最も少ないときに最大となる。
(3)　軸トルクは，軸出力の最大点と同じになる。
(4)　軸トルクは，エンジンの回転速度と比例する。

No. 32

負特性のサーミスタを用いたフューエル・レベル・インジケータに関する記述として，次の文章の（　）に当てはまるものとして，下の組み合わせのうち適切なものはどれか。

インジケータ・ランプが点灯しないときは，フューエル・タンク内の燃料が（ イ ）ときで，そのときサーミスタの温度が低く抵抗値が（ ロ ）ためである。

	（イ）	（ロ）
(1)	少ない	小さい
(2)	少ない	大きい
(3)	多い	小さい
(4)	多い	大きい

No. 33

熱処理に関する記述として，適切なものは次のうちどれか。

(1)　焼き入れは，ある温度まで加熱した後，徐々に冷却する。

⑵　焼き戻しは，ある温度まで加熱した後，急に冷却する。

⑶　高周波焼き入れは，高周波電流で加熱処理をする。

⑷　浸炭焼き入れは，鋼の表面層に窒素を染み込ませて軟化させる。

No. 34

次に示す諸元のガソリン・エンジンの圧縮比について，適切なものは次のうちどれか。ただし，円周率のπは3.14とし，答えは少数点第1位を四捨五入して整数とする。

諸元　4サイクル直列4シリンダ・エンジン
シリンダ内径………………100 mm
ピストン・ストローク……80 mm
燃焼室容積…………………57 cm^3

⑴　9

⑵　12

⑶　15

⑷　18

No. 35

図において，マスタ・シリンダの内径が42［mm］である断面積S_1，ホイール・シリンダの内径が84［mm］である断面積S_2において，ホイール・シリンダF_2に1,200［N］の力を掛ける場合，マスタ・シリンダF_1を押す力として，適切なものは次のうちどれか。

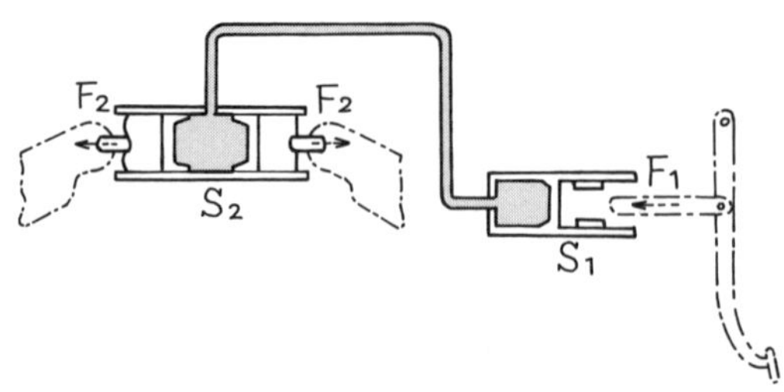

(1) 100［N］
(2) 200［N］
(3) 300［N］
(4) 400［N］

No. 36 出るヨ

「道路運送車両法施行規則」に照らし，認証を受けた自動車分解整備事業ごとに，分解整備及び分解整備記録簿の記載に関する事項を統括管理する者として，適切なものは次のうちどれか。

(1) 整備責任者
(2) 整備主任者
(3) 整備管理者
(4) 整備監督者

問題

No. 37 出るヨ

「道路運送車両法」に照らし，国土交通省が行う自動車の検査に，不適切なものは次のうちどれか。

(1) 新規検査
(2) 継続検査
(3) 臨時検査
(4) 分解整備検査

No. 38 出るヨ

「道路運送車両の保安基準」及び「道路運送車両の保安基準の細目を定める告示」に照らし，最低地上高が低くなるように改造された，小型乗用自動車の最低地上高の測定条件として，不適切なものは次のうちどれか。

(1) 測定する自動車のタイヤの空気圧は，規定された値とする。
(2) 測定する自動車を舗装された平面に置き，地上高を巻尺等を用いて測定する。

⑶ 測定する自動車に，最大積載量を加える。

⑷ 測定値は，1 cm 未満は切り捨て cm 単位とする。

No. 39 出るヨ

「道路運送車両の保安基準」及び「道路運送車両の保安基準の細目を定める告示」に照らし，次の文章の（　）に当てはまるものとして，下の組み合わせのうち適切なものは次のうちどれか。

自動車の制動灯は，（ イ ）の距離から点灯を確認できるものであり，かつ，その照射光線は，他の交通を妨げないもので，尾灯又は後部上側端灯と兼用の制動灯は，同時に点灯したときの光度が尾灯のみ又は後部上側端灯のみを点灯したときの光度の（ ロ ）以上の構造であること。

	（イ）	（ロ）
⑴	昼間にその後方 100 m	5 倍
⑵	夜間にその後方 100 m	5 倍
⑶	昼間にその後方 100 m	2 倍
⑷	夜間にその後方 100 m	2 倍

No. 40 出るヨ

「道路運送車両の保安基準」及び「道路運送車両の保安基準の細目を定める告示」に照らして，次の文章の（　）に当てはまるものとして，適切なものは次のうちどれか。

小型四輪自動車に使用する空気入りゴムタイヤの滑り止めの溝の深さは，滑り止めのいずれの部分でも（　　）mm 以上の深さを有すること。

⑴ 1.3

⑵ 1.6

⑶ 1.9

⑷ 2.2

第４回テストの解答

No. 1 解答 (3)

覚える　オイル・クリアランスは，オイルの通路

(1),(2)　オイル・クリアランスが大き過ぎるとオイル漏れの原因となり，小さ過ぎるとオイルの潤滑不足となって焼き付きの原因となる。

(3),(4)　オイル・クリアランスが小さいと，プラスチック・ゲージを押さえ付ける力が大きくなってつぶれたゲージの幅が広くなる。

Point
・オイルクリアランスが小さいと，プラスチックのつぶれる量が多くなって，幅が広くなる。

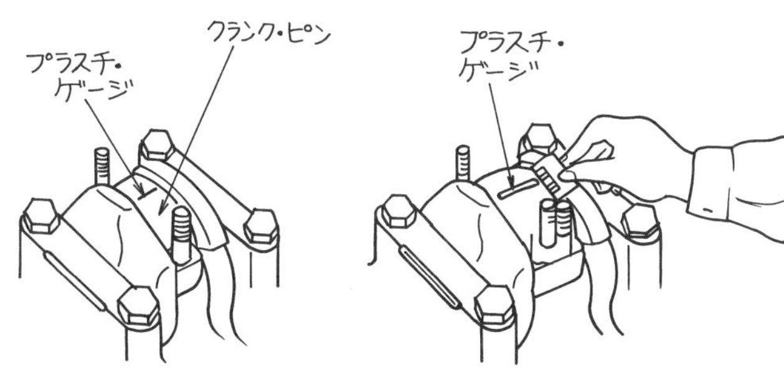

(1)　オイル・クリアランス大　　(2)　オイル・クリアランス小

図 4―1　オイル・クリアランス測定

No. 2 解答 (2)

覚える　インタ・クーラは，温度を下げる役目をする。

吸入空気の温度を下げると空気密度が高くなり，充填効率の向上につながる。

Point
・吸入空気の効率を高めるには，空気を冷やして密度を高くする。

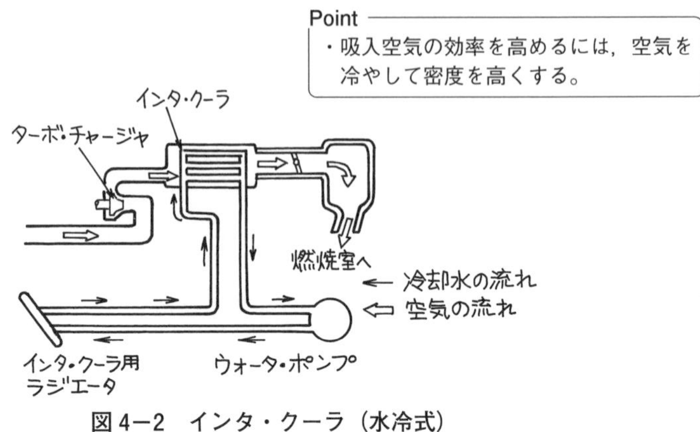

図 4−2　インタ・クーラ（水冷式）

No. 3　解答　(1)

覚える　2本のバランス・シャフトが互いに逆方向に2倍の回転速度で回転

バランス・シャフトは，クランクシャフトの発生する騒音や振動を抑える働きをする。図4−3のように，2本のバランス・シャフトはバランス・シャフト・ドライブ・ギヤによってバランス・シャフト・ドリブン・ギヤを介して，クランクシャフトの2倍の速度で，お互いに逆方向に回転して，騒音や振動を抑えます。

Point
・バランス・シャフトは，クランクシャフトの2倍の速度で回転する。

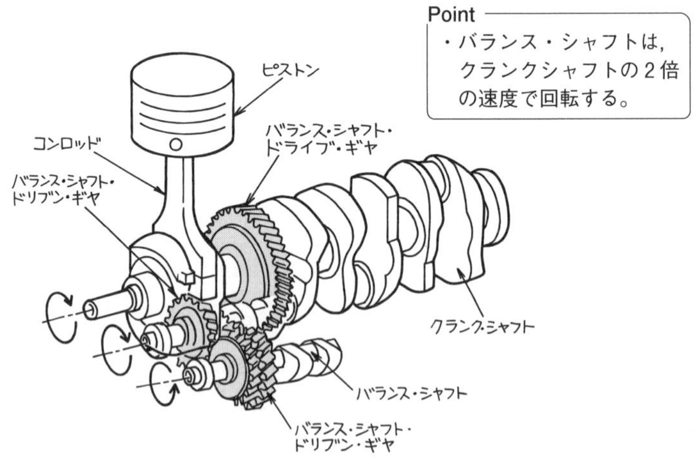

図 4−3　クランクシャフトのバランサ

No. 4 解答 (3)

覚える 回転方向は同じ

トロコイド式オイル・ポンプは，図4−4のようにアウタ・ロータの内側にインナ・ロータが組み込まれている。

インナ・ロータの凸型歯数は4個，アウタ・ロータの凹型歯数は5個で，回転する中心位置は異なる。

オイルはインナ・ロータとアウタ・ロータの回転によって作られる歯と歯での隙間の変化によって，吸入して送り出します。

Point
・インナ・ロータとアウタ・ロータの回転方向は同じ。

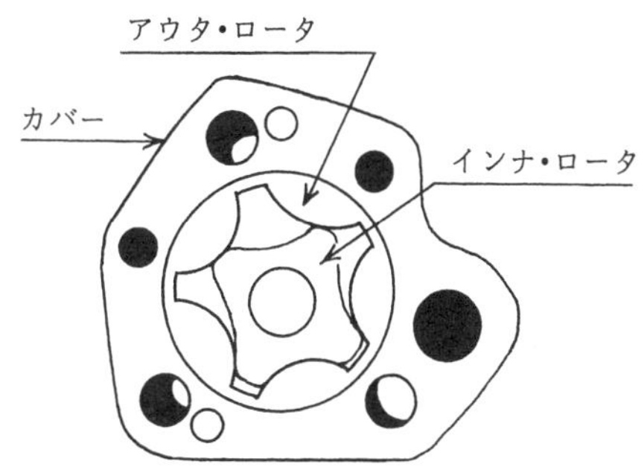

図4−4 トロコイド式オイル・ポンプ

No. 5 解答 (1)

覚える AND回路の入力をすべて“1”（Hi）にする。

コンプレッサを作動させるためには，AND回路の入力を全て“1”（Hi）にしてトランジスタを作動させます。したがって，③を“1”（Hi），②を“1”（Hi），①は②の反転で“0”（Lo）にします。

Point
・論理回路の NOT 回路と AND 回路が組み合わさっている。

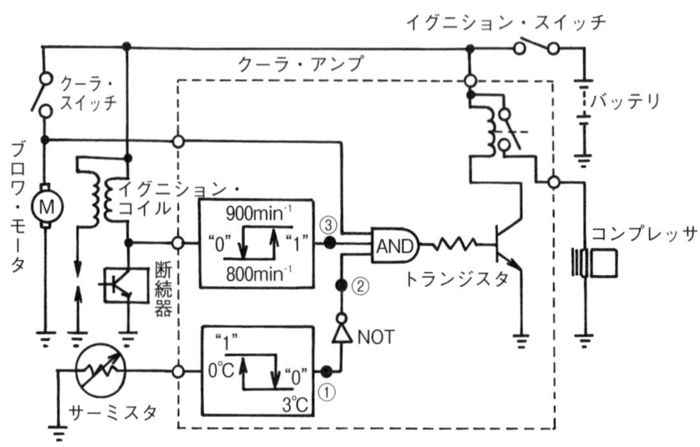

表

イグニション・スイッチ：ON クーラ・スイッチ：ON エンジン回転速度：900 $\mathrm{min^{-1}}$ 以上 クーラ吹き出し口温度：3℃ 以上

図 4−5　クーラ・アンプ作動回路図

No. 6 **解答** (2)

覚える **燃料が多すぎのときは黒色に**

(1) 白色のときは，混合気の薄すぎ，スパーク・プラグの熱価の低すぎなどがあります。

(2) 黒色で乾燥しているときは，燃料が多すぎ，点火時期の遅れ，スパーク・プラグの熱価の高すぎなどがあります。

(3) 薄茶色のときが最も良い状態です。

(4) 黒色で湿っているときは，スパーク・プラグの失火，燃焼室へのオイル上がりなどがあります。

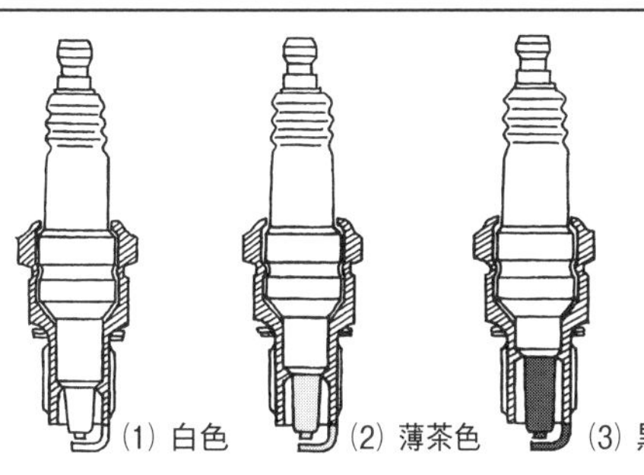

図 4−6　スパーク・プラグの焼け具合

Point
・中心電極部分の焼け具合によって燃焼状態を知る方法で，薄茶色が最も良い燃焼である。

No. 7　解答　(4)

覚える　回転信号系統の点検には，入力信号点検，回路点検，単体点検がある。

(1)の入力信号点検は，オシロスコープで信号端子の波形を点検する。

(2)と(3)の回路点検は，抵抗レンジでハーネスの導通を点検する。

(4)の単体測定は，抵抗レンジでセンサの抵抗値を測定する。

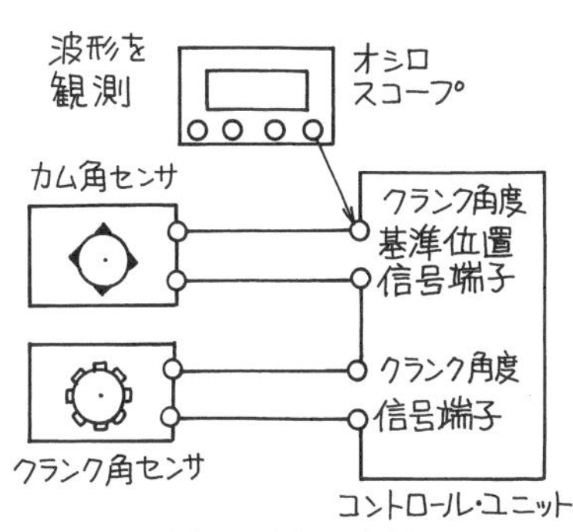

(1)　入力信号点検

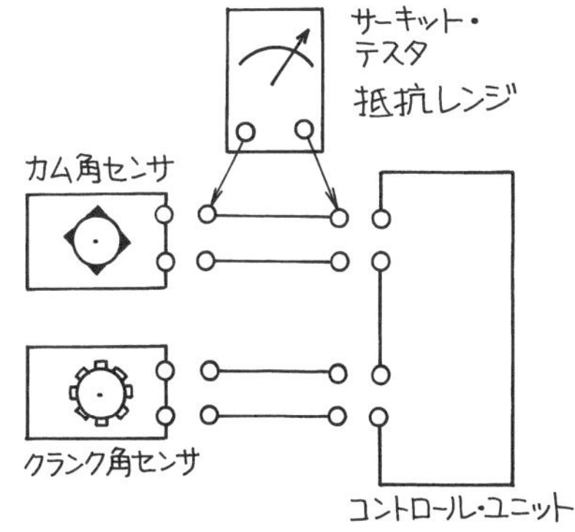

(2)　回路導通点検

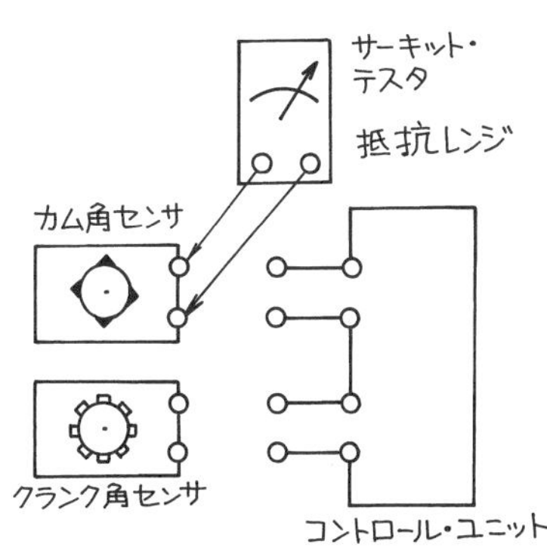

(3)　単体点検

図 4−7　回転信号系統の点検

No. 8 解答 (1)

覚える 駆動トルクは，回転数と反比例する。

スタータの回転始めのときが最大トルクとなり，回転数が高くなるにしたがってトルクは小さくなる。

Point
・アーマチュアに流れる電流は，回転速度が高くなるにしたがって少なくなる。原因は，回転速度に比例して逆起電力が大きくなることによる。

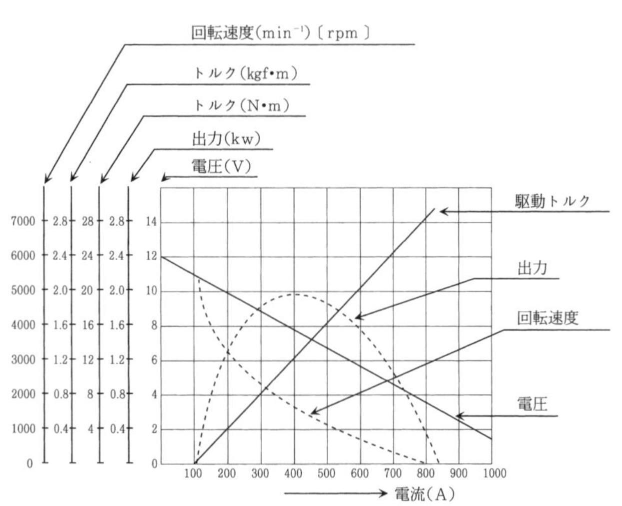

図4−8 スタータの出力特性（直巻式）

No. 9 解答 (3)

覚える 整流ダイオードは矢印がない。

(1)のNAND（ナンド）回路は，アンド回路とノット回路の組み合わせです。
(2)のNPN型トランジスタは，エミッタの矢印が外向きです。
(3)はホト・ダイオードです。発光ダイオードは，矢印の向きが反対になります。
(4)のホト・トランジスタは，光が当たると作動します。

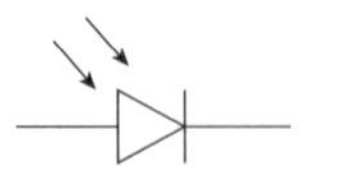

(1) ホト・ダイオード

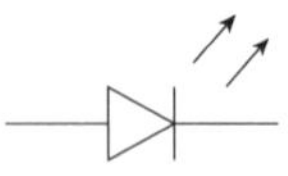

(2) 発光ダイオード

図4−9 ホト・ダイオードと発光ダイオード

Point
・矢印の向きがちがう

No. 10 解答 (4)

覚える 軽負荷時は PCV バルブを通る。

軽負荷のときはPCV（ポジティブ・クランクケース・ベンチレーション）バルブを通ってインレット・マニホールドへ吸入され，高負荷のときはエア・クリーナの吸入負圧によってスロットル・ボデーからインレット・マニホールドへ吸入される。

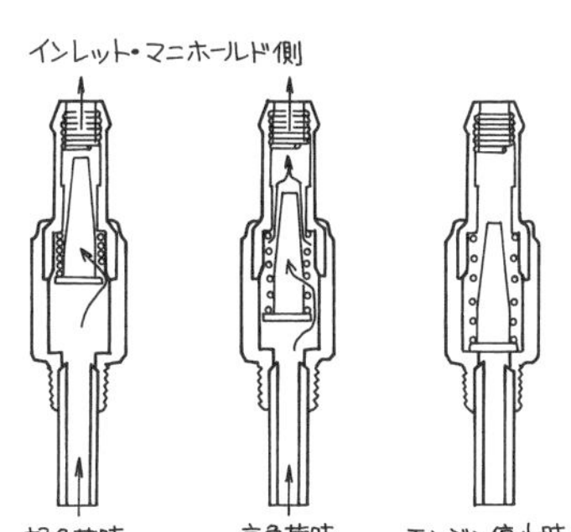

(1) PCV バルブ

Point
・軽負荷時は PCV バルブを通る。

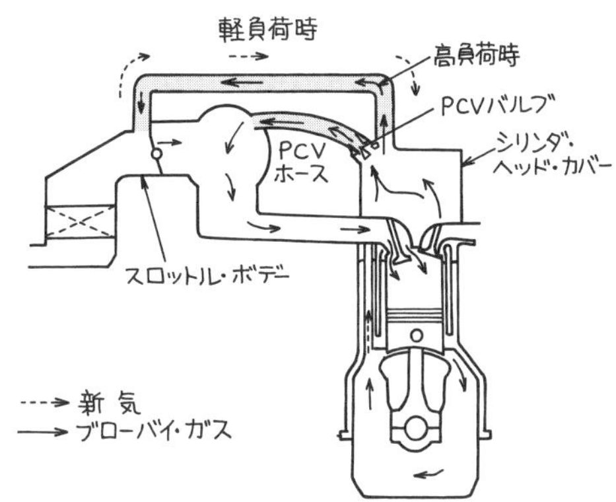

(2) ブローバイ・ガス還元装置

図 4−10 PCV バルブ

No. 11 解答 (2)

覚える 上死点後約 10° で最大圧力になるようにする。

燃料の火炎伝播は常に一定であるので，回転速度が速くなるときは点火時期を早くして，常に上死点後約 10° で最大圧力になるように調整する。

低速時は①点で点火すると，A点で最大圧力となる。

高速時に①点で点火すると，B点で最大圧力になって燃焼効率が悪くなるので，②点で点火して，A点で最大圧力になるようにする。

Point
・燃料の火炎伝幡は一定である。
・回転速度が速くなるにしたがって，点火時期を早める。

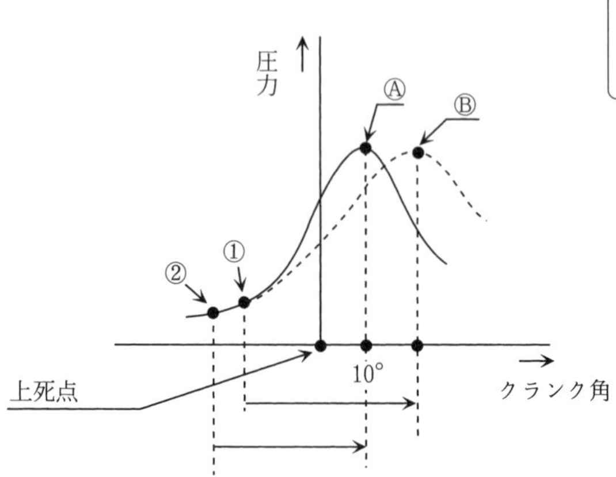

図4－11　燃料の火炎伝播

No. 12　**解答**　(1)

覚える　**中性点ダイオード付オルタネータは，8個のダイオード**

3個のステータ・コイルに発生する電気と，中性点に発生する電気を整流するので，8個のダイオードを必要とします。

Point
・3個のステータ・コイルと中性点で発生する電気を整流する。

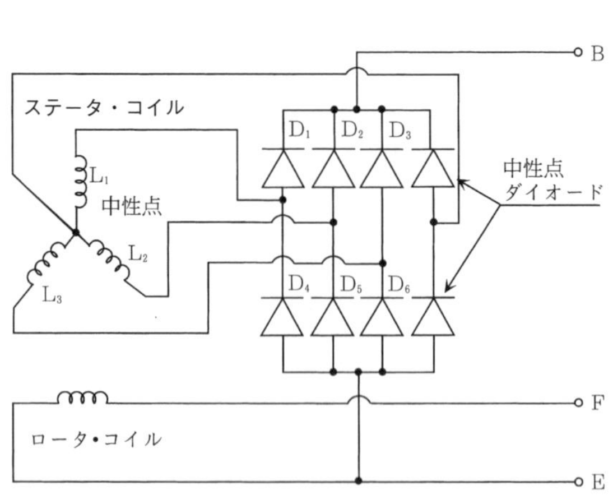

図4－12　中性点ダイオード付オルタネータ

解答

No. 13 **解答** (1)

覚える **デューティ制御は，ON 時間と OFF 時間の割合をいう。**

ロータリ・バルブ式ISCVは，コイルに流す電流をデューティ制御でバルブ・シャフトを回転させて，バルブの開閉を調整します。

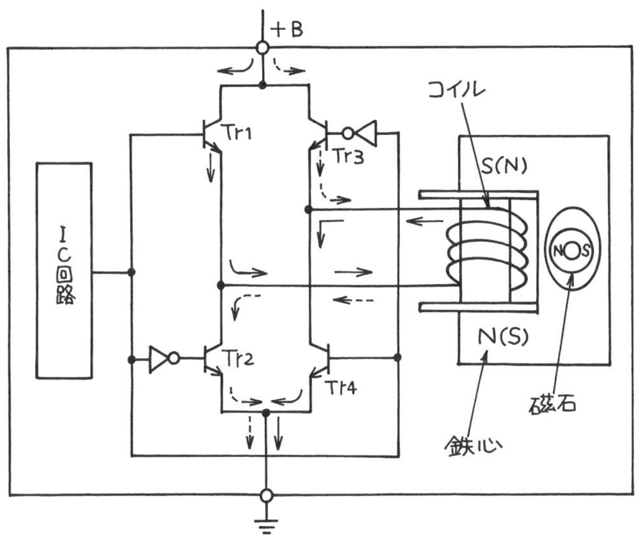

(1) ISCV の制御

Point
・デューティとは，ON 時間と OFF 時間の比率をいう。
ON OFF デューティ 50%

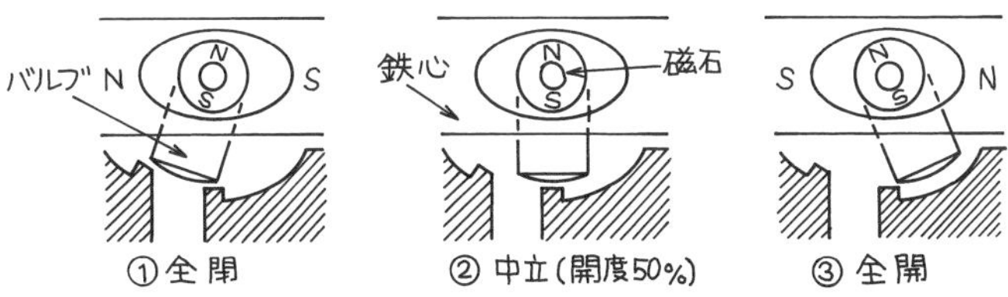

(2) 磁石とバルブ開度

図 4−13 ロータリ・バルブ式アイドル回転制御

No. 14 解答 (3)

覚える スター結線に中性点がある。

スター結線式オルタネータが一般的に使われている。その理由は，

① 結線が簡単である。

② 最大出力電流は劣るが，低速特性に優れている。

③ 中性点が利用できる。

Point

・スター結線は，端子間電圧は$\sqrt{3}$V となる。　・デルタ結線は，端子電流は$\sqrt{3}$I となる。

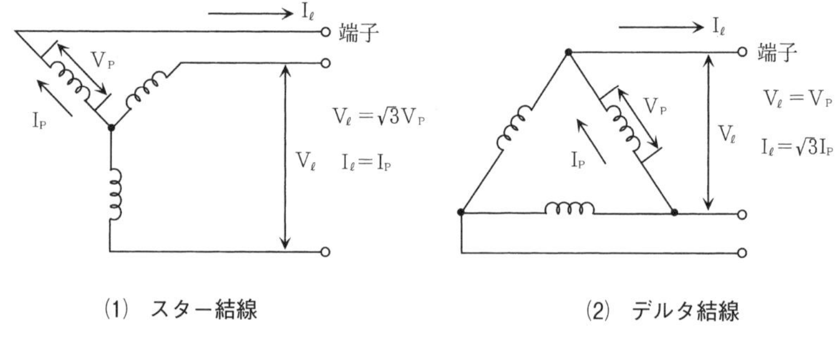

図4−14 オルタネータの結線

No. 15 解答 (2)

覚える オイル潤滑補正はない。

始動後制御補正には次の項目があります。

① 暖機進角補正は，エンジンが暖機になるまで，運転状態に応じて点火時期を補正します。

② アイドル安定化補正は，アイドル回転を安定させるために，アイドル回転速度が低いときは点火時期を進角，高いときは遅角させて補正します。

③ 過度期補正は，冷却水温度が60℃ 以上で急加速したときに，点火時期を遅角させてノッキングをしないように補正します。

④ 加速時補正は，加速時にエンジンが滑らかに回転するように，一時的に点火時期を遅角させる補正をします。

⑤ ノック補正は，ノック・センサがノッキングを検出すると点火時期を遅

角にしてノッキングを発生させないように補正します。

No. 16 解答 (4)

覚える 速度比ゼロのとき，伝達率もゼロになります。

(1) 速度比＝$\frac{\text{タービン軸回転速度}}{\text{ポンプ軸回転速度}}$

(2) カップリング・レンジの間は，速度比と伝達効率は比例する。

(3) クラッチ・ポイント点でトルク比は最低値（1.0）となる。

(4) 速度比ゼロのときは，伝達効率もゼロです。

Point
・速度比ゼロのとき，伝達効率はゼロになる。

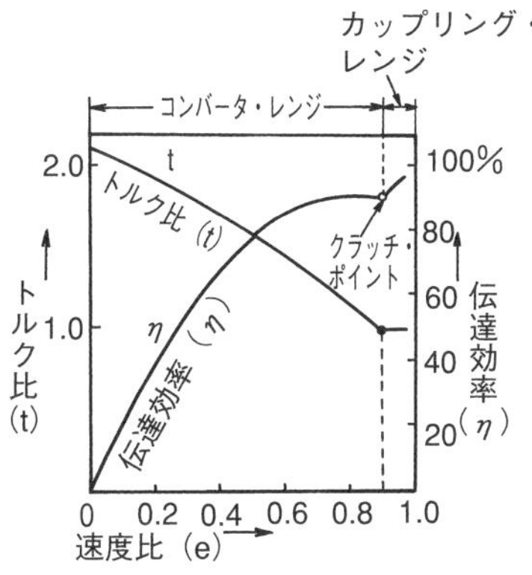

e ：速度比＝$\frac{\text{タービン軸回転速度}}{\text{ポンプ軸回転速度}}$

t ：トルク比＝$\frac{\text{タービン軸トルク}}{\text{ポンプ軸トルク}}$

η ：伝導効率＝$\frac{\text{出力馬力}}{\text{入力馬力}}\times 100\%$

図 4－15　トルク・コンバータの性能曲線図

No. 17 解答 (1)

覚える キャスタ角とキャスタ・トレールの大きさは，比例する。

(1) キャスタ角を小さくすると，キャスタ点もタイヤ接地中心点に近づいてキャスタ・トレールも小さくなります。

(2) キャスタ角が小さいと，キャスタ効果は小さくなる。

(3) プラス・キャスタという。

(4) プラス・キャンバが大き過ぎると，タイヤの上部は外側に傾いているので，トレッドの外側の摩耗が多くなります。

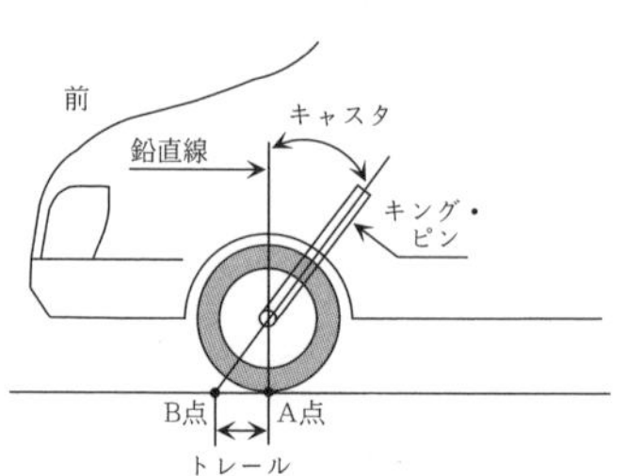

図4−16　キャスタ角とキャスタ・トレール

Point
・プラス・キャンバのトレールは，タイヤと路面の接地点より前方向になる。

No. 18　解答 (1)

覚える　プロペラ・シャフトの位置は低くなる。

(1)　リング・ギヤの中心位置よりプロペラ・シャフトと接続されるドライブ・ピニオンの中心位置が低く（オフセット）なっています。

(2)　ドライブ・ピニオンがオフセットの分低くなっているので，車両の重心を下げることができます。

(3)　同じ大きさのリング・ギヤを持ったスパイラル・ベベル・ギヤと比較すると，ドライブ・ピニオン・ギヤが大きくなるので，接触面積が増加して強度が増します。

(4)　潤滑油には，極圧性の高いハイポイト・ギヤ・オイルを用いる。

Point
・オフセットの分，重心は低くなる。

図4−17　ハイポイト・ギヤ

No. 19　解答 (3)

覚える　エア・スプリングのばね定数は変化する。

(1),(2)　リーフ・スプリングのばね定数は，荷重に関係なく一定です。

(3),(4) エア・スプリングのばね定数は，荷重が大きくなるとばね定数も大きくなり，荷重が小さくなるとばね定数も小さくなります。

Point
・エア・スプリングは，荷重によって，ばね定数が変化するが，金属スプリングは，常に一定。

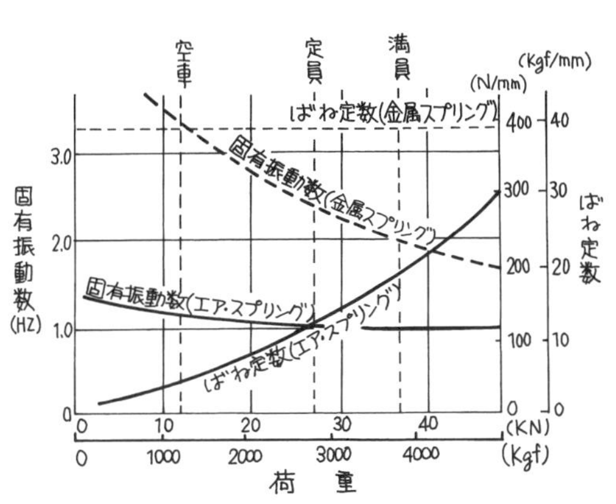

図 4−18 金属スプリングとエア・スプリングの特性

No. 20 解答 (2)

覚える 縦揺れはピッチング

縦揺れをピッチングといい，振動の最大は前輪が突起を乗り越えた後に深く沈み込んだときに後輪が突起に乗り上げた瞬間になり，これが$\frac{1}{2}$振動周期になります。

Point
・リヤ・ホイールが最大，フロント・ホイールが最低になるとき，最大の揺れとなる。

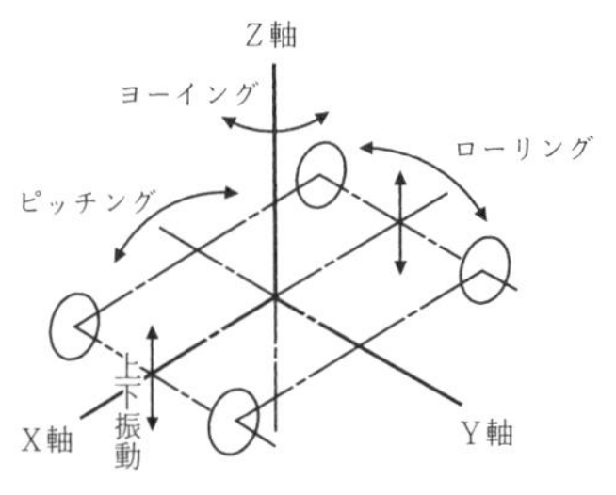

(1) ピッチング振動

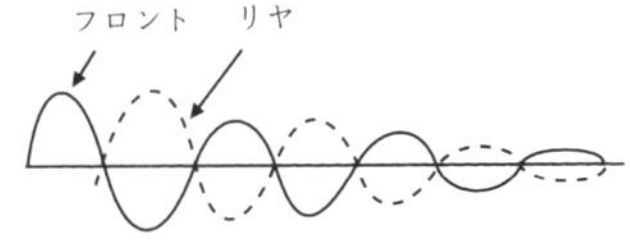

(2) ピッチング波形

図 4−19 ボデーの振動と揺動

No. 21 解答 (4)

覚える 低速走行時は大きな駆動力を必要とする。

低速時は大きな駆動力を必要とするので多くの電流を流し，高速走行時は小さな駆動力でよいので少ない電流を流して，操舵性を良くしています。

Point
・低速時には，大きな電流が流れる。

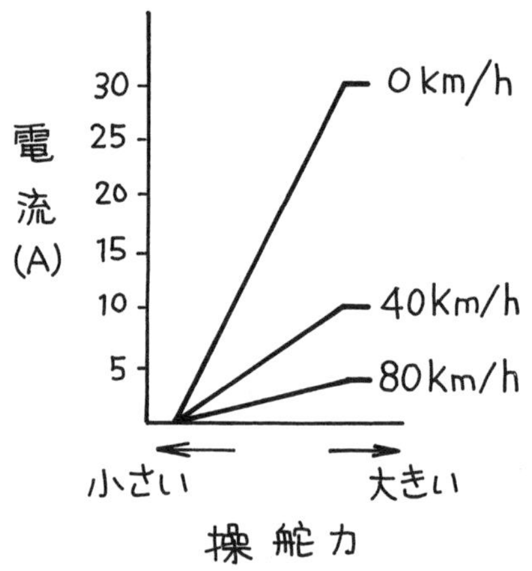

図 4−20　電動式パワー・ステアリングの操舵力と電流の特性

No. 22 解答 (4)

覚える 車軸懸架式でキャンバの狂う原因に，フロント・アクスルの曲がりがある。

車軸懸架式では，キング・ピンの“がた”やフロント・アクスルの“曲がり”があり，調整は不可能です。

独立懸架式では，アームの接続部の“がた・曲がり”やスプリングの“へたり”があり，調整は可能です。

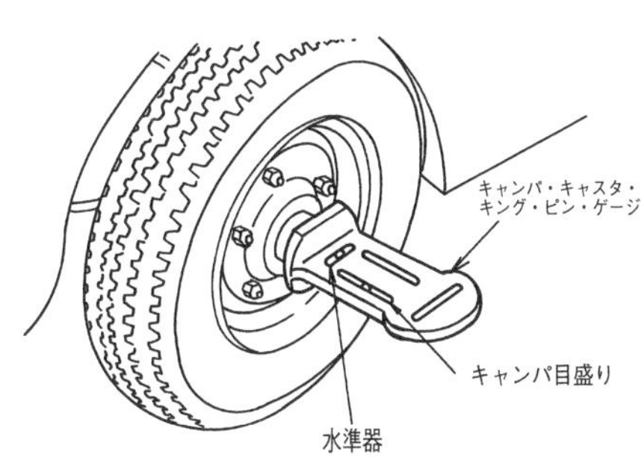

Point
・ホイールを直進状態にしてからターニング・ラジアス・ゲージの上にゆっくりホイールを乗せる。
・キャンバ・キャスタ・キング・ピン・ゲージを正確にセットする。

図4−21　キャンバ・キャスタ・キング・ピン・ゲージによる測定

No. 23　解答　(1)

覚える　偏平比は，$\frac{断面高さ}{断面幅}$

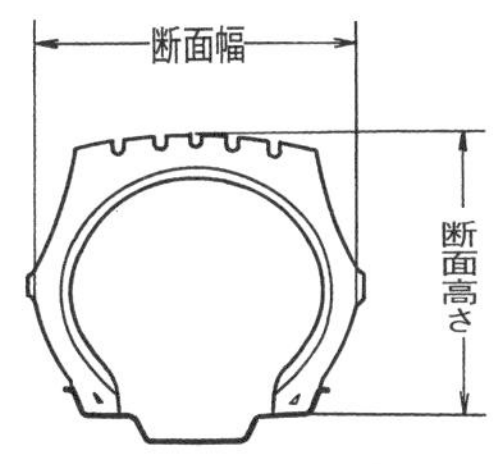

$$偏平比 = \frac{断面高さ}{断面幅}$$

図4−22　タイヤの偏平比

No. 24　解答　(2)

覚える　タイヤが水上を滑るような現象

(1)　スタンディング・ウェーブとは，高速回転するタイヤが波のように変形する現象をいいます。

(2)　ハイドロプレーニングとは，タイヤが水上を滑るような現象をいいます。

(3)　ベーパ・ロックとは，ブレーキなどのパイプ内に気泡が混入して，ブレーキの効きが悪くなることをいいます。

(4)　スキールとは，急発進，急制動，急旋回などのときに発する“キー”という鋭い音をいいます。

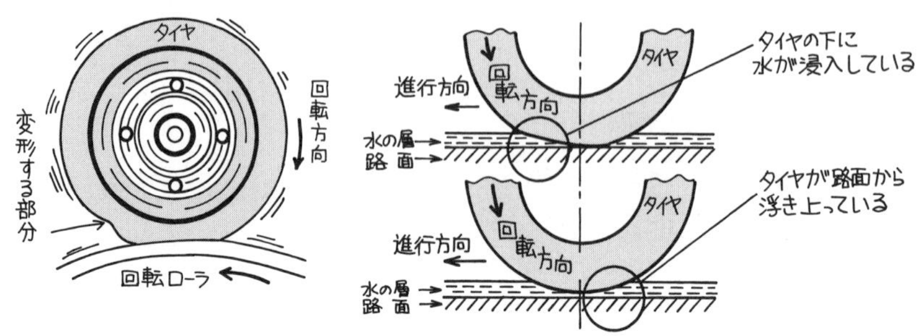

⑴ スタンディング・ウェーブ　　⑵ ハイドロプレーニング

図 4−23　タイヤに起こる現象

No. 25 解答 (3)

覚える **エア・バルブの密着不良は，倍力装置のエア・クリーナから大気が流れる。**

ブレーキ・ペダルを踏まないときは，バルブ・リターン・スプリングのばね力によって右側に押されているので，バキューム・バルブは開いて，エア・バルブは閉じています。

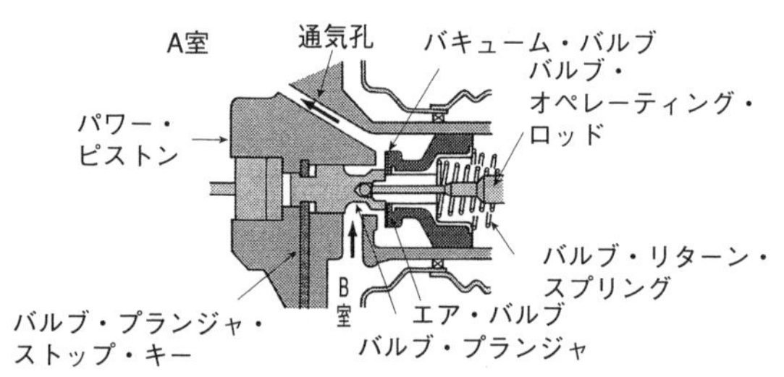

図 4−24　一体型真空式制動倍力装置（ブレーキ・ペダルを踏まないとき）

Point
・ブレーキ・ペダルを踏まないときは，バキューム・バルブを開いて，エア・バルブは閉じている。

No. 26 解答 (3)

覚える **タイヤが完全にロックした状態が，スリップ率 100% です。**

スリップ率とは，制動したときの車体速度と車輪の周速度との差を車体速度で除してパーセント（%）で表したものをいう。

⑴ 乾燥した舗装路面で，タイヤと路面間の最大摩擦係数はスリップ率 20％前後になります。

⑵ ABS は，制動力とコーナリング・フォース（横すべり摩擦係数）を制御して，スリップ率を保持しています。

⑶ スリップ率 100％ のとき，タイヤがロック状態となります。

⑷ 車輪がロックすると，制動力が低下して制動距離が長くなり，コーナリング・フォースが失われて，操縦性と方向安定性が損なわれます。

Point

・スリップ率＝$\frac{車体速度－車輪周速度}{車体速度}$×100［％］

・スリップ率は，20～30［％］前後が最大となる。

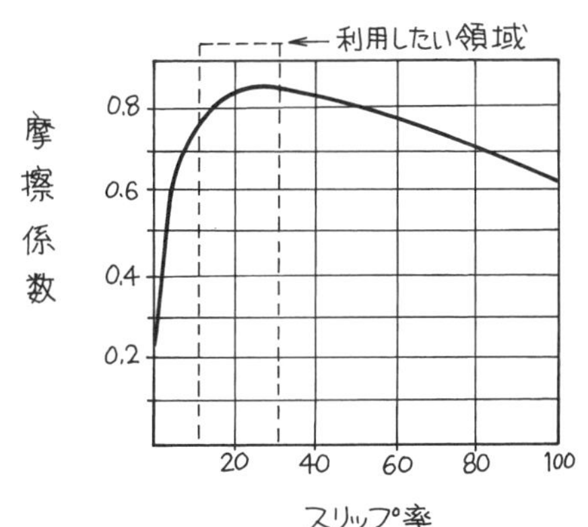

図 4−25　スリップ率と摩擦係数

No. 27 **解答** ⑵

覚える 後輪のロックは，前輪のロックより遅い。

ブレーキ・ペダルを踏み始めてから規定圧力までは，マスタ・シリンダからホイール・シリンダに直接油圧を伝えるが，規定圧力になるとプランジャとリップ・シールが密着して油路は閉じる。さらにマスタ・シリンダ側の油圧が上昇（プランジャの B 面積から A 面積を差し引いた面積に関係する圧力まで）するとプランジャによって閉じていた油路が開いて，ホイール・シリンダへブレーキ液が流れてホイール・シリンダ側の油圧も上昇します。

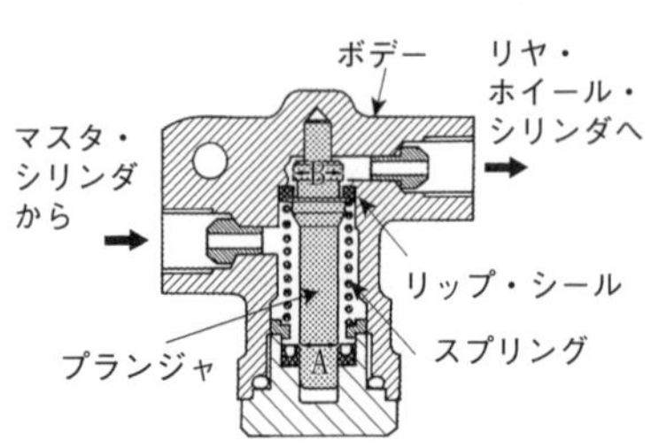

図4−26　プロポーショニング・バルブ

Point
・後輪が前輪より先にロックすることを防止する装置です。

No. 28 解答 (1)

覚える　放電率が小さいほど容量は小さくなる。

放電率が小さい（バッテリから取り出す電流が大きい）ほど容量は小さくなります。

5時間率容量とは，完全充電されたバッテリにある電流を連続5時間流したときに放電終止電圧になるときをいいます。

例）　5時間率50［Ah］の容量のバッテリは，10［A］の電流を5時間連続放電できることをいいます。

Point
・放電時間が長くなると取り出す容量も多くなる。
・電解液温度は25℃を基準とする。

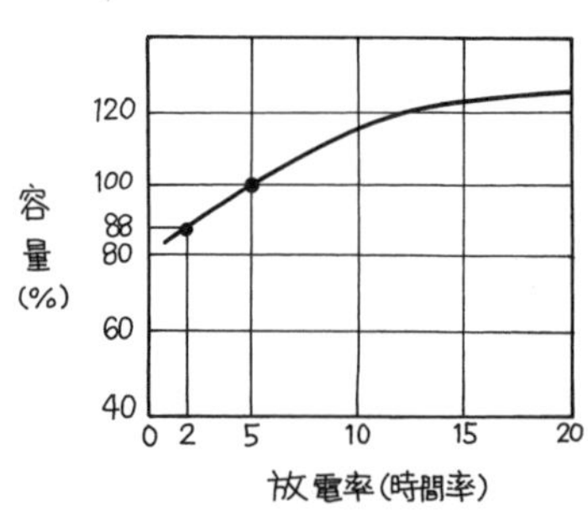

(1)　放電率と容量

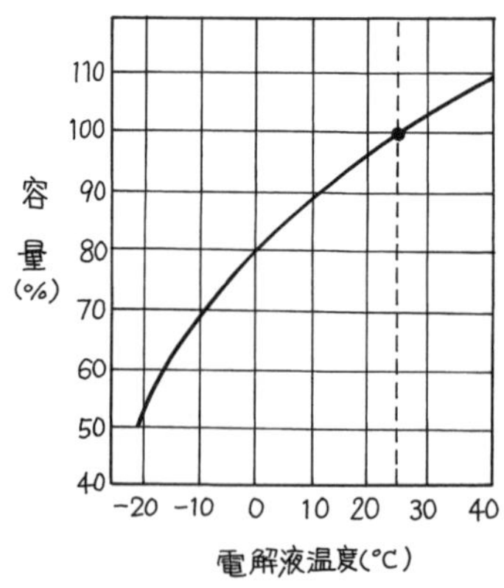

(2)　電解液温度と容量（5時間率容量）

図4−27　バッテリの容量

No. 29 解答 (2)

覚える 放電のときは，濃度は薄くなり，比重は下がる。

放電のときは，電解液の希硫酸の濃度が薄くなり，比重が下がるのでエネルギーも少なくなります。

陰極		電解液		陽極	充電	陰極		電解液		陽極
$PbSO_4$	+	$2H_2O$	+	$PbSO_4$	→	Pb	+	$2H_2SO_4$	+	PbO_2
硫酸鉛		水		硫酸鉛		鉛		硫酸		二酸化鉛

(1) 充電のときの変化

陰極		電解液		陽極	放電	陰極		電解液		陽極
Pb	+	H_2SO_4	+	PbO_2	→	$PbSO_4$	+	$2H_2O$	+	$PbSO_4$
鉛		硫酸		二酸化鉛		硫酸鉛		水		硫酸鉛

(2) 放電のときの変化

図4－28 バッテリの充電中・放電中の化学反応

No. 30 解答 (3)

覚える オームの法則を使う。

オームの法則 $P\ [\mathrm{W}] = V\ [\mathrm{V}] \times I\ [\mathrm{A}]$

$I\ [\mathrm{A}] = \dfrac{V\ [\mathrm{V}]}{R\ [\Omega]}$ を使う

＊ 12［V］－48［W］の電球の抵抗値は，

$P = VI,\ I = \dfrac{V}{R}$ より

$$P = V \times \left(\frac{V}{R}\right)$$

$$= \frac{V^2}{R}$$

$$R = \frac{V^2}{P}$$

電圧とワットの数値を入れると，

$$R = \frac{12 \times 12}{48}$$

$$= \frac{144}{48}$$

$=3$ [Ω]

＊ 12 [V]－72 [W] の電球の電流は，

$P=VI$ より

$I=\dfrac{P}{V}$

$=\dfrac{72}{12}$

$=6$ [A]

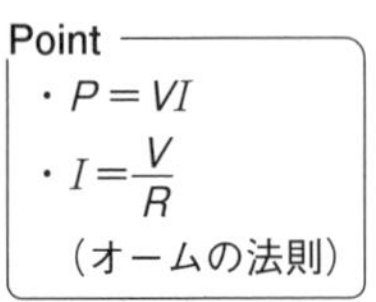

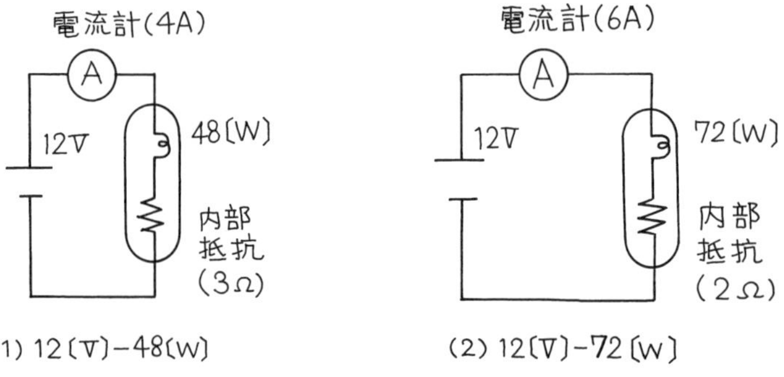

図 4－29 電球の抵抗と電流

No. 31 解答 (1)

覚える 軸出力は，エンジンの回転速度と比例する。

図に示すエンジンの性能曲線は，エンジンの回転速度が 3,200 [min^{-1}] のときで，A点の曲線は軸トルク曲線，B点の曲線は軸出力曲線，C点の曲線は燃料消費率曲線を示します。

軸トルク曲線は，エンジン始動時から約 4,000 [min^{-1}] までは上昇するが，これ以上の回転速度になると下降する。

軸出力曲線は，エンジンの回転速度に比例している。

燃料消費率曲線は，エンジンの回転速度が約 3,200 [min^{-1}] のときが最も少ない。

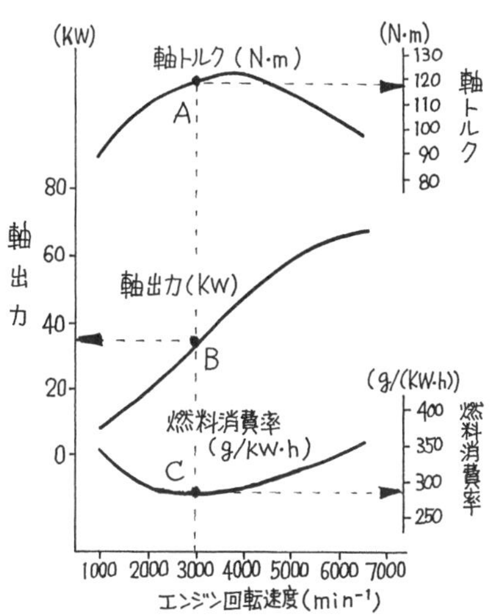

図 4－30 エンジンの性能曲線

Point
- 燃料消費率は，3,000［min^{-1}］前後が最も低い。
- 軸出力は，回転速度が上昇すると大きくなる。
- 軸トルクは，4,000［min^{-1}］前後が最も大きい。

No. 32 解答 (4)

覚える 負特性のサーミスタは，温度が低くなると抵抗値は大きくなる。

フューエル・タンク内の燃料が多いと，サーミスタは燃料の中に沈んだ状態になって熱を奪われて温度が低くなり，抵抗値は大きいので流れる電流は少なくなり，インジケータ・ランプは点灯しない。

Point
- 負特性のサーミスタは，温度が高くなると抵抗値が低くなる。

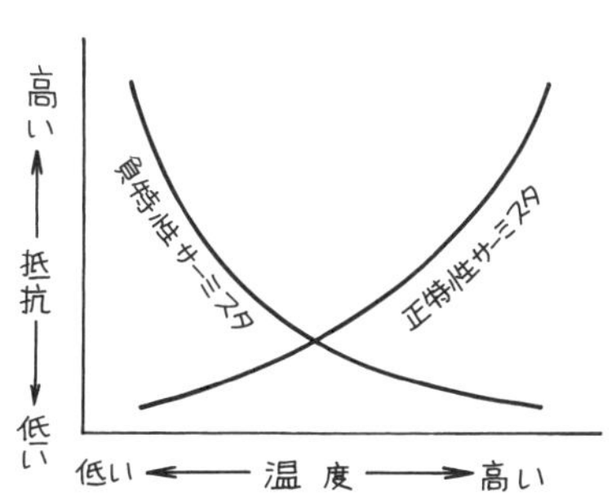

図 4－31 サーミスタの温度特性

No. 33 **解答** (3)

覚える **焼き入れは，加熱した後，急に冷却する方法**

(1) 焼き入れは，ある温度まで加熱した後，水や油などで冷却する方法である。硬さ及び強さは増すが，もろくなる。炭素の含有量が多いほど効果は大きい。

(2) 焼き戻しは，ある温度まで加熱した後，徐々に冷却する方法である。もろさが緩和して，粘り強さが大きくなる。

(3) 高周波焼き入れは，高周波電流で鋼の表面層を，加熱処理する。

(4) 浸炭焼き入れは，浸炭剤の中で過熱処理をする焼き入れをして，鋼の表面層の炭素量を増加させて硬化する。

No. 34 **解答** (2)

覚える $$\text{圧縮比}=\frac{\text{排気量}+\text{燃焼室容積}}{\text{燃焼室容積}}$$

シリンダ1個の排気量を求めると，

排気量＝円の面積×ストローク

円の面積＝半径×半径×3.14

＝5［cm］×5［cm］×3.14

＝78.5［cm^2］

排気量＝78.5［cm^2］×8［cm］＝628［cm^3］

$$\text{圧縮比}=\frac{628+57}{57}=\frac{685}{57}=12.017\fallingdotseq 12$$

Point
- ミリメートルの単位をセンチメートルの単位に変換する。
- Aは燃焼室容積
- Bは吸入空気量（排気量）

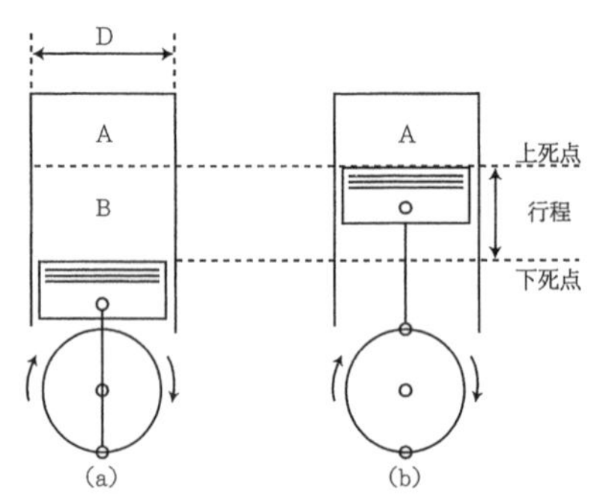

図4−32 圧縮比

No. 35 解答 (3)

覚える **力＝圧力×断面積**

単位面積あたりの圧力は，マスタ・シリンダ＝ホイール・シリンダより，

$$\frac{F_1}{S_1}=\frac{F_2}{S_2}$$

変形すると，

$$\begin{aligned}F_1&=\frac{S_1}{S_2}\times F_2\\&=\frac{D_1{}^2}{D_2{}^2}\times F_2\\&=\frac{42^2}{84^2}\times 1,200\\&=\frac{1,764}{7,056}\times 1,200\\&=\frac{1,764\times 1,200}{7,056}\\&=\frac{2,116,800}{7,056}\\&=300\ [\mathrm{N}]\end{aligned}$$

面積 S を，$\dfrac{\pi\times D^2}{4}$ から求めるとき，変化するものは直径 D である。

断面積の比は内径の 2 乗の比に等しく　$\dfrac{S_1}{S_2}=\dfrac{D_1{}^2}{D_2{}^2}$

Point
- パスカルの原理を用いる。
- 1 Pa（パスカル）は，1 N（ニュートン）の力が働く。
  1 Pa＝1 N/m^2

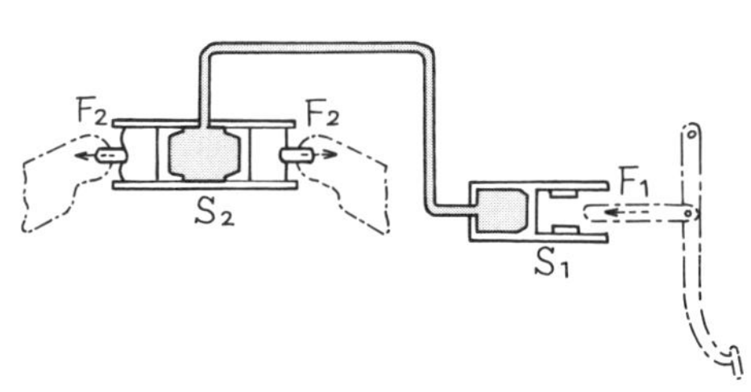

図 4−33　圧力計算

No. 36 解答 (2)

覚える　整備主任者が統括管理する。

「道路運送車両法施行規則」第62条の2の2（自動車分解整備事業者の遵守事項）に，「事業場ごとに，1級又は2級の自動車整備士の少なくとも1人に分解整備及び分解整備記録簿の記載に関する事項を統括管理させること。統括管理する者（以下「整備主任者」という。）は，他の事業場の整備主任者になることができない。」となっています。

No. 37 解答 (4)

覚える　分解整備検査は，整備主任が行う。

国土交通省が行う自動車の検査には，「道路運送車両法」第59条（新規検査），第62条（継続検査），第63条（臨時検査），第67条（自動車検査証の記載事項の変更及び構造等変更検査），第71条（予備検査）があります。

No. 38 解答 (3)

覚える　自動車は，空車状態で測定する。

「道路運送車両の保安基準」第3条（最低地上高）「細目を定める告示」第163条に，測定条件として，

(1)　測定する自動車は，空車状態とする。
(2)　測定する自動車のタイヤの空気圧は，規定された値とする。
(3)　車高調整装置が装着されている自動車にあっては，標準（中立）の位置とする。
(4)　測定する自動車を舗装された平面に置き，地上高を巻尺等を用いて測定する。
(5)　測定値は，1 cm 未満は切り捨て cm 単位とする。

となっています。

No. 39 解答 (1)

覚える　尾灯と兼用の制動灯の明るさは，5 倍以上

「道路運送車両の保安基準」第 39 条（制動灯）「細目を定める告示」第 212 条に，「(1)制動灯は，昼間にその後方 100 m の距離から点灯を確認できるものであり，かつ，その照射光線は，他の交通を妨げないものであること。(2)尾灯又は後部上側端灯と兼用の制動灯は，同時に点灯したときの光度が尾灯のみ又は後部上側端灯のみを点灯したときの光度の 5 倍以上となる構造であること。」となっています。

No. 40 解答 (2)

覚える　溝の深さは 1.6 mm 以上

「道路運送車両の保安基準」第 9 条（走行装置等）「細目を定める告示」第 167 条に，「接地部は滑り止めを施したものであり，滑り止めの溝は，空気入ゴムタイヤの接地部の全幅にわたり滑り止めのために施されている凹部のいずれの部分においても 1.6 mm 以上の深さを有すること。」となっています。

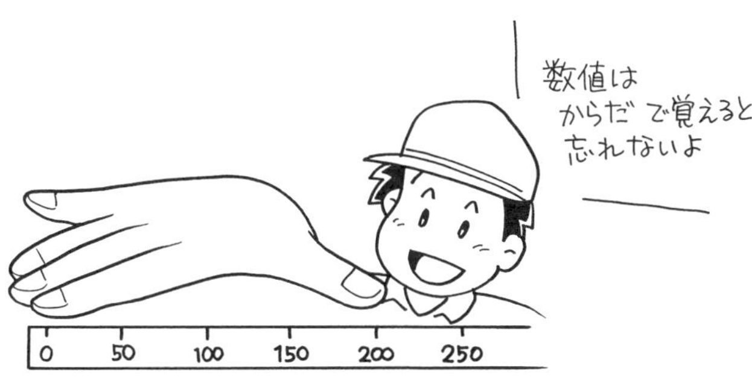

2級ガソリン自動車整備士

模擬テスト

（試験時間は 80 分）

第5回

No. 1

電子制御装置を採用したガソリン・エンジンについて，エンジンが冷間時に始動困難という不具合が発生した。

この場合に推定できる制御系統の故障箇所として，不適切なものは次のうちどれか。

(1) クランク角センサの不良
(2) エア・フロー・メータの不良
(3) O_2センサの不良
(4) ISCV（アイドル・スピード・コントロール・バルブ）の不良

No. 2

冷却水として使っている不凍液が最も凍結しにくいときの混合割合として，適切なものは次のうちどれか。

(1) 15%
(2) 30%
(3) 60%
(4) 90%

No. 3

可変バルブ・タイミング機構に関する次の文章の（　）に当てはまるものとして，下の組み合わせのうち適切なものはどれか。

可変バルブ・タイミング機構は，（ イ ）側カムシャフトに設けられ，（ ロ ）によってカムの（ ハ ）を替えてバルブの開閉時期を調整している。

	（イ）	（ロ）	（ハ）
(1)	インレット	油圧制御	位相
(2)	インレット	電子制御	電圧
(3)	エキゾースト	油圧制御	回転
(4)	エキゾースト	機械制御	角度

No. 4 出るヨ

電子制御式燃料噴射装置に使用しているインジェクタの，ニードル・バルブの作動遅れとなる原因として，適切なものは次のうちどれか。

(1) フューエル・フィルタの目詰まり。

(2) プレッシャ・レギュレータの圧力が高い。

(3) フューエル・ポンプの吐出圧力が低い。

(4) バッテリ電圧が低い。

No. 5 出るヨ

オフセット・ピストンに関する記述として，適切なものは次のうちどれか。

(1) 燃焼時の気密性を向上させる。

(2) ピストンの打音（スラップ音）を防ぐ。

(3) ピストリング溝を浅くして，オイル上がりを防ぐ。

(4) ピストン・スカート部の肉厚を薄くして，軽量化している。

問題

半導体に関する記述として，不適切なものは次のうちどれか。

(1) トランジスタは，小さな信号を大きな信号に増幅する特性をもっている。

(2) ツェナ・ダイオードは，一方向にしか電流を流さない特性をもっているため，全波整流回路に用いられる。

(3) ホト・トランジスタは，トランジスタに光が当たると作動する。

(4) IC（集積回路）とは，多くのトランジスタやダイオード等を1個のケースに集積したものである。

No. 7 出るヨ

電子制御装置の自己診断システムで，スロットル・ポジション・センサ系統の点検として，不適切なものは次のうちどれか。

(1) スロットル・ポジション・センサのコネクタを外して，コントロール・ユニットの電源端子の電圧を測定する。

⑵ コントロール・ユニットとスロットル・ポジション・センサのコネクタを外し，ハーネスの導通を測定する。

⑶ スロットル・ポジション・センサのコネクタを外し，センサの抵抗値を測定する。

⑷ スロットル・ポジション・センサのコネクタを外し，センサの波形を観測する。

No. 8 出るヨ

スタータの絶縁抵抗測定に関する次の文章の（ ）に当てはまるものとして，適切なものは次のうちどれか。

スタータの絶縁抵抗を測定するときは，（　　）間をメガーで測定する。

⑴ アーマチュア・コアとコンミュテータ

⑵ アーマチュア・コイルとポール・コア

⑶ アーマチュア・コアとブラシ

⑷ アーマチュア・コイルとフィールド・コイル

No. 9 出るヨ

次の文章の（ ）に当てはまるものとして，下の組み合わせのうち，適切なものはどれか。

中性点ダイオード付オルタネータの回転数が約（ イ ）[min^{-1}] の高速回転になると，出力が（ ロ ）%向上します。

	（イ）	（ロ）
⑴	2,000	5～10
⑵	5,000	10～15
⑶	3,000	15～20
⑷	5,000	20～25

No. 10 出るヨ

EGR 装置に関する記述として，適切なものは次のうちどれか。

⑴ 排気ガスの一部を吸入混合気に混合させて，燃焼時の最高温度を下げて

HC を低減させる。

⑵　吸入ガスの一部を排出して，燃焼時の最高温度を下げて HC を低減させる。

⑶　排気ガスの一部を吸入混合気に混合させて，燃焼時の最高温度を下げて NOx を低減させる。

⑷　吸入ガスの一部を排出して，燃焼時の最高温度を下げて NOx を低減させる。

No. 11　出るヨ

図に示すオルタネータの回路において，次の文章の（　）に当てはまるものとして，次の組み合わせのうち，適切なものはどれか。

図の a，b，c のダイオードの点検で，サーキット・テスタのテスト棒を（ イ ）に接続したときに抵抗値が約 0 Ω（オーム）を示し，テスト棒の極性を逆にして測定したときも約 0 Ω でした。このとき（ ロ ）と判断できる。

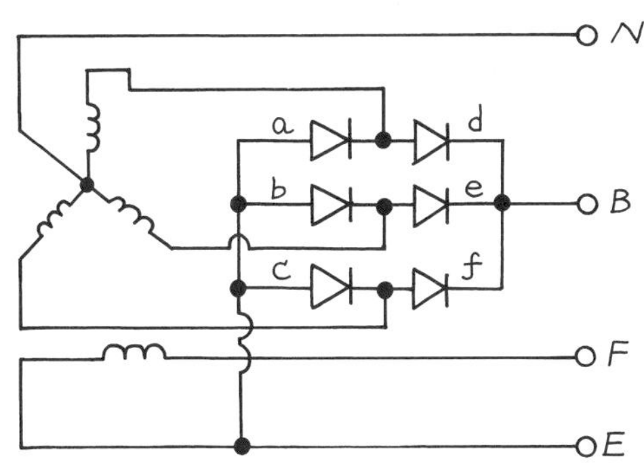

	（イ）	（ロ）
⑴	E 端子と B 端子	正常
⑵	E 端子と N 端子	短絡
⑶	E 端子と F 端子	正常
⑷	E 端子と B 端子	断線

No. 12 出るヨ

電子制御式燃料噴射装置における燃料噴射量の制御に関する記述として，適切なものは次のうちどれか。

(1) インジェクタのソレノイド・コイルへの通電時間を制御する。
(2) インジェクタのニードル・バルブの噴射穴を制御する。
(3) インジェクタのニードル・バルブのストロークを制御する。
(4) インジェクタに加わっている燃料圧力を制御する。

No. 13 出るヨ

アイドル回転速度制御装置のステップ・モータ式に関する次の文章の（　）に当てはまるものとして，下の組み合わせのうち適切なものはどれか。

ステップ・モータ式ISCVは，ステータ・コイルの（ イ ）とロータの永久磁石がN極とS極は引き合い，N極とN極，S極とS極は（ ロ ）し合うことでバルブ・シャフトが回転し，軸方向に移動して空気量を制御する。

	(イ)	(ロ)
(1)	電磁石	反発
(2)	電磁石	吸引
(3)	永久磁石	反発
(4)	永久磁石	吸引

No. 14 出るヨ

次の図に示す警報装置の作動の説明として，適切なものは次のうちどれか。

ただし，リレーAの接点は常時開，リレーBの接点は常時閉とします。

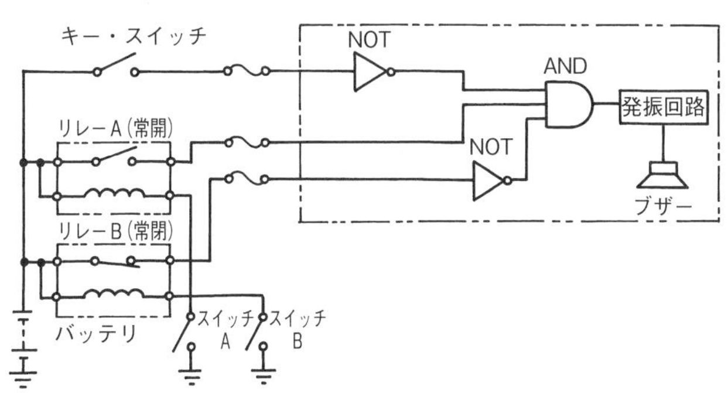

(1) キー・スイッチをOFF，スイッチAをOFF，スイッチBをOFFにするときブザーは鳴らない。

(2) キー・スイッチをON，スイッチAをON，スイッチBをONにするときブザーは鳴る。

(3) キー・スイッチをON，スイッチAをON，スイッチBをOFFにするときブザーは鳴る。

(4) キー・スイッチをOFF，スイッチAをON，スイッチBをONにするときブザーは鳴らない。

No. 15 出るヨ

スロットル・バルブ開度制御に関する次の文章の（　）に当てはまるものとして，下の組み合わせのうち適切なものはどれか。

通常モードのスロットル・バルブ開度制御は，アクセル・ペダルの踏み込み量が少ないときは非常に（ イ ），踏み込み量が約（ ロ ）を超えたあたりから急激に大きくなるように制御する。

	(イ)	(ロ)
(1)	小さく	30%
(2)	小さく	60%
(3)	大きく	20%
(4)	大きく	40%

No. 16

図のような特性を持つトルク・コンバータにおいて，ポンプ軸が回転速度2,400［min^{-1}］，トルク120［N·m］，タービン軸が回転速度720［min^{-1}］で回転するときの記述として，不適切なものは次のうちどれか。

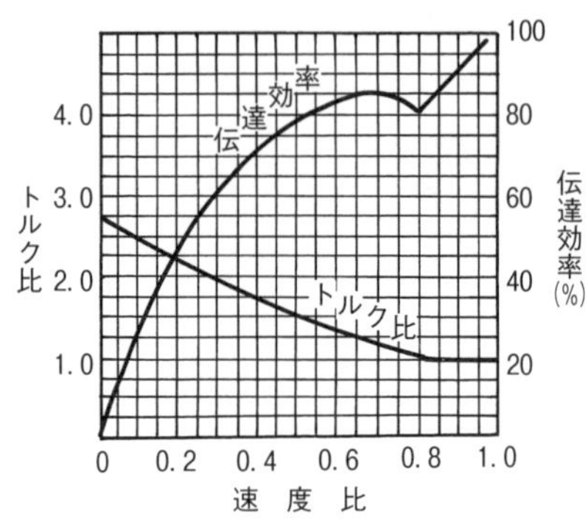

(1)　速度比は，0.3である。
(2)　トルク比は，2.0である。
(3)　伝達効率は，60%である。
(4)　タービンのトルクは，36［N·m］である。

No. 17

油圧式クラッチで「クラッチの切れが悪い」という故障原因として，不適切なものは次のうちどれか。

(1)　油圧系統にエアが混入している。
(2)　クラッチ・ディスクの振れが大き過ぎる。
(3)　クラッチ・スプリングが破損している。
(4)　クラッチ・ペダルの遊びが大き過ぎる。

No. 18

ユニバーサル・ジョイントのフック・ジョイントに関する記述として，適切なものは次のうちどれか。

(1)　駆動軸と受動軸のなす角度が大きいほど，動力の伝達効率がよい。

⑵ インナ・レース，アウタ・レース，ボールが使われている。

⑶ FF（フロント・エンジン，フロント・ドライブ）式自動車に適している。

⑷ ある角度をもった駆動軸と受動軸の間には不等速性がある。

No. 19 出るヨ

次の文章の（　）に当てはまるものとして，適切なものは次のうちどれか。

自動車が旋回しているときに，コーナリング・フォースとスリップ・アングルが比例して増加する範囲は，スリップ・アングルが（　　）以下の範囲である。

⑴ 約2°

⑵ 約5°

⑶ 約7°

⑷ 約10°

No. 20 出るヨ

摩擦式自動差動制限型ディファレンシャルの機能として，適切なものは次のうちどれか。

⑴ 左右の駆動輪に回転速度差が生じたときに，高速回転側から低速回転側に駆動力を伝える。

⑵ 左右の駆動輪に回転速度差が生じたときに，低速回転側から高速回転側に駆動力を伝える。

⑶ 左右の駆動輪に回転速度差が生じる前に，高速回転側から低速回転側に駆動力を伝える。

⑷ 左右の駆動輪に回転速度差が生じる前に，低速回転側から高速回転側に駆動力を伝える。

No. 21 出るヨ

油圧式パワー・ステアリングに関する次の文章の（　）に当てはまる

ものとして，下の組み合わせのうち適切なものはどれか。

図に示すインテグラル型パワー・ステアリングは，ハンドルを回すとタイヤと路面との摩擦抵抗が操舵力より大きいと（ イ ）がねじられ，これによってスリーブと（ ロ ）で構成されるロータリ・バルブに変化が生じて，オイル・ポンプからの油圧がパワー・ピストンに作用してセクタ・シャフトを回転させる。

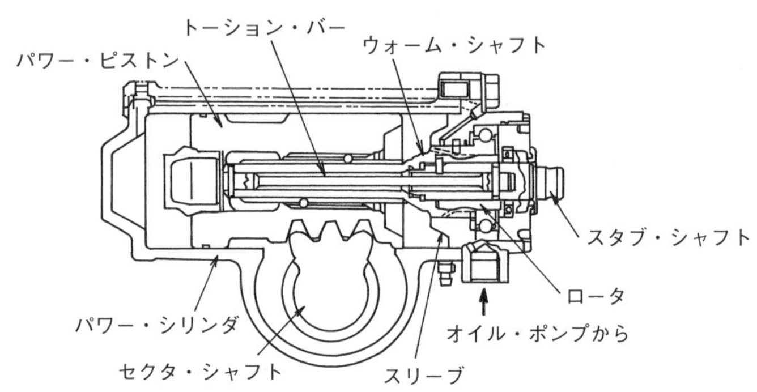

	（イ）	（ロ）
(1)	トーション・バー	スタブ・シャフト
(2)	ウォーム・シャフト	スタブ・シャフト
(3)	トーション・バー	スプール・バルブ
(4)	ウォーム・シャフト	スプール・バルブ

No. 22 出るヨ

電子制御式サスペンションに関する次の文章の（ ）に当てはまる物として，下の組み合わせのうち適切なものはどれか。

ショック・アブソーバの減衰力を走行状態によって自動的に切り替えるときは，ロータリ・バルブを回転させて（ イ ）を変え，オイルの通過量を調整します。一般に，通常走行時の減衰力は（ ロ ）に，高速時，制動時には（ ハ ）に設定します。

	（イ）	（ロ）	（ハ）
(1)	オリフィス	低め	高め

⑵ オリフィス　高め　低め
⑶ 油圧　低め　高め
⑷ 油圧　高め　低め

No. 23 出るヨ

自動車を高速走行させたときにタイヤ接地面の後部が波を打つ現象として，適切なものは次のうちどれか。

⑴ スタティック・バランス
⑵ ダイナミック・バランス
⑶ ハイドロプレーニング
⑷ スタンディング・ウェーブ

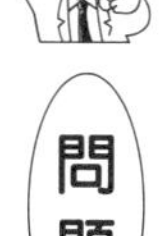

No. 24 出るヨ

タイヤの走行音に関する記述として，適切なものは次のうちどれか。

⑴ 自動車が路面を走行したとき，トレッドのパターン溝に空気が出入りしたときに発生する音をパターン・ノイズという。
⑵ 凹凸の多い路面を走行したときに発生する「ゴー」という音をハーシュネスという。
⑶ 道路の継ぎ目や段差などを通過したときに発生するショック音をスキールという。
⑷ 急旋回や急制動によって路面上をタイヤが滑るときに発生する音をロード・ノイズという。

問題

No. 25 出るヨ

一体型真空式制動倍力装置において，ブレーキ・ペダルを踏み込み始めたときの記述として，適切なものは次のうちどれか。

⑴ バキューム・バルブとエア・バルブは共に開いている。
⑵ バキューム・バルブとエア・バルブは共に閉じている。
⑶ バキューム・バルブは開いて，エア・バルブは閉じている。
⑷ バキューム・バルブは閉じて，エア・バルブは開いている。

No. 26

出るヨ

ブレーキのベーパ・ロックに関する記述として，不適切なものは次のうちどれか。

⑴　ブレーキ液の沸点が低いほど，ベーパ・ロックを発生しやすい。

⑵　ブレーキ液の沸点は，水分が吸収されるほど高くなる。

⑶　ブレーキ液の使用期間が長くなるほど，ベーパ・ロックの発生原因は多くなる。

⑷　ブレーキ液の定期的交換は，ベーパ・ロック発生率を少なくする。

No. 27

出るヨ

電子制御式アンチロック・ブレーキ・システムの油圧制御サイクルに関する次の文章の（　）に当てはまるものとして，下の組み合わせのうち適切なものはどれか。

ブレーキ・ペダルを踏み込んでブレーキ油圧の（ イ ）を続けると車輪速度が低下し，車輪速度と実車体速度との差が大きくなって車輪減速度が設定値より低くなると（ ロ ）する。さらに，車輪速度が減速するとブレーキ油圧を（ ハ ）して車輪がロックしないように制御する。

	(イ)	(ロ)	(ハ)
⑴	減圧	増圧	保持
⑵	増圧	減圧	保持
⑶	増圧	保持	減圧
⑷	保持	減圧	増圧

No. 28

出るヨ

完全充電された5時間率50［Ah］のバッテリに関する記述として，適切なものは次のうちどれか。

⑴　50［A］の電流を，連続5時間流すことができる。

⑵　50［A］の電流を，連続10時間流すことができる。

⑶　10［A］の電流を，連続5時間流すことができる。

⑷　5［A］の電流を，連続10時間流すことができる。

No. 29 出るヨ

バッテリの内部抵抗に関する記述として，適切なものは次のうちどれか。

12［V］のバッテリでエンジンをスタートしたときに，バッテリの電圧が9.6 V，流れた電流が250［A］のとき，バッテリの内部抵抗は（　　）である。

(1)　0.0096［Ω］

(2)　0.03［Ω］

(3)　0.96［Ω］

(4)　3.35［Ω］

次図に示す回路の合成抵抗として，適切なものは次のうちどれか。ただし，バッテリ及び配線等の抵抗はないものとします。

(1)　2.6［Ω］

(2)　3.6［Ω］

(3)　4.6［Ω］

(4)　5.6［Ω］

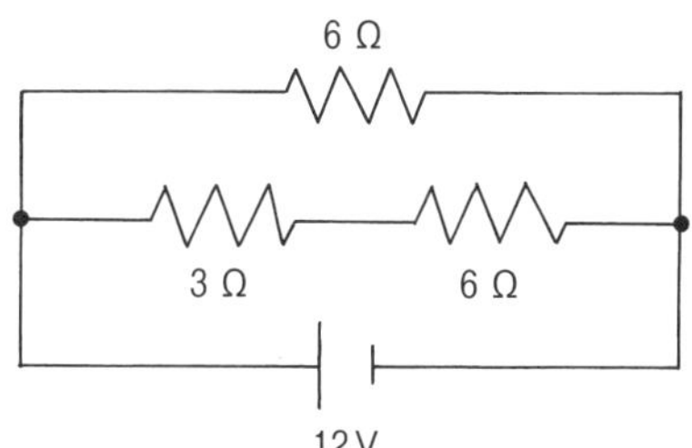

No. 31 出るヨ

エンジンの燃料消費率を表す単位として，適切なものは次のうちどれか。

(1)　g/kW·h（グラム毎キロワット・アワー）

(2)　m/s（メートル毎秒）

(3)　N/mm（ニュートン毎ミリメートル）

(4)　N·m（ニュートン・メートル）

第5回

No. 32 出るヨ

自動車に作用する空気抵抗に関する記述として，適切なものは次のうちどれか。

(1) 速度が2倍になると，空気抵抗は2分の1倍になる。
(2) 速度が2倍になると，空気抵抗は2倍になる。
(3) 速度が2倍になると，空気抵抗は4倍になる。
(4) 速度が2倍になると，空気抵抗は8倍になる。

No. 33 出るヨ

交差コイル式メータに関する次の文章の（　）に当てはまるものとして，下の組み合わせのうち適切なものはどれか。

交差コイル式メータは，マグネット式回転子の外側に二つのコイルを（ イ ）ずらして巻いてあり，コイルL_1とL_2に大きさと向きが車速に応じて（ ロ ）波形のように位相をずらした電流を流している。

	（イ）	（ロ）
(1)	30°	sin
(2)	45°	tan
(3)	60°	cos
(4)	90°	sin

No. 34 出るヨ

一定の速度で走行している自動車が300［m］の区間を15秒で通過したときのスピードメータの指針は75［km/h］を示していた。このとき自動車の実速度に対するスピードメータの誤差として，適切なものは次のうちどれか。ただし，少数点以下は切り捨てる。

(1) 2%
(2) 4%
(3) 6%
(4) 8%

No. 35 出るヨ

次の諸元を有する自動車の，前輪から車両の重心までの水平距離として，適切なものは次のうちどれか。

諸元

前軸荷重…………3,500［N］

後軸荷重…………6,500［N］

ホイールベース…2,000［mm］

(1) 1,100［mm］
(2) 1,200［mm］
(3) 1,300［mm］
(4) 1,400［mm］

No. 36 出るヨ

「道路運送車両法」に照らし，次の文章の（　）に当てはまるものとして，適切なものは次のうちどれか。

自動車分解整備事業を経営しようとする者は，自動車分解整備事業の種類及び分解整備を行う事業場ごとに，（　　）の認証を受けなければならない。

(1) 国土交通大臣
(2) 地方運輸局長
(3) 整備振興会長
(4) 知事

No. 37 出るヨ

「道路運送車両法施行規則」に照らし，分解整備に該当する作業として，適切なものは次のうちどれか。

(1) ブレーキ・ホースの脱着作業
(2) ステアリング・ホイールの脱着作業
(3) 原動機を取り外さないで行うシリンダ・ヘッドの交換作業
(4) 緩衝装置のコイル・スプリングの交換作業

No. 38

「道路運送車両法」及び「自動車点検基準」に照らし，点検整備記録簿の保存期間に関する記述として，適切なものはどれか。

⑴ 自動車運送事業用（貨物軽自動車運送事業を除く。）は，3年
⑵ 乗車定員11人以上の自家用自動車は，2年
⑶ 自家用乗用自動車は，2年
⑷ 車両総重量8トン以上の自家用自動車は，3年

No. 39

出るヨ

「道路運送車両の保安基準」及び「道路運送車両の保安基準の細目を定める告示」に照らし，次の文章の（　）に当てはまるものとして，下の組み合わせのうち適切なものはどれか。

自動車の方向指示器は，昼間にその前方及び後方（ イ ）から点灯を確認できるものであり，かつ，その照射光線は，他の交通を妨げないもので，毎分60回以上（ ロ ）以下の一定の周期で点滅するものである。

	（イ）	（ロ）
⑴	50 m	100回
⑵	100 m	120回
⑶	150 m	100回
⑷	200 m	120回

No. 40

出るヨ

「道路運送車両の保安基準」及び「道路運送車両の保安基準の細目を定める告示」に照らし，次の文章の（　）に当てはまるものとして，下の組み合わせのうち適切なものはどれか。

自動車に備える警音器の音の大きさは，自動車の前方（ イ ）の位置において112 dB以下（ ロ ）以上であること。

	（イ）	（ロ）
⑴	2 m	93 dB
⑵	2 m	90 dB

(3)　7 m　　93 dB

(4)　7 m　　90 dB

第5回テストの解答

No. 1 解答 (3)

覚える　O_2センサは排気ガス中の酸素量を検出する。

エンジン始動時の空燃比は小さく（濃く）固定されているので，O_2センサ不良になっても，始動困難となることはありません。制御系統では次の項目が推定できます。

① クランク角センサの不良
② バキューム・センサの不良
③ エア・フロー・メータの不良
④ アイドル・スピード・コントロール・バルブの不良
⑤ コントロール・ユニットの不良

Point
・機械系統と電子制御系統に分けて考える。

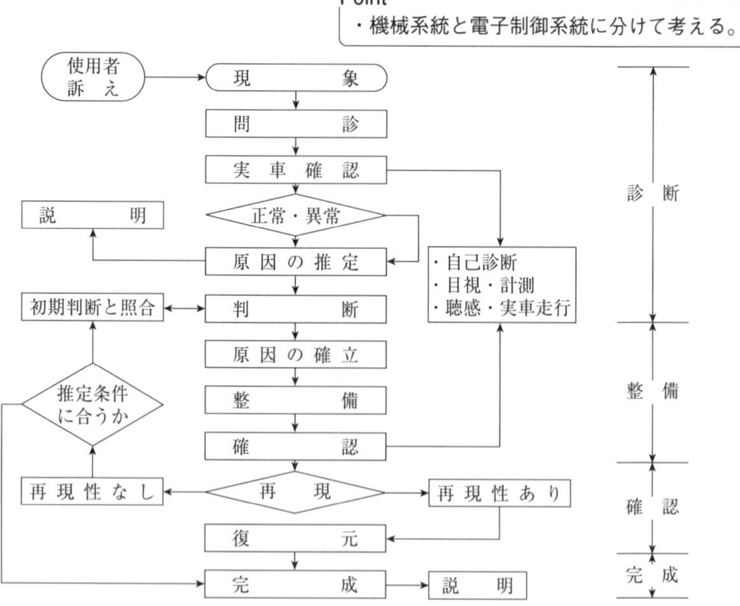

図5−1　故障診断のフローチャート

No. 2 解答 (3)

覚える 60%が最も凍結しにくい。

不凍液混合率が60%のとき，約−50℃まで凍結しない。この割合より低くなるほど，また高くなるほど凍結温度が高くなります。

不凍液には，冬期のみに使用が限定されているAF（アンチフリーズ）とLLC（ロング・ライフ・クーラント）があります。

不凍液の主成分は，エチレン・グリコールに数種類の添加剤を加えたものです。

Point
・不凍液混合率60%のとき，凍結温度が−50℃で最も低い温度である。

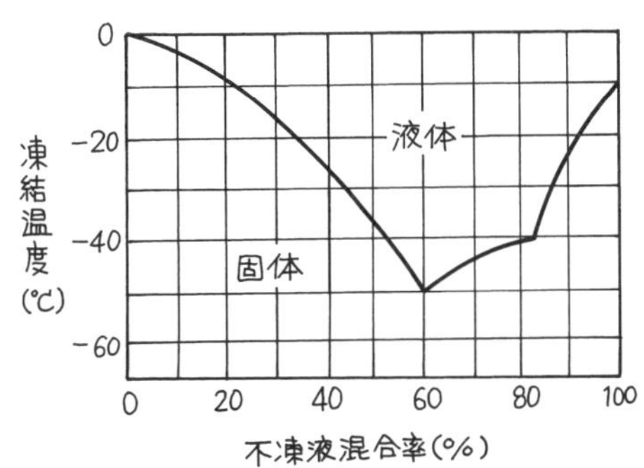

図5−2　不凍液混合率と凍結温度

No. 3 解答 (1)

覚える インレット・バルブの閉じる時期を決める。

可変バルブ・タイミング機構は，インレット側カムシャフトの一端に設けられ，回転速度によって油圧制御が作動して，インレット・バルブの閉じる時期を調整している。インレット・バルブの閉じる時期は，低速回転のときは速く(下死点後約32度)，高速回転のときは遅く（下死点後約72度）なる。

Point
・インレット・バルブの開いている角度は変わらないが，位相を変えている。

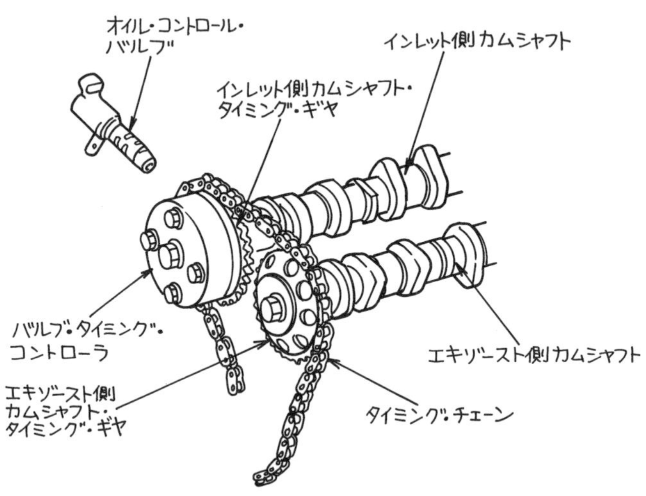

図 5—3　可変バルブ・タイミング機構

No. 4　**解答**　(4)

覚える　**バッテリ電圧が低いとニードル・バルブを開く時間が遅くなる。**

インジェクタのニードル・バルブは，ソレノイド・コイルに加える電圧が高いとバルブの開く時間は短くなります。バルブの閉じる時間はスプリングの強さによります。

ソレノイド・コイルに電流を流したとき，電圧が低いと作動時間が長くなる。

Point
・ニードル・バルブを開くときは，電磁コイルに電流を流して磁石の力でニードル・バルブを開いている。

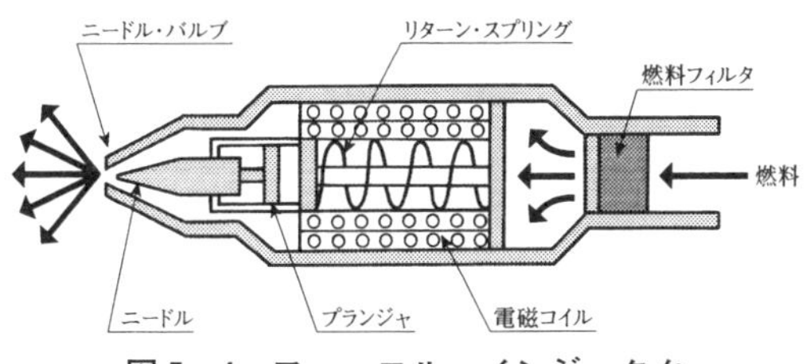

図5−4　フューエル・インジェクタ

No. 5 解答 (2)

覚える オフセットとは，中心線がずれていること。

オフセット・ピストンとは，図5−5のようにピストンの中心線とピストン・ピンの中心線が右又は左にずれていることをいう。

燃焼時のガス圧力は，コンロッドの方向（Fc）に働くと同時にシリンダの方向（Fn）にも働く。このFnはサイド・スラストといわれ，ピストンの打音（スラップ音）やシリンダの偏摩耗の原因になります。

Point
・オフセット・ピストンにすると，ピストンの打音（スラップ音）防止に役立つ。

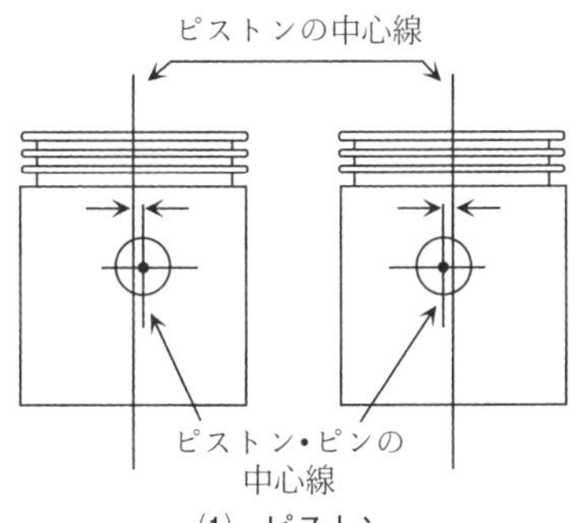

(1)　ピストン

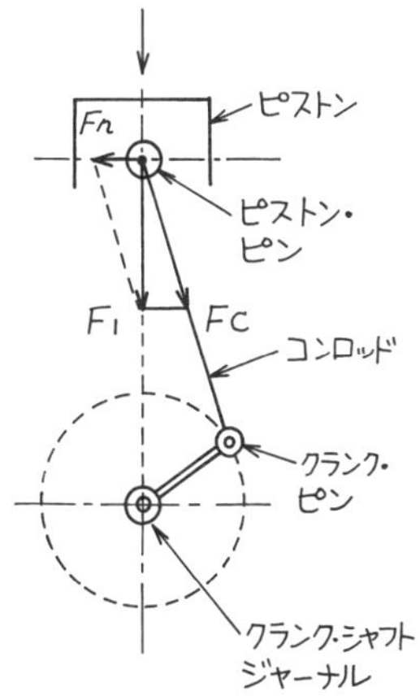

(2)　ピストンに働く力

図5−5　オフセット・ピストンと燃焼圧力のベクトル

No. 6 解答 (2)

覚える ツェナ・ダイオードは，条件によって逆方向にも電流が流れる。

(1) トランジスタは，流す電流を数倍～数百倍以上に増幅することができる。

(2) ツェナ・ダイオードは，一定の値に達すると逆方向に電流が流れる特性を持っているので，低電圧回路に用いられる。

(3) ホト・トランジスタに光が当たると，一般のトランジスタと同じように作動します。

(4) 1個のケースに，ダイオード，トランジスタ，抵抗など多くの部品を集積したもので，IC（集積回路：integrated circuit）といいます。

トランジスタ　ツェナ・ダイオード　ホト・トランジスタ　IC

図5−6　電子部品

No. 7 解答 (4)

覚える スロットル・ポジション・センサ系統の点検には，電源点検，回路点検，単体点検がある。

(1) 電源点検は，電圧計レンジでコントロール・ユニットの電源端子の電圧を測定する。

(2) 回路点検は，抵抗レンジでハーネスの導通を測定する。

(3) 単体点検は，抵抗レンジでセンサの抵抗値を測定する。

(4) スロットル・ポジション・センサは，スロットル・開度端子の抵抗値を測定する。

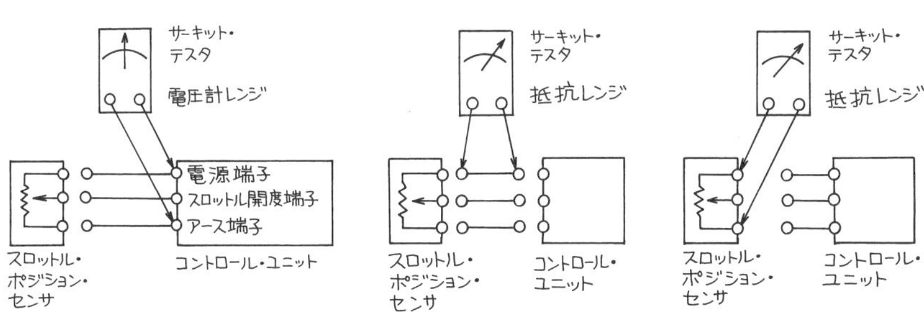

(1) 電源点検　(2) 回路点検　(3) 単体点検

図 5−7　スロットル・ポジション・センサ系統の点検

No. 8　解答　(1)

覚える　絶縁抵抗測定は，導通していない箇所を確認する測定である。

コンミュテータとアーマチュア・コアは絶縁されているので，絶縁抵抗値は数メグ・オームになります。コンミュテータとアーマチュア・コイルは接続されています。

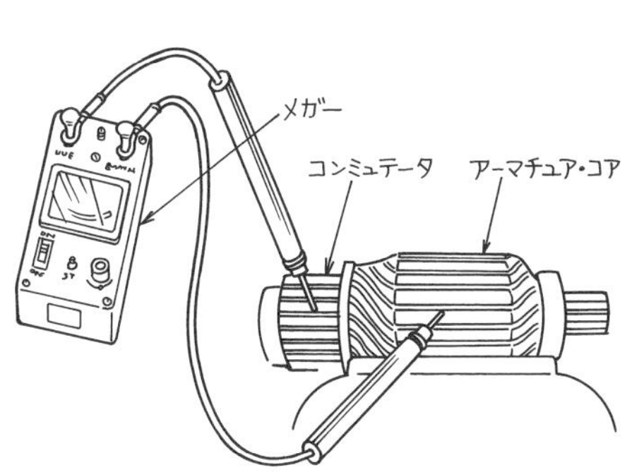

図 5−8　アーマチュアの絶縁点検

Point
- メガーを用いて絶縁点検するときは，高電圧が発生するので，注意を要する。
- メグ・オームの抵抗値を表示するときが正常です。

No. 9　解答　(2)

覚える　5,000 min^{-1} で 10〜15% 向上する。

中性点ダイオード付オルタネータは，オルタネータの回転数が約 2,000〜

3,000 min^{-1} を超えると，定格を超える出力が発生して出力に加算されます。約 5,000 min^{-1} のときには 10〜15% の出力向上となります。

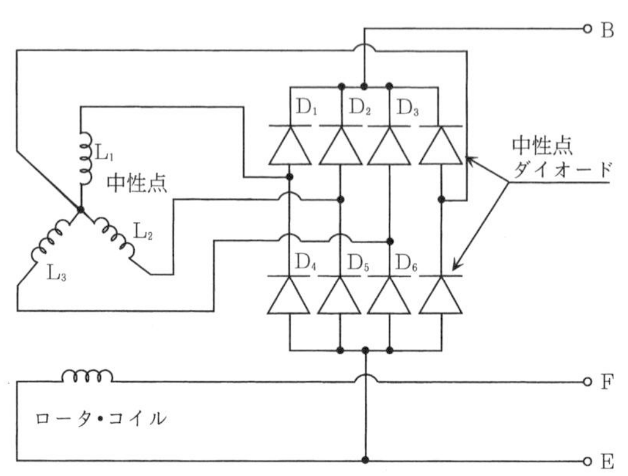

(1) 中性点ダイオード

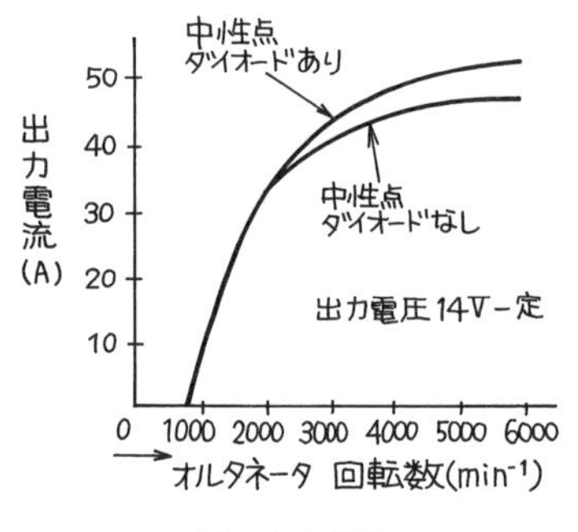

(2) 出力特性

Point
・約 2,000 回転を超えると，中性点電圧が大きくなって出力電流が多くなる。

図 5−9 中性点ダイオード付オルタネータ

No. 10 解答 (3)

覚える **EGR 装置は排気ガスを吸入混合気に混ぜて，燃焼時の最高温度を下げて NOx を少なくする。**

EGR（エキゾースト・ガス・リサーキュレーション）装置は，排気ガスの一部を吸入混合気に混入させ，燃焼時の最高温度を低くして NOx（窒素酸化物）を少なくする装置です。

Point
・排気ガス中の NO_x（窒素酸化物）を少なくするために，吸入混合気に排気ガスの一部を混入させて，燃焼時の最高温度を低下させている。

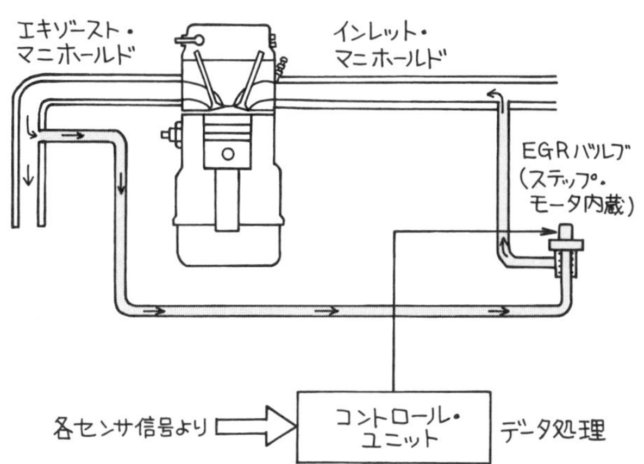

図5−10　電子制御式EGR装置

No. 11　解答　(2)

覚える　0Ωのときは短絡

ダイオードa，b，cが接続されているE端子とN端子の間をテスト棒で抵抗値を測定します。抵抗値が約0Ωのときは短絡，抵抗値が無限大のときは断線，抵抗値が表示目盛の約中間値のときは正常です。

Point
・約0Ω（オーム）の値になるときは，ショートになっている。

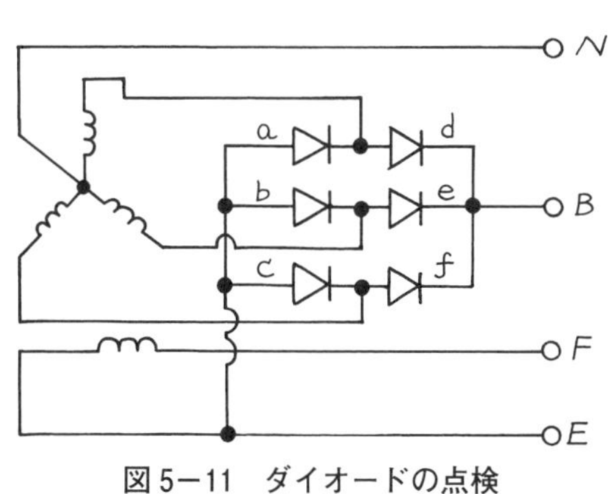

図5−11　ダイオードの点検

No. 12 **解答** (1)

覚える **燃料噴射量は，ソレノイド・コイルの通電時間で決まる。**

燃料噴射量は，ニードル・バルブの開いている時間が長くなると，その噴射量も多くなります。またニードル・バルブの開いている時間は，ソレノイド・コイルの通電時間によって決まります。

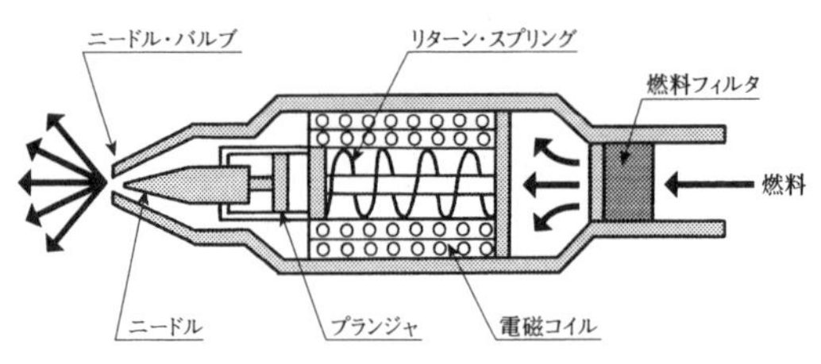

図5−12 インジェクタ

Point
・燃料には，常に一定の圧力が加わっているので，ニードル・バルブが開いている時間だけ燃料を噴射する。

No. 13 **解答** (1)

覚える **ステータ・コイルの電磁石とロータ・コイルの永久磁石の吸引と反発の釣り合っているところで停止する。**

ステップ・モータ式ISCV（アイドル・スピード・コントロール・バルブ）は，ボルトとナットの組み合わせのような関係になっており，図5−13のようにステータ・コイルの電磁石とロータ・コイルの永久磁石の吸引と反発によって，ロータが回転することでバルブ・シャフトも回転しながら軸方向に移動して，バルブを広くしたり狭くしたりして空気量を制御します。

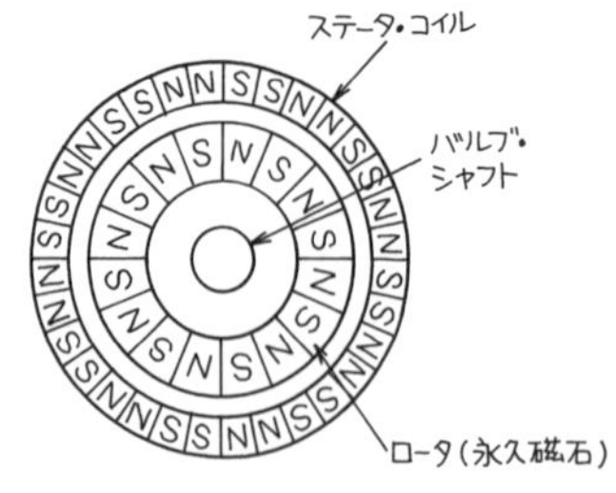

図5−13 ステップ・モータ式ISCV

Point
・ステータ・コイルに流す電流を制御してモータを回転させることで，バイパス通路を広くしたり，狭くしたりして空気量を制御する。

No. 14 解答 (1)

覚える AND 回路の入力をすべて“1”にするとブザーは鳴る。

ブザーを鳴らすには，

① キー・スイッチを OFF→NOT 1 の入力“0”→NOT 1 の出力“1”→AND 回路入力“1”

② スイッチ A を ON→リレー A が作動→AND 回路入力“1”

③ スイッチ B を ON→リレー B が作動→NOT 2 の入力“0”→NOT 2 の出力“1”→AND 回路入力“1”

Point
・論理回路の NOT と AND の真理値から求める。

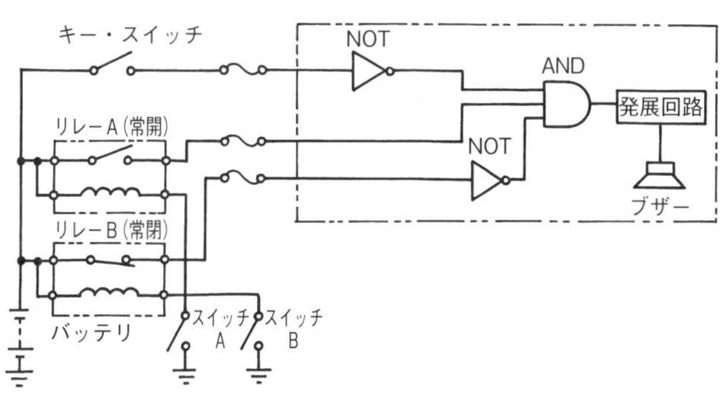

図 5−14 警報装置

No. 15 解答 (2)

覚える 踏み込み量と開度は比例しない。

スロットル・バルブの開度とアクセル・ペダルの踏み込み量は比例しない。通常モードは，踏み込み量が約 60% あたりから急に開度が大きくなる。また，スノー・モードは，通常モードよりも開度が小さい。

Point
・アクセル・ペダル踏み込み量とスロットル・バルブ開度は比例しない。

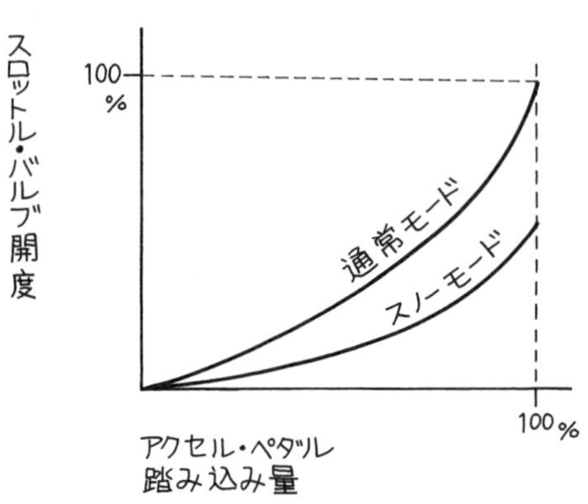

図5−15　スロットル・バルブ開度制御

No. 16　解答　(4)

覚える　タービンのトルク＝ポンプ軸トルク×トルク比

(1)　速度比 $= \dfrac{\text{タービン軸回転速度}}{\text{ポンプ軸回転速度}}$

$= \dfrac{720}{2,400}$

$= 0.3$

(2)　トルク比は図5−16の性能曲線より，速度比0.3の点とトルク比曲線の交点を左に移動した点2.0を読み取る。

(3)　伝達効率は，速度比0.3の点と伝達効率曲線を右に移動した点60（％）を読み取る。

(4)　トルク比 $= \dfrac{\text{タービン軸トルク}}{\text{ポンプ軸トルク}}$　より

タービン軸トルク＝トルク比×ポンプ軸トルク

$= 2.0 \times 120$ ［N･m］

$= 240$ ［N･m］

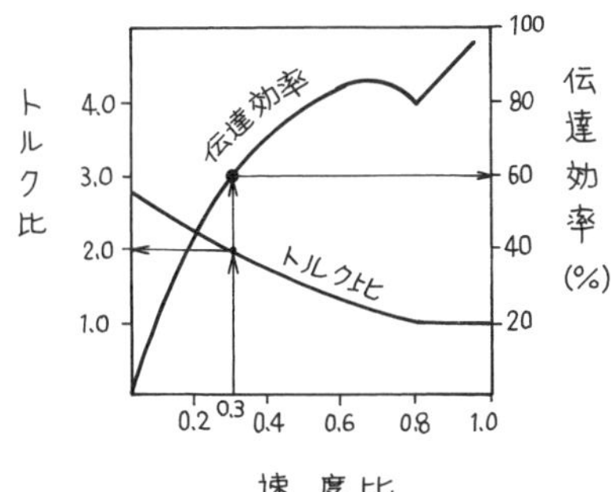

図 5−16　トルク・コンバータ特性曲線

No. 17　**解答**　(3)

覚える　**加圧力が弱くなると，クラッチが滑る原因となる。**

(1)　油圧系統にエアが混入すると，圧力が充分に伝わらなくなって，クラッチの切れが悪くなります。

(2)　クラッチの接続時にフライ・ホイールとクラッチ・ディスクの当たりが一様でなくなり，部分当たりになってジッダ（振動）を起こします。

(3)　クラッチ・スプリングが破損していると，プレッシャ・プレートの圧着力が低下して，滑りやすくなります。

(4)　クラッチ・ペダルの遊びが大き過ぎると，レリーズ・ベアリングがダイヤフラム・スプリング又はレリーズ・レバーを押すストロークが短くなり，切れが悪くなります。

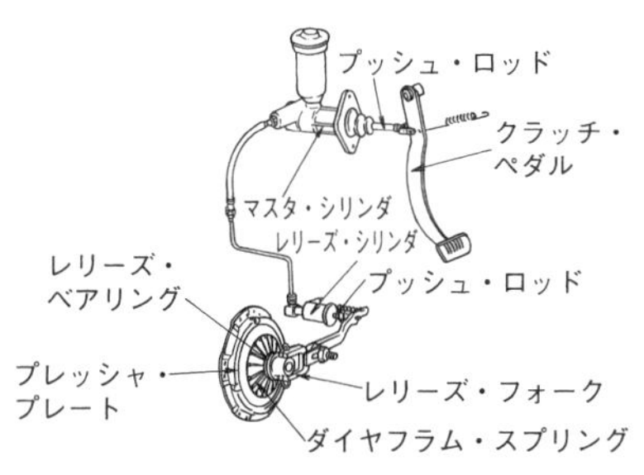

図 5−17　油圧式クラッチ

Point

・油圧式クラッチは，クラッチ・ペダルを踏む機械的エネルギーを油圧エネルギーに変換して，ホイール・シリンダで再び機械的エネルギーに変換する。

No. 18 解答 (4)

覚える ある角度を持った受動軸は，不等速になる。

(1) ジョイントの駆動軸と受動軸のなす角度が大きくなるほど，動力の伝達効率は悪くなります。

(2) インナ・レース，アウタ・レース，ボールなどで構成されているものは，バーフィールド型ジョイントです。

(3) FR（フロント・エンジン，リヤ・ドライブ）式に適しています。

(4) 駆動軸の回転は等速でも，ある角度を持った受動軸は360° 回転する間に，増速する角度と減速する角度が起きますので，不等速になります。

Point
・駆動軸と受動軸のなす角度は 18° 以内にする。

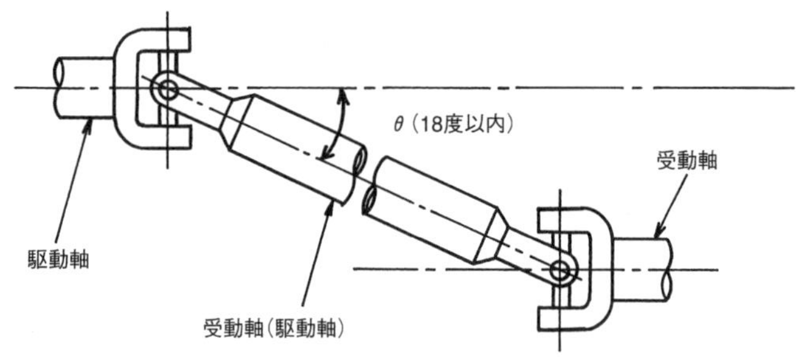

図 5−18 フック・ジョイント

No. 19 解答 (2)

覚える 約 5° 以下は比例している。

コーナリング・フォースとは，自動車が旋回するとき遠心力によって横滑りをしようとする力に対して，路面からタイヤに対して滑らないように作用する力をいいます。

スリップ・アングルとは，「横滑り角」のことで，ホイールの進行方向とホイールの回転方向のなす角度をいいます。

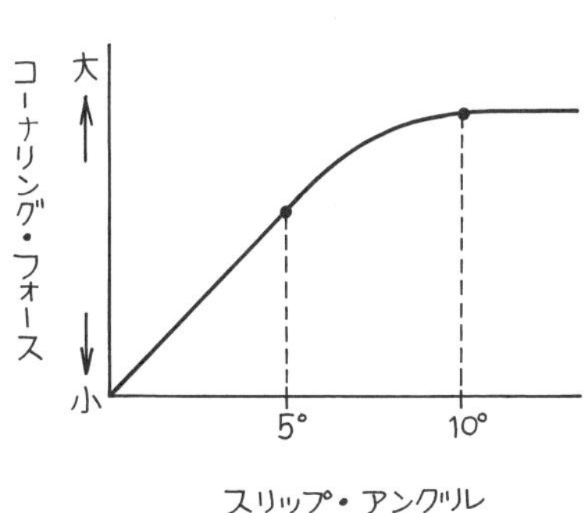

Point
- スリップ・アングルが5°以下のときはスリップが少なく，操舵機能が高い。
- スリップ・アングルが10°以上になると横滑りが多くなって，操舵機能が低くなる。

図5−19 スリップ・アングルとコーナリング・フォース

No. 20 解答 (1)

覚える 高速回転側から低速回転側に伝える。

摩擦式自動差動制限型ディファレンシャルは，図のようにある条件で左側ホイールがスリップして右側ホイールより高速回転になったとき，ピニオンとディファレンシャル・ケース内周面に摩擦が発生して，高速回転側から低速回転側に大きな駆動力を伝えます。

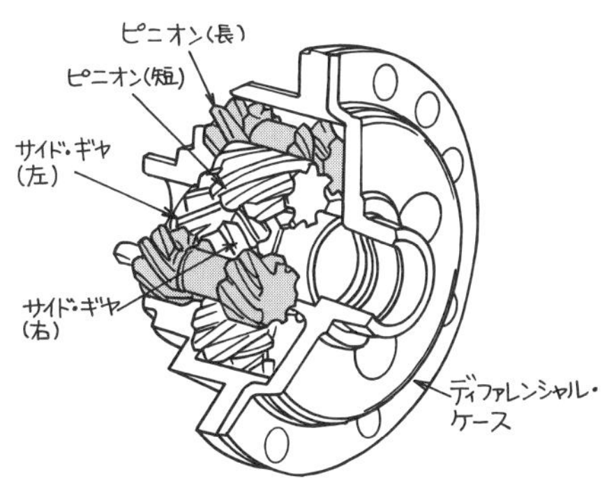

Point
- 右車輪がスリップしたとき，回転速度は右車輪は速く，左車輪は遅い。このときスリップしていない左車輪に大きなトルクが伝わるように働く装置。

図5−20 摩擦式自動差動制限型ディファレンシャル

No. 21 解答 (3)

覚える トーション・バーがねじられるとバルブが開く。

ハンドルを回したとき，タイヤと路面の摩擦抵抗が操舵力より大きいとトーション・バーがねじられ，これによってスリーブとスプール・バルブで構成されたロータリ・バルブが開いて，オイル・ポンプから送られてくる油圧でパワー・ピストンを押してハンドル操作を軽くします。

Point
・ハンドルを回したときにバルブが開いて，オイルが送られるので，操舵力が軽くなる。

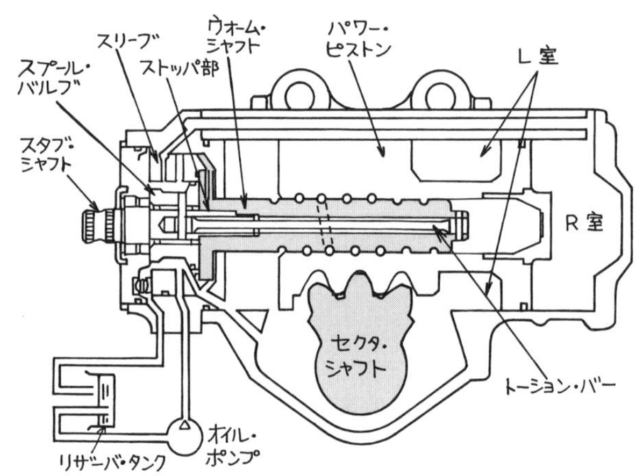

図5―21　油圧式パワー・ステアリング

No. 22 解答 (1)

覚える オリフィスを変える。

オリフィスとは，油の通る小さな穴をいいます。

走行状態によってショック・アブソーバの減衰力を調整するときは，コントロール・ユニットからの信号でコントロール・アクチュエータを回して，コントロール・バルブ（穴の大きさの違ったオリフィス）を調整して，オイルの通過量を変えます。

Point
・断面A－A′，断面B－B′，断面C－C′は，３種類のオリフィスを表わす。
・オリフィスを大きくすると，オイルの通過量が多くなって減衰力は低くなる。

	断面A－A′	断面B－B′	断面C－C′
オイル 通過量大 (減衰力低め)	オリフィス開	オリフィス開 (径大)	オリフィス開
オイル 通過量小 (減衰力高め)	オリフィス開	オリフィス開 (径小)	オリフィス開

図５−22　ショック・アブソーバのオリフィス

解答

No. 23　**解答**　(4)

覚える　波打ち現象は，スタンディング・ウェーブ

(1)　スタティック・バランスは，ホイールを自由にしたときのバランスをいいます。

(2)　ダイナミック・バランスは，ホイールを回転させたときのバランスをいいます。

(3)　ハイドロプレーニングは，水の溜まっている道路を高速で走行したとき，ハンドル操作がきかない状態をいいます。

(4)　スタンディング・ウェーブは，高速走行したときに起きるタイヤの変形をいいます。

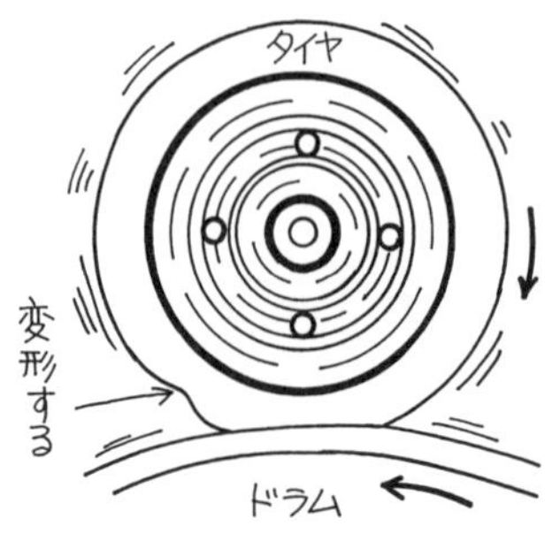

Point
・スタンディング・ウェーブは，高速走行になるほど，また空気圧が低いほど発生しやすい。

図 5−23　スタンディング・ウェーブ

No. 24　解答　(1)

覚える　パターン・ノイズは，トレッド・ノイズともいう。

(1)　パターン・ノイズとは，高速走行によってトレッドのパターン溝に激しく空気が出入りすることによって発生する音をいいます。

(2)　ハーシュネスとは，道路の継ぎ目や段差などを通過したときに発生するショック音をいいます。

(3)　スキールとは，急制動，急発進，急旋回したときに路面上をタイヤが滑ることによって発生する音をいいます。

(4)　ロード・ノイズとは，凹凸の多い路面を走行したときにタイヤとトレッドの振動によって発生する音をいいます。

No. 25　解答　(2)

覚える　ブレーキを踏み始めたときは，共に閉まっている。

ブレーキ・ペダルを踏み始めると，バルブ・オペレーティング・ロッドを介してバルブ・プランジャを左側に押すので，バキューム・バルブが閉じられる。このとき，エア・バルブは閉じている。

Point
・バキューム・バルブとエア・バルブ共に閉じている。

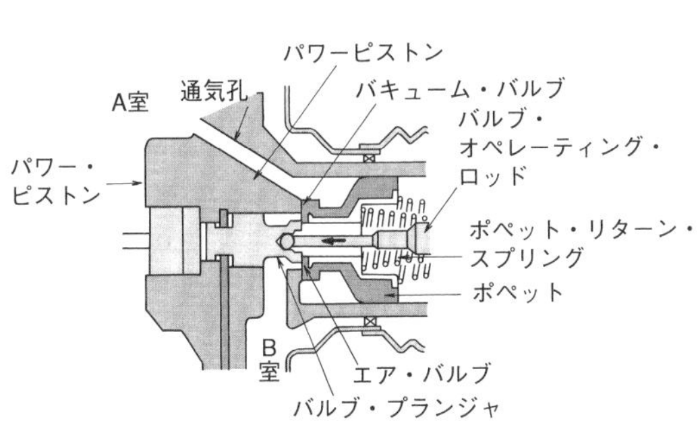

図 5−24　一体型真空式制動倍力装置ブレーキ・ペダルを踏み込み始めたとき

No. 26　**解答**　(2)

覚える　**水分が多くなるほど沸点は低くなる。**

(1)　沸点が低いと，低い熱でブレーキ液が沸騰して気泡を発生し，ベーパ・ロック現象になります。

(2)　ブレーキ液は，水分が多くなるほど沸点が低くなります。

(3)　ブレーキ液の使用期間が長くなると，吸収する水分が多くなるので沸点が低くなり，ベーパ・ロック現象の発生原因も多くなります。

(4)　ブレーキ液を定期的に新品と交換すると，水分吸収量が少なくなり，ベーパ・ロック現象の発生原因が少なくなります。

No. 27　**解答**　(3)

覚える　**増圧→保持→減圧を繰り返す。**

ブレーキ・ペダルを踏みこむと，ホイールシリンダに掛かるブレーキ油圧は増圧され車輪速度は減速し，設定値よりも低くなるとブレーキ油圧を保持します。さらに，車輪速度が減速すると，ブレーキ油圧を減圧にして車輪がロックしないように制御します。このように，増圧，保持，減圧を繰り返して制御します。

Point
・油圧信号は，増圧，保持，減圧を調整して車輪がロックしないようにしている。

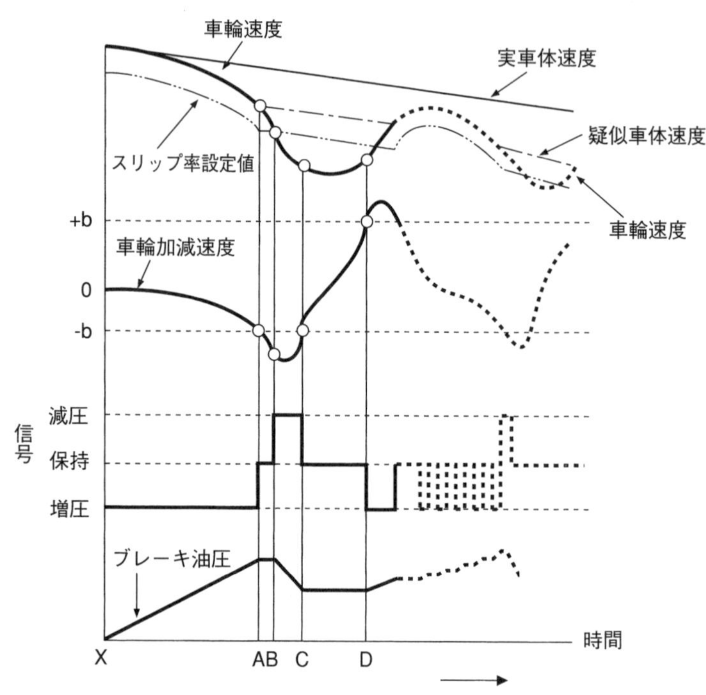

図5−25 アンチロック・ブレーキ・システムの油圧制御サイクル

No. 28 **解答** (3)

覚える $\dfrac{50\ [\mathrm{Ah}]}{5\ [\mathrm{h}]}=10\ [\mathrm{A}]$

5時間率50［Ah］のバッテリは，$\dfrac{50}{5}=10$になり，10［A］の電流を連続5時間流すことができます。

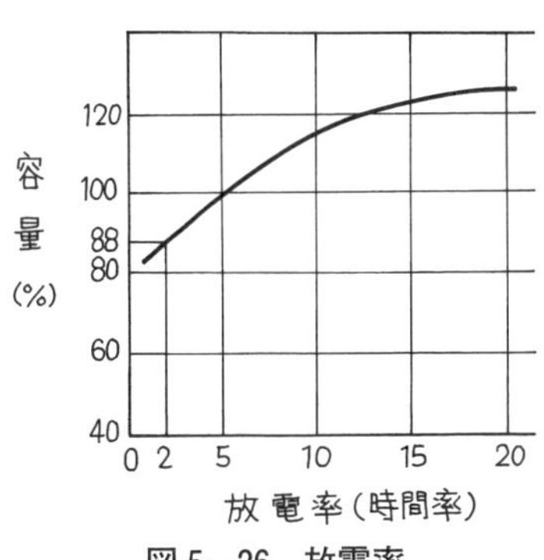

図5−26　放電率

Point
・5時間放電率は，5時間連続同じ電流を流し続けることのできる容量をいいます。

No. 29 **解答** (1)

覚える バッテリの内部抵抗値は大変小さい。

バッテリの電圧降下を求め，次にオームの法則を用いて抵抗値を求めます。

バッテリの電圧降下　　12 [V] − 9.6 [V] = 2.4 [V]

オームの法則　　$R = \frac{V}{I}$　より

$$R = \frac{2.4\ [\mathrm{V}]}{250\ [\mathrm{A}]}$$

$$= 0.0096\ [\Omega]$$

Point
・電圧降下とオームの法則を使って計算する。
・内部抵抗値は大変小さい。

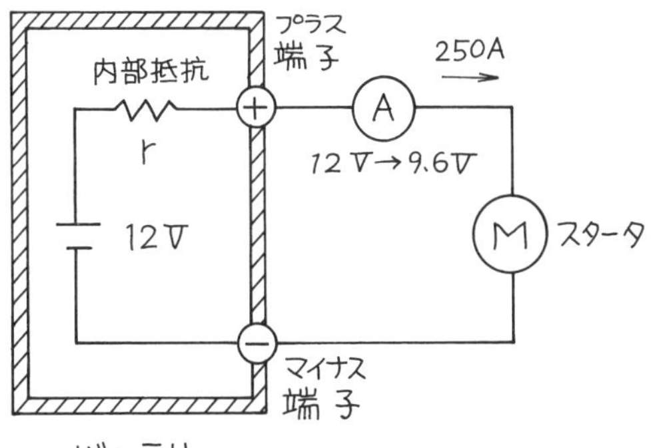

図5−27　バッテリの内部抵抗

No. 30 **解答** (2)

覚える **直列接続の合成抵抗を求めてから，並列接続の合成抵抗を求める。**

合成抵抗は，オームの法則を用いる。

直列接続の合成抵抗 R_A は，

$$R_A = 3\ [\Omega] + 6\ [\Omega] = 9\ [\Omega]$$

並列接続の合成抵抗 R は，

$$R = \frac{1}{\frac{1}{6} + \frac{1}{R_A}}$$

$$= \frac{1}{\frac{1}{6} + \frac{1}{9}}$$

$$= \frac{1}{\frac{1 \times 9}{6 \times 9} + \frac{1 \times 6}{9 \times 6}}$$

$$= \frac{1}{\frac{9}{54} + \frac{6}{54}}$$

$$= \frac{1}{\frac{9+6}{54}}$$

$$= \frac{1}{\frac{15}{54}}$$

$$= \frac{54}{15}$$

$$= 3.6\ [\Omega]$$

Point
- 最初に3［Ω］と6［Ω］の直列合成抵抗を求める。
- 次に6［Ω］と直列合成抵抗の9［Ω］から，並列合成抵抗を求める。

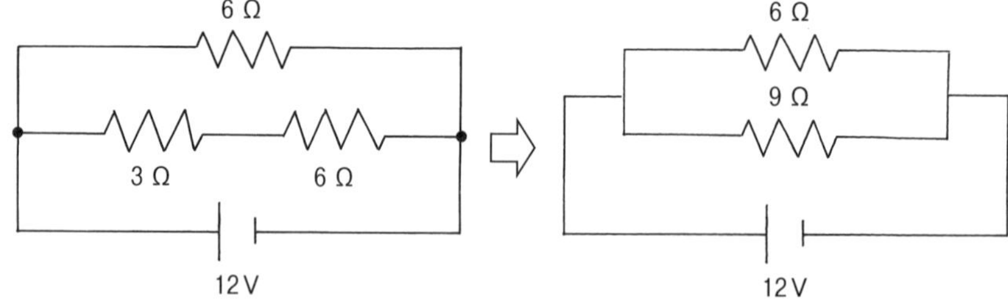

図5－28　合成抵抗の計算

No. 31 解答 (1)

覚える 燃料の消費量を重さ（g：グラム）で表す。

(1) g/kW·h（グラム毎キロワット・アワー）は，燃料消費率を表す。

(2) m/s（メートル毎秒）は，1秒間に1m進む速度を表す。

(3) N/mm（ニュートン毎ミリメートル）は，ばね定数を表す。

(4) N·m（ニュートン・メートル）は，トルクを表す。

No. 32 解答 (3)

覚える 空気抵抗は，速度の2乗に比例する。

自動車の空気抵抗は次の式で求める。

$$R = \frac{1}{2} C_D A V^2 \rho$$

R：空気抵抗

C_D：空気抵抗係数

A：全面投影面積

V^2：対気速度

ρ：空気密度

速度が2倍になると，V（対気速度）が2倍となり，$2^2 = 4$ 倍となる。

Point
・車体には，抗力，揚力，ピッチング・モーメントが作用する。

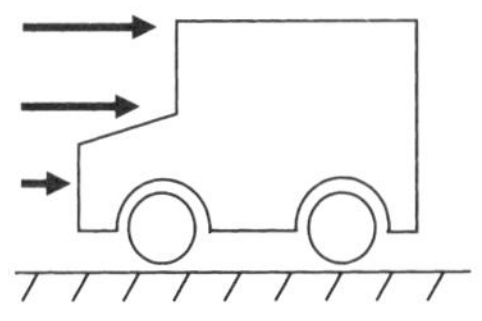

自動車の種類	空気抵抗係数
乗用車	0.29～0.40
トラック	0.40～0.60
バス	0.50～0.80
二輪車	0.60～0.90

図5－29 空気抵抗

No. 33 解答 (4)

覚える 二つのコイルは，90° ずらして巻いている。

マグネット式回転子の外側に二つのコイルを 90° ずらして巻き，コイル L_1 と L_2 に，スピードに応じて大きさと方向の違う sin 波形のように変化する電流を流している。

> Point
> ・コイル L_1 とコイル L_2 は 90° 巻き方向をずらしている。

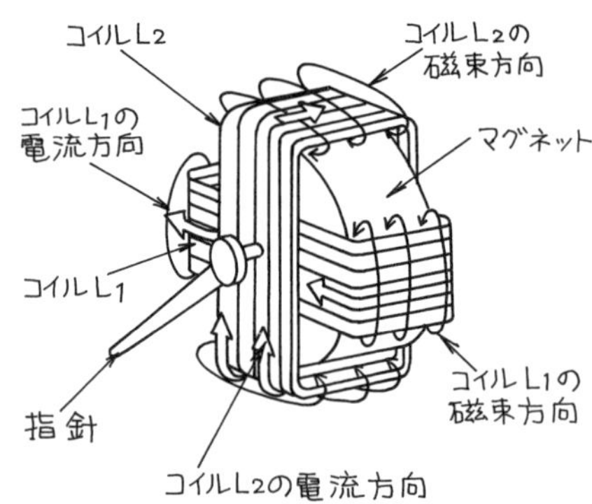

図 5−30　交差コイル式メータ

No. 34 解答 (2)

覚える 秒速を時速に変換します。

15 秒間走行したときの時速を求めると

$$\text{実際の速度} = \frac{300\ \text{m}}{15\ \text{秒}} \times 3.6 = 72\ [\text{km/h}]$$

＊　$3.6 = \dfrac{60\ \text{分} \times 60\ \text{秒}}{1{,}000\ \text{m}}$（秒速を時速に変換）

スピードメータの誤差は，スピードメータの指針値と実際の速度の違いをパーセントで求める。

$$\text{スピードメータの誤差}\ [\%] = \frac{75-72}{72} \times 100 = 4.166\cdots$$

No. 35 解答 (3)

覚える 重心点を中心にすると，前輪と後輪は同じ重さになる。

重心点の荷重＝前荷重＋後荷重

＝3, 500［N］＋6, 500［N］

＝10, 000［N］

前輪を基準点にして，重心点の荷重と後輪の荷重を考えると

L［mm］×10, 000［N］＝2, 000［mm］×6, 500［N］

$$L\ [\mathrm{mm}] = \frac{2,000\ [\mathrm{mm}] \times 6,500\ [\mathrm{N}]}{10,000\ [\mathrm{N}]}$$

$$= \frac{13,000,000\ [\mathrm{N \cdot mm}]}{10,000\ [\mathrm{N}]}$$

$$= 1,300\ [\mathrm{mm}]$$

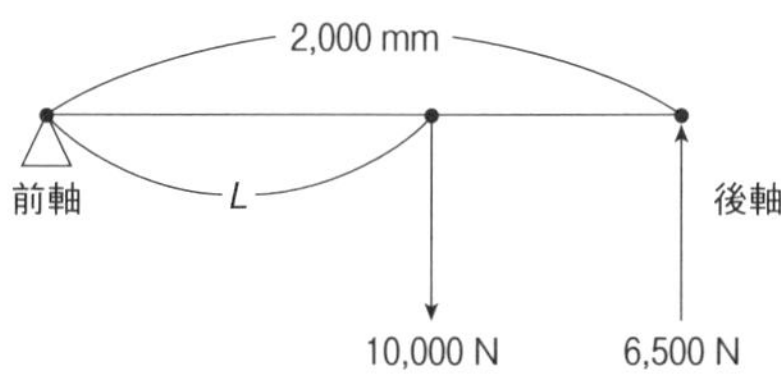

図 5－31　車両の重心までの水平距離

Point
・重心の重さは，前軸荷重と後軸荷重の和となる。

No. 36 解答 (2)

覚える 地方運輸局長の認証を受ける。

「道路運送車両法」第 78 条（認証）に「自動車分解整備事業を経営しようとする者は，自動車分解整備事業の種類及び分解整備を行う事業場ごとに，地方運輸局長の認証を受けなければならない。」となっています。

No. 37 解答 (1)

覚える 制動装置は分解整備に該当する。

「道路運送車両法施行規則」第 3 条（分解整備の定義）に「制動装置のマスタ・シリンダ，バルブ類，ホース，パイプ，倍力装置，ブレーキ・チャンバ，ブレーキ・ドラム，ディスク・ブレーキのキャリパを取り外し，又は二

輪の小型自動車のブレーキ・ライニングを交換するためにブレーキ・シューを取り外して行う自動車の整備又は改造」となっています。

No. 38 **解答** (3)

覚える **自家用乗用自動車，二輪自動車は2年，その他は1年**

「道路運送車両法」第48条（定期点検整備）及び「自動車点検基準」第4条（点検整備記録簿の記載事項等）に「点検整備記録簿の保存期間は，その記載の日から第2条第1号（事業用自動車等），第2号（被牽引自動車），第3号（自家用貨物自動車等）に掲げる自動車にあっては1年間，同条第4号（自家用乗用自動車等）及び第5号（二輪自動車）に掲げる自動車にあっては2年間とする。」となっています。

No. 39 **解答** (2)

覚える **点灯確認は100 m，点滅回数は60～120回（1秒に1～2回）**

「道路運送車両の保安基準」第41条（方向指示器）「細目を定める告示」第215条に，「方向指示器は，方向の指示を表示する方向100 mの位置から昼間において点灯を確認できるものであり，かつ，その照射光線は，他の交通を妨げないものであること。方向指示器は，毎分60回以上120回以下の一定の周期で点滅するものであること。」となっています。

No. 40 **解答** (3)

覚える **前方7 mで112 dB以下93 dB以上であること。**

「道路運送車両の保安基準」第43条（警音器）「細目を定める告示」第219条に，「警音器の音の大きさは，自動車の前方7 mの位置において112 dB以下93 dB以上であること。」となっています。

＊　模擬テストはいかがでしたか，やさしいと思われたら合格ラインをクリアしているかも，難しいと思われたらもう一度，模擬テストにチャレンジしてください。合格ラインは手の届くところにきています。（合格ラインは70点です。）

＊　試験直前の確認には，第２編「合格虎の巻」参考にして，１点でも多く取って合格ラインをクリアしましょう。

＊　もっと詳しく知って実力をアップしたい方は，「よくわかる　２級自動車整備士（ガソリン自動車）」（弘文社）を参考にして下さい。

特別編集

第2編

2級ガソリン自動車整備士 合格虎の巻

絞りに絞った最重要事項！

試験直前のまとめに最適！

1．エンジンのポイント

[1] 点火順序

① 点火順序が1−5−3−6−2−4の4サイクル直列6シリンダ・ガソリン・エンジンの吸入，圧縮，燃焼，排気の行程状態，バルブ・クリアランスの測定ができるバルブを確認しましょう。

② **例** 点火順序が1−5−3−6−2−4方式4サイクル直列6シリンダ・ガソリン・エンジンの第3シリンダが圧縮上死点のときに，バルブ・クリアランスの測定ができるバルブは，

シリンダ	ピストン行程	吸入バルブ	排気バルブ
第1	排気行程中	閉じている	開いている
第2	吸入行程中	開いている	閉じている
第3	圧縮上死点	閉じている	閉じている
第4	排気上死点	開いている	開いている
第5	燃焼行程中	閉じている	閉じている
第6	圧縮行程中	閉じている	閉じている

[2] 電子制御式 LPG 燃料装置

LPG の流れは，LPG ボンベから液体の状態で送り出され，フィルタで不純物をろ過し，LPG ソレノイド・バルブを経てベーパライザに入ります。ここで減圧されて液体が気体になって，ミキサで吸入空気と混合してシリンダ内へ供給されます。

[ボンベ（液体）→ フィルタ → ソレノイド・バルブ → ベーパライザ → ミキサ（吸入空気と混合）→ シリンダ内へ]

[3] 排気ガスの浄化対策

① 空燃比制御及び点火時期制御を行って，最高燃焼ガス温度を下げる。

② 空燃比制御装置によって，理論空燃比付近の狭い領域に空燃比を制御し，

三元触媒を使って排気ガス中のNOxを還元する。

③　減速時に，吸入空気量が少なくなって混合気が濃くなり過ぎて，不完全燃焼によってCO，HCが増大することを防止する。

④　EGR（排気ガス再循環）装置を使って，不活性な排気ガスを一定量だけ吸気側に導入して，燃焼時の最高温度を下げる。

[4]　三元触媒

三元触媒は，Pt（白金），Rh（ロジウム），Pd（パラジウム）などを混合したものが用いられています。

三元触媒は，排気ガス中のCO（一酸化炭素），HC（炭化水素），NOx（窒素酸化物）をCO_2（二酸化炭素），H_2O（水），N_2（窒素）にかえて浄化します。

[5]　水温センサ系統の点検

水温センサ系統に異常が表示されたときは，水温センサ系統の電気回路の断線又は短絡があり，次の項目を点検します。

①　イグニション・スイッチをONにして，水温センサの信号端子とアース端子間の電圧点検をします。

②　コントロール・ユニット及び水温センサのコネクタを外し，それぞれのコネクタ間にある信号端子の回路及びアース端子の回路について，導通状態を点検します。

③　水温センサのコネクタを外し，水温センサの信号端子とアース端子間の抵抗値を点検します。

[6]　スパーク・プラグ

①　**着火ミス**の起こる原因としては，スパーク・プラグのギャップの狭過ぎ，混合気の濃い過ぎ，混合気の薄過ぎなどがあります。

②　スパーク・プラグの**自己清浄温度は約450℃**，**プレイグニッション温度は約950℃**です。

③　**低熱価型**スパーク・プラグは，放熱がしにくく電極部が焼けやすい。

④ **高熱価型**スパーク・プラグは，放熱がしやすく電極部が焼けにくい。

［7］ スパーク・プラグの焼け具合の目視点検

白色状態の場合は，電極部の過熱によるもので混合気の薄過ぎや低熱価型のスパーク・プラグ使用などが原因になります。

薄茶色の場合は，燃焼状態やプラグの熱価などが適正状態です。

黒色で乾燥している場合は，混合気の濃い過ぎ，点火時期の遅れ，高熱価型プラグの使用などが原因になります。

黒色で湿っている場合は，過濃混合気の吸い込み過ぎやプラグの失火などが原因になります。

［8］ ガソリン・エンジンのノッキング

ノッキングの起こる原因としては，オーバヒート，燃焼室にカーボンの体積，スパーク・プラグの熱価が低い，燃料のオクタン価が低い，点火時期の早過ぎなどがあります。

［9］ トロコイド式オイル・ポンプ

① オイル・ポンプの吸入作用は，インナ・ロータとアウタ・ロータの歯と歯の間にできる空間の変化を活用しています。

② インナ・ロータとアウタ・ロータの回転方向は同じです。

③ リリーフ・バルブが外れた状態になると，焼き付きの原因になります。

④ トロコイド式オイル・ポンプのチップ・クリアランスとは，アウタ・ロータの山とインナ・ロータの山の隙間をいいます。

⑤ トロコイド式オイル・ポンプのサイド・クリアランスとは，ロータとカバー取り付け面との隙間をいいます。

［10］ ギヤ式オイル・ポンプ

① ドライブ・ギヤの回転によってドリブン・ギヤは回転します。

② ドライブ・ギヤとドリブン・ギヤの回転方向は反対になります。
③ オイルは，ドライブ・ギヤとドリブン・ギヤの歯と歯の隙間に蓄えて吐き出し口に運びます。

[11] ガソリンの性質

① **オクタン価**は，アンチノック性を示す数値です。
② オクタン価の数値が大きいものは，ノッキングの発生が少ない。
③ ガソリンの主成分である炭化水素が完全燃焼すると，水と二酸化炭素になります。
④ ガソリンには，酸化防止剤が添加されています。

[12] コンロッド・ベアリング

① コンロッド・ベアリングに要求される性質は，焼き付き性，なじみ性，埋没性，耐食性，耐疲労性などがあります。
② コンロッド・ベアリングの種類は，トリメタルとアルミニウム合金メタルがあります。
③ コンロッド・ベアリングの肉厚は，合わせ面（水平方向）の肉厚よりも中央部（上下方向）の肉厚を厚くしています。
④ コンロッド・ベアリングの**クラッシュ・ハイト**が大き過ぎると，局部的に荷重が関わるようになるので，ベアリングの早期疲労や破損の原因になります。
⑤ コンロッド・ベアリングのクラッシュ・ハイトが小さ過ぎると，密着度が悪く潤滑油の循環が悪くなって焼き付きの原因になります。
⑥ コンロッド・ベアリングの張りは，ベアリングを組み付けるとき，圧縮されるにつれてベアリングが内側に曲がり込むのを防止し，密着を良くするために必要になります。

[13] コンロッド・ベアリングのオイル・クリアランス

① オイル・クリアランスが大き過ぎると，オイルの漏れる量が多くなって油

圧の低下，圧送油量の減少などによって焼き付きの原因になります。

② オイル・クリアランスが小さ過ぎると，潤滑油不足になりベアリングが発熱して焼き付きの原因になります。

③ オイル・クリアランス測定にプラスチ・ゲージを用いたとき，つぶれたゲージの幅が広いほどクリアランスは小さいことになります。

[14] 冷却装置

① プレッシャ型ラジエータ・キャップのバキューム・バルブの密着不良は，エンジン回転中にラジエータ内の冷却水が減少する原因となります。

② プレッシャ型ラジエータ・キャップのプレッシャ・バルブの密着不良は，冷却水の沸点を上げることができない原因となります。

③ ワックス・ペレット型サーモスタットは，冷却水の温度が高くなるとワックスが個体から液体になって膨張するので，合成ゴムを圧縮してバルブを開きます。

④ 冷却装置の電動ファンが回転を始めたときの冷却水温度と，電動ファンが回転を停止したときの冷却水温度の差は約5～7℃になります。

⑤ 冷却水は，不凍液の混合率が60%のとき一番凍結温度が低く(約－50℃)なります。

⑥ 電動ファンには，サーモ・スイッチのON・OFFのみの制御方式と，走行状態やエアコンの作動状態などの条件も合わせて処理をして，ファンの回転速度を細かく制御する方式があります。

⑦ ファン・クラッチを使用すると，ファン駆動に消費するエネルギーが節約できます。

⑧ 粘性式ファン・クラッチによるファンの回転速度制御は，ラジエータ通過後の空気温度を検出して，粘性油（シリコン・オイル）の流入と流出を調整しています。

[15] LLC（ロング・ライフ・クーラント：不凍液）

① **LLC**は，エチレン・グリコールに数種類の添加剤を加えたものです。

② LLCは，年間を通して使用できます。

③　混合率 60％ のときが最も凍結温度が低く約 −50℃ になります。

[16]　サーモスタット

①　バイパス・バルブ付サーモスタットは，冷却水が規定温度以上になるとバルブを開いて，エンジン内部の冷却水がラジエータを通過して，冷却水の温度を低くします。バルブが閉じているときの冷却水は，エンジンブロック内部で循環しています。

②　ワックス・ペレット型サーモスタットは，冷却水の温度が高くなると個体状のワックスが液体となって体積を大きくすることで，バルブを開きます。

③　ワックス・ペレット型サーモスタットのバルブが閉じるときは，冷却水の温度が低下してワックスが個体になり，スプリングのばね力で閉じます。

[17]　ピストン・リング

①　**スティック現象**とは，リング溝にカーボンやスラッジが固着してピストン・リングが動かなくなることをいいます。

②　**スカッフ現象**とは，ピストン・リングとシリンダが直接接触して，ピストン・リングやシリンダの表面に引っかき傷ができることをいいます。

③　**フラッタ現象**とは，ピストン・リングがリング溝と密着せずに浮き上がることをいいます。

[18]　バッテリ

①　バッテリの容量は，放電率が小さいほど小さくなります。原因は化学反応に必要な硫酸基の補給速度が遅れて，早く放電終止電圧に到達するためです。

②　バッテリの容量は，電解液温度が高いほど増加します。原因は電解液の拡散が促進されるためです。

③　**定電流充電法**は，充電の開始から終了まで一定の電流で充電する方法で，充電が進むにつれて充電電圧を徐々に高くしなければなりません。

④　電解液の比重（20℃ のときに換算）の 1.280 付近が最も凍結温度が低く（約 −73℃），この点よりも大きく（または小さく）なるにしたがって，凍

結温度は高くなります。

⑤　**放電**すると，両極板の活物質は硫酸と反応して硫酸鉛となり，同時に水を生成して電解液は薄くなり電解液の比重も低くなります。

⑥　**起電力**とは，放電電流を流さないときの端子電圧をいい，1セル当たり約2.1Vになります。電解液の比重及び温度が高いほど大きくなります。

⑦　充電すると，陽極板は二酸化鉛，陰極は海綿状鉛に変化し，電解液中の硫酸分が増加します。

⑧　電解液の比重は，温度が高いほど低くなります。

[19]　エンジン・オイルの潤滑

①　オイル・フィルタの目詰まりがあるときは，バイパス・バルブが作動して各部へ直接オイルを圧送して潤滑不良を防止します。

②　リリーフ・バルブが作動しないときは，圧送するオイルが規定圧力まで上昇しないため，各部へ圧送できなくなります。

③　リリーフ・バルブのばね力が強過ぎるときは，規定圧力が高くなるため送り出すオイルが不足して，焼き付きの原因になります。

[20]　始動装置

リダクション式スタータ

①　マグネット・スイッチは，モータに大電流を流す接点を閉じる働きと，ピニオンをリング・ギヤに噛み合わせる働きをします。

②　オーバランニング・クラッチは，エンジンが始動したとき，エンジンの回転でアーマチュアが回転しないように働きます。

③　プラネタリ・ギヤは，アーマチュアの回転を減速して大きなトルクを作り出しています。

④　ピニオン・シャフトのねじスプラインは，エンジンが始動したときにリング・ギヤからピニオンが離脱する働きをします。

[21]　スタータの出力特性

① スタータの回転速度が高くなるにしたがって，逆起電力が大きくなるので，アーマチュアに流れる電流は少なくなります。

② 始動時，アーマチュアに流れる電流が最大のときは，アーマチュアが停止しているときになります。

③ 始動時，アーマチュアの回転速度が高くなるにしたがって，バッテリ端子電圧も高くなります。

④ スタータの駆動トルクは，アーマチュアの回転速度が高くなるにしたがって，小さくなります。

[22]　充電装置

① **中性点ダイオード付オルタネータ**は，回転速度が約 5,000 min^{-1} の高速回転時に 10～15% の出力電流を増加できます。

② オルタネータの出力は，ロータ・コイルに流れる電流で制御します。

③ オルタネータのステータ・コイルに発生する三相交流の全波整流は，6 個のダイオードを用います。

④ スター結線は，低速特性に優れ，中性点を活用できます。

[23]　センサとメータ

① **O_2 センサ**は，排気ガス中の酸素を検出します。

② **ベーン式エア・フロー・メータ**は，吸入空気量を検出するもので，ポテンション・メータにフラップ（メジャーリング・プレート）を取り付けて，その開度を検出しています。

③ **熱線式エア・フロー・メータ**は，吸入空気量を検出するもので，発熱抵抗体に流れる電流の変化を検出しています。

④ **バキューム・センサ**は，吸入空気量を検出するもので，真空室とインレット・マニホールド内の圧力差を電気信号で検出しています。

[24]　ピック・アップ・コイル

① シグナル・ロータとマグネットとコイルで構成されています。

② シグナル・ロータが回転することで，磁束が変化して，コイルに交流の電気が発生します。

③ シグナル・ロータの突起部がコイルに近づくときと離れるときは磁束の変化が逆になるので，発生電圧が逆になります。

④ シグナル・ロータの回転速度が速くなると，発生電圧も大きくなります。

[25]　電子制御式燃料噴射装置

① **ISCV**（アイドル・スピード・コントロール・バルブ）は，アイドリング時の回転速度を制御するもので，始動時や冷機時など運転状態に応じてバルブの開度を調整して，吸入空気の増減によって回転速度を最適状態にしています。

② バッテリ電圧が低いと，インジェクタのニードル・バルブの作動遅れの原因になります。

③ インジェクタの燃料噴射量の制御は，インジェクタのソレノイド・コイルに流す通電時間によって，ニードル・バルブの開いている時間が変わるので，噴射量も変わります。

④ **バキューム・センサ**は，インレット・マニホールド内の圧力を検出して，コントロール・ユニットに電気信号を送っています。

⑤ **熱線式エア・フロー・メータ**は，発熱抵抗体と温度補償抵抗体などで構成されています。

⑥ エンジン始動時の燃料噴射時間の決定要素は，冷却水温度，吸入空気温度，バッテリ電圧です。

⑦ **スロットル・ポジション・センサ**は，スロットル・バルブの開度を検出するもので，可変抵抗器の位置を電気信号に変換しています。

[26]　燃料噴射制御のフューエル・カット

① **減速時フューエル・カット**は，スロットル・バルブ全閉で，エンジン回転

速度が規定以上のとき，燃料噴射を停止し，触媒の過熱防止及び燃費の向上をはかっています。

② **過回転速度時フューエル・カット**は，エンジンの回転速度が規定値以上になったとき，燃料噴射を停止し，エンジンのオーバランを防いでいます。

③ **過走行速度時フューエル・カット**は，速度が規定値を超えたとき，燃料噴射を停止し，走行速度を制御します。

④ **高過給圧時フューエル・カット**は，ターボ・チャージャの過給圧が異常に上昇し規定値を超えたとき，燃料噴射を停止し，エンジンの保護を行っています。

[27] クランクシャフト

① クランクシャフトは，特殊鋼，炭素鋼，特殊鋳鉄が用いられ，クランク・ジャーナルとクランク・ピンの間に油路が設けられています。

② クランクシャフトの回転バランスをよくするために，クランク・アームにバランス・ウエイトを設け，さらに微調整のためにバランス・ウエイトに穴（窪み）があります。

③ クランクシャフトの先端のプーリに設けられているトーショナル・ダンパは，クランクシャフトのねじり振動を吸収します。

[28] 3本のロッカ・アームを持つエンジン

3本のロッカ・アームと2本のインレット・バルブを持ったエンジンは，回転速度によって次のように作動します。

① **低速回転時**は，プライマリ・ロッカ・アームの1本が作動してプライマリ側のバルブを小さいカム・リフト量で作動させます。このときセカンダリ側バルブは休止しています。

② **中速回転時**は，プライマリ・ロッカ・アームとセカンダリ・ロッカ・アームの2本が作動してプライマリ側バルブとセカンダリ側バルブを少ないカム・リフト量で作動させます。

③ **高速回転時**は，ミッド・ロッカ・アームとプライマリ・ロッカ・アームとセカンダリ・ロッカ・アームの3本が作動してプライマリ側バルブとセカン

ダリ側バルブを大きいカム・リフト量で作動させます。

[29] EGR 装置

EGR（エキゾースト・ガス・リサーキュレーション）は，排気ガスの一部をインレット・マニホールドに再循環させ，新しい吸入混合気に混合させることで，燃焼時の最高温度を下げて NOx（窒素酸化物）の生成を少なくする装置です。

[30] エンジンの性能曲線

① **軸出力**は，エンジンの回転速度とほぼ比例します。

② **軸トルク**は，低速回転時と高速回転時に低くなり，4,000 min^{-1} 前後が最大になります。

③ **燃料消費率**は，低速回転時と高速回転時に高くなります。

[31] 充填効率

① **可変吸気装置**は，インレット・マニホールドの長さや径を変化させ，エンジン負荷に対応してバルブを開閉して充填効率を高めます。

② **インタ・クーラ**は，吸入空気密度を高めるために，過吸機で圧縮された空気を冷却して，充填効率を高めます。

③ **ターボ・チャージャ**は，排気ガスの排出エネルギーでタービンを回して，シリンダ内へ吸入する空気をより多く圧送し，出力を大きくする装置をいいます。

④ **ツール式過給機**は，ドライブ・ロータとドリブン・ロータの回転によって空気を過給して，充填効率を高めます。

2．シャシのポイント

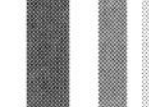

[1]　電子制御式サスペンション

①　**ショック・アブソーバの減衰力**は，ショック・アブソーバに設けられたロータリ・バルブが回転することによって，オリフィスを通過するオイル量が変化して制御されます。

②　ショック・アブソーバの減衰力は，通常走行時には低めに，高速走行時と制動時には高めになるように作動します。

[2]　電動式パワー・ステアリング

①　コラム・アシスト式の電動式パワー・ステアリングは，モータに流す電流をコントロール・ユニットが制御しています。

②　モータに流す電流は，低速走行時には多く，高速走行時には少なく流します。

③　モータに流す電流の大きさを決める情報信号は，トランスミッションに取り付けられた車速センサとステアリング・コラムに取り付けられたトルク・センサの信号でコントロール・ユニットが処理しています。

[3]　電気回路図

①　電気用図記号は，トランジスタ，抵抗，可変抵抗，ダイオード，ツェナ・ダイオード，ホト・ダイオード，論理回路（NOT 回路, OR 回路, AND 回路）

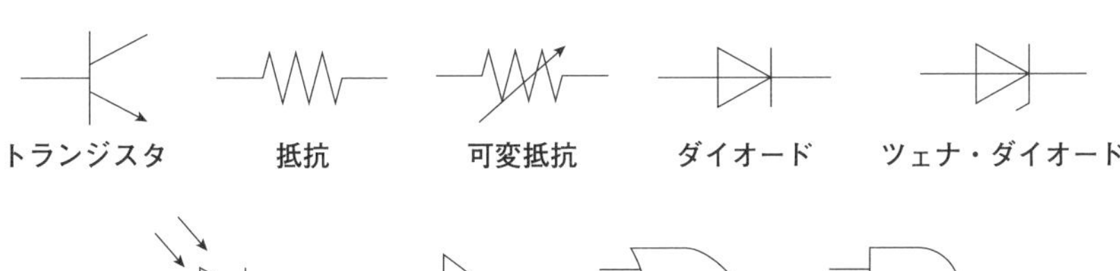

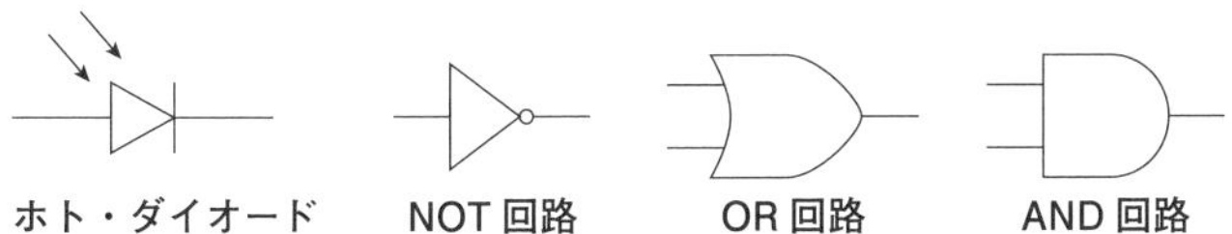

② トランジスタは，小さな信号を大きな信号に増幅する特性をもっています。
③ 抵抗は，流れる電流を制限する働きをします。
④ 可変抵抗は，流れる電流の大きさを変えることができます。
⑤ ダイオードは，一方向にしか電流を流さない特性をもっています。
⑥ ツェナ・ダイオードは，逆方向に加えた電圧が規定電圧を超えると，急激に電流が流れるようになる特性をもっています。
⑦ ホト・ダイオードは，光が当たると電流を流す特性をもっています。

[4] キャンバ・キャスタ・キング・ピン・ゲージ

キャンバの測定は，ホイールを直進状態にしてキャンバ・キャスタ・キング・ピン・ゲージを取り付け，水準器の気泡が中心になるように調整して，キャンバ目盛の気泡の中心を読み取ります。

[5] ピッチング（前後揺れ）

① **ピッチング**とは，両前輪が路面の突出物を乗り越えたときのような，ボデーの縦揺れのことをいいます。
② ピッチングを早く消滅させるには，フロント部の固有振動数をリヤ部よりも高くなるように設定します。

[6] ローリング（横揺れ）

① **ローリング**とは，右側車輪又は左側車輪が路面の突出物を乗り越えたときのような，ボデーの横揺れをいいます。
② ロール・センタの位置は，独立懸架式が車軸懸架式よりも低い。
ロール・センタの位置は，ボデーの重心より低い。
③ シャシ・スプリングのバネ定数を大きくすると，ローリング角度が小さくなります。
④ フロントが独立懸架式で，リヤが車軸懸架式の自動車は，ロール・センタの高さが前と後で異なり，この２点を結んだ直線をローリング・アキシスといいます。

[7]　ヨーイング（左右揺れ）

ヨーイングとは，ホイールベースの中心点を軸に自動車全体が右方向又は左方向に回転する状態をいいます。

[8]　ワンダリング

ワンダリングとは，路面のわだちで車がふらつき，真っすぐに走らない不安定な状態をいいます。

[9]　コーナリング・フォース

コーナリング・フォースとは，自動車が旋回するとき，タイヤと路面の間の摩擦力によって，路面からタイヤに対して遠心力と反対方向に働く力をいいます。

[10]　旋回性能

①　**ニュートラル・ステア**は，自動車の速度を上げながら旋回したとき，旋回半径が変わらない状態をいいます。
②　**オーバ・ステア**は，自動車の速度を上げながら旋回したとき，旋回半径が小さくなる状態をいいます。
③　**アンダ・ステア**は，自動車の速度を上げながら旋回したとき，旋回半径が大きくなる状態をいいます。

[11]　タイヤの摩耗

(1)　早期摩耗

早期摩耗は，急ブレーキ，急発進，急加速などによってトレッド面全体が早く摩耗する現象をいいます。

(2)　偏摩耗

①　偏摩耗は，ホイール・アライメントのずれ，リンクの緩みや変形，サス

ペンション，空気圧の過大・過小などが原因になります。

② トレッドの両肩摩耗は，空気圧の不足又は過負荷に原因があります。

③ トレッドの中央摩耗は，空気圧の過大に原因があります。

④ トレッドの外側摩耗は，トーイン又はキャンバの過大，ナックル・アームの曲がりなどに原因があります。

⑤ トレッドの内側摩耗は，トーアウトの過大又はマイナス・キャンバの過大に原因があります。

⑥ トレッドが外側から内側に向かって羽根状に広がる摩耗は，トーインの過大，ナックル・アームの曲がり，左右タイロッド長さの相違などに原因があります。

⑦ トレッドが内側から外側に向かって羽根状に広がる摩耗は，トーアウトの過大，ナックル・アームの曲がりなどの原因があります。

⑧ トレッドの波状の摩耗は，ホイール・バランスの不良，ホイール・ベアリングのがた，ホイール・アライメントの狂いなどの原因があります。

⑨ トレッドの皿状の摩耗は，ホイール・アライメントの狂い，ホイール・バランスの不良，ホイール・ベアリングのがた，ボール・ジョイントのがたなどの原因があります。

⑩ トレッドのピット状（くぼみ状）摩耗は，ホイール・バランスの不良に原因があります。

⑪ トレッドのノコギリ歯状摩耗は，ホイール・ベアリングのがた，トーインの不良，キャスタの不良などに原因があります。

[12] タイヤの偏平比

$$\text{タイヤの偏平比} = \frac{\text{タイヤ断面高さ}}{\text{タイヤ断面幅}}$$

[13] タイヤのスリップ率

① タイヤのスリップ率100%のときは，車輪がロックしたときです。

② タイヤのスリップ率20%前後のときが，最大摩擦係数になります。

[14]　タイヤの走行音

①　一般にラジアル・タイヤの走行音は，バイアス・タイヤの走行音より小さい。

②　一般にリブ型パターンの走行音は，ラグ型パターンの走行音より小さい。

③　**パーン・ノイズ**とは，タイヤが路面を転がるときにトレッド・パターンの溝の空気が，圧縮されて排出されるときに発生する音です。

[15]　ホイール・バランス

①　**スタティック・バランス**は，ホイールを自由に回転できるようにしたときに，重い部分が下になって停止し，タイヤを回転させたときに上下振れを起こします。

②　**ダイナミック・バランス**は，ホイールを自由に回転できるようにしても停止位置は一定しないが，タイヤを回転させたときに横振れを起こします。

③　**スタンディング・ウェーブ**は，タイヤを高速回転にするとタイヤが変形していく状態をいいます。

[16]　電子制御式アンチロック・ブレーキ

①　コントロール・ユニットは，各車輪速センサなどからの信号を処理して，路面状態に応じた作動信号をハイドロリック・ユニットに送ります。

②　ハイドロリック・ユニットは，コントロール・ユニットから送られてきた信号によって，ホイール・シリンダの油圧を制御します。

③　ホイールの回転速度は，ブレーキ・ロータの歯と溝により磁束密度が変化する現象を検出しています。

④　車速センサのコイルに発生する電圧と周波数は，ロータの回転速度によって変化します。

[17]　ダイヤフラム・スプリング式クラッチのスプリング

①　クラッチ・ディスクの摩耗によるばね力の変化が少ない。

② 高速回転時の遠心力によるばね力の減少が少ない。

③ プレッシャ・プレートに作用するばね力が均一。

[18] クラッチの切れが悪いとき

① クラッチ・ペダルの遊びが大きい。

② クラッチ・ディスクの振れが大きい。

③ クラッチ液にエアが混入している。

[19] フロント・ホイール・アライメント

キング・ピン傾斜角の働き

① キング・ピン・オフセットを小さくすることで，制動時の車両安定性を向上させる作用があります。

② キング・ピンを傾斜させることで，ハンドルの復元力を確保する作用があります。

③ キング・ピンを傾斜させることで，路面からの衝撃を緩和する作用があります。

④ キャスタ角を大きくすると，キャスタ・トレールは大きくなります。

⑤ キャスタ角を小さくすると，旋回時にホイールを直進状態に戻そうとする力は小さくなります。

⑥ ホイールを横から見たときに，進行方向に対してキング・ピンの頂部が後方に傾斜しているものをプラス・キャスタといいます。

⑦ マイナス・キャンバになっている自動車が旋回すると，旋回時の外側のタイヤを外側に傾ける力が働いて，タイヤのグリップ力を高めることができます。

[20] SRS エア・バッグ・システム

① エア・バッグ・システムを取り外すときは，電源（バッテリのプラス端子とマイナス端子）を外してから行う。

② 取り外したエア・バッグ・アッセンブリは，バッド面を上にして保管しま

す。

③　エア・バッグ・システムを取り付けるときは，トルクス・ボルトは新品を使います。

[21]　トルク・コンバータ

①　トルク比は，タービン・ランナが停止しているとき（速度比がゼロ：ストール・トルク比）が最大で，2.0〜2.5となります。

②　クラッチ・ポイントの速度比は，0.8〜0.9程度になります。

③　トルク・コンバータの速度比，トルク比，伝達効率

$$\textbf{速度比}=\frac{\text{タービン回転速度}}{\text{ポンプ回転速度}}$$

$$\textbf{トルク比}=\frac{\text{タービン軸トルク}}{\text{ポンプ軸トルク}}$$

$$\textbf{伝達効率}=\frac{\text{出力仕事率}}{\text{入力仕事率}}\times 100\ [\%]$$

④　カップリング・レンジにおけるトルク比は1.0です。

⑤　回転速度を徐々に上昇させていったときに，カップリング・レンジに変わるポイントをクラッチ・ポイントといいます。

[22]　ディファレンシャル

ビスカス・カップリングは，インナ・プレートとアウタ・プレートの回転速度差が大きいほど，大きなビスカス・トルク（差動制限力）が発生します。

[23]　スプリング

①　**リーフ・スプリング**は，ばね鋼を帯状に成形したもので，ばね定数はスパーンの長さ，リーフの幅，厚さ，枚数，材質などによって決まります。

②　積載荷重の大きい自動車のリーフ・スプリングのばね定数は，積載荷重の小さい自動車のリーフ・スプリングに比べて，ばね定数が大きい。

③　**コイル・スプリング**は，ばね鋼の丸棒をコイル状に成形したもので，振動

の減衰作用が少なく，横方向からの力に対しては抵抗力がないので，アクスルを支持するリンク機構が必要になります。

④ **エア・スプリング**は，空気の弾性を応用したもので，荷重が大きくなるとレベリング・バルブの作用で，ばね定数は大きくなります。

[24] ステアリング

油圧式パワー・ステアリングのセーフティ・チェック・バルブは，オイル・ポンプの油圧が発生していなくても，右又は左にハンドルを回すと，セーフティ・チェック・バルブが差圧によって自動的に開いて，手動によるハンドル操作が容易になります。

[25] 一体型真空式制動倍力装置

① バキューム・バルブの密着不良は，吸引力が弱くなって制動力が弱くなる原因となります。

② エア・バルブの密着不良は，ブレーキ・ペダルを踏まないときにも倍力装置を作動させる原因になります。

③ パワー・シリンダの気密不良は，充分な制動力を発揮できない原因になります。

[26] バッテリ

① **起電力**は，電解液の比重が高いほど大きくなります。

起電力≒0.85＋比重値

② 起電力は，電解液の温度が1℃上昇すると0.0002～0.0003 V 高くなります。

③ 電解液の温度が1℃ 上昇すると，比重は0.0007低くなります。

④ **5時間放電率** 30［A·h］のバッテリ

$$\frac{30\ [\mathrm{A \cdot h}]}{5\ [\mathrm{h}]} = 6\ [\mathrm{A}]$$

30［A·h］のバッテリは，6［A］の電流を連続5時間流すと放電終止電圧（1.75［V/セル］）になる容量のことをいいます。

[27] ユニバーサル・ジョイント

① **フック・ジョイント**は，駆動軸と受動軸のなす角度が大きくなり過ぎると，回転速度変動を打ち消すことができなくなります。

② **バーフィールド型ジョイント**は，アウタ・レースとインナ・レースの間に6個のボールを用いたもので，駆動軸と受動軸のなす角度が大きくても回転速度変動を吸収することができます。

③ **トリポート型ジョイント**は，バーフィールド型と同じように動力の伝達ができ，ホイールの上下運動によって発生するドライブ・シャフトの伸縮を吸収できます。

[28] ビスカス・カップリング

ビスカス・カップリングは，左右輪に回転速度差が生じると，アウタ・プレートとインナ・プレート間のシリコン・オイルに抵抗が発生し，高回転側から低回転側にビスカス・トルクを伝えます。

[29] オートマチック・トランスミッション

① **インヒビタ・スイッチ**は，シフト・レバーの位置がＰレンジまたはＮレンジのとき，エンジンの始動を可能にします。

② **キー・インタロック機構**は，シフト・レバーをＰレンジの位置にしないと，イグニッション・キーがハンドル・ロック位置に戻らないようにしています。

③ **R（リバース）位置警報装置**は，シフト・レバーがＲレンジの位置にあるときに，ブザーまたはチャイムなどで運転者に知らせるものです。

④ **シフト・ロック機構**は，ブレーキ・ペダルを踏み込んだ状態にしないと，シフト・レバーをＰレンジの位置から他の位置に操作できないようにしたものです。

[30]　制動力の制御

① **ABS** は，制動力とコーナリング・フォースの両方を確保するため，タイヤのスリップ率が目標範囲になるように制動力を制御します。

② 車輪がロックすると制動力が低下して制動距離が長くなると共に，コーナリング・フォースが失われて操舵安定性，方向安定性が損なわれます。

[31]　リーディング・トレーリング・シュー式ブレーキ

① **自己倍力作用**を受けるシューをリーディング・シューといい，自己倍力作用を受けないシューをトレーリング・シューといいます。

② リーディング・トレーリング・シュー式ブレーキは，先進または後退するときには，一方がリーディング・シューとなり他方がトレーリング・シューとなります。

[32]　ブレーキ液

① ブレーキ液の沸点が低過ぎると，ベーパ・ロックの原因になります。

② **ベーパ・ロック**とは，ブレーキ内に気泡が発生する現象をいいます。

③ ベーパ・ロックが発生すると，ブレーキ・ペダルを踏んでもブレーキの効きが著しく悪くなります。

[33]　フェード現象

フェード現象とは，摩擦熱によってライニングの摩擦係数が小さくなって，ブレーキの効きが悪くなることをいいます。

[34]　ショック・アブソーバ

① **単筒型ショック・アブソーバ**の減衰力は，伸びるときのみ働くものと，伸びるときと圧縮のとき働くものがあります。

② 減衰力の調整ができるガス封入式ショック・アブソーバは，オイルの通過

するオリフィス（小さな穴）の径を変えています。

[35] エア・コンディショナ

① コンプレッサは，ガス状になった冷媒を圧縮して送り出す働きをします。

② **コンデンサ**は，コンプレッサから圧送されてきた高圧・高温のガス状の冷媒ガスを冷却して，液状の冷媒にする働きをします。

③ **レシーバ**は，コンデンサから送られてきた液状の冷媒を，一次的に蓄えて冷媒中のガスと液体を分離する働きをします。また，冷媒中の水分やゴミを取り除く作用もあります。

④ **サイト・グラス**は，レシーバから送り出される冷媒の状態を観察できます。

⑤ **エキスパンション・バルブ**は，レシーバから送られてきた高温・高圧の冷媒液を，小さな穴から噴出させて，低温・低圧の霧状の冷媒にする働きをします。

⑥ **エバポレータ**は，エキスパンション・バルブから送られてきた低温・低圧で霧状の冷媒を，一次的に蓄えておく働きをします。

[1]　総排気量の計算

エンジンの**総排気量**は，1個のシリンダの排気量とシリンダ数によって求めます。

シリンダ1個の排気量は，図1のようにピストンが下死点から上死点に移動したときの容積（B）です。このときの容積は，次の計算式で求めます。

$$V=\frac{\pi}{4}\times D^2\times S\times N$$

または

$$V=\text{半径}\times\text{半径}\times 3.14\times S\times N$$

V：総排気量［cm^3］
π：円周率（3.14）
D：シリンダの直径［cm］
S：行程［cm］
N：シリンダ数
半径：シリンダの半径［cm］

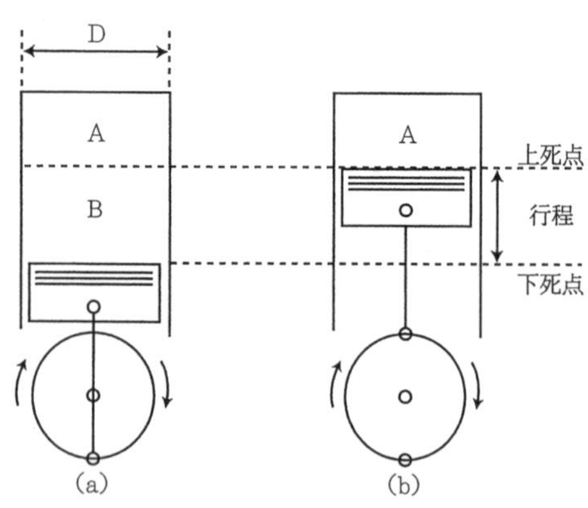

容積図

図1　排気量の計算

ピストンの行程：100［mm］，シリンダの内径：100［mm］，4 シリンダのときの総排気量を求めるとき，［mm］を［cm］に変換して，ピストンの行程：10［cm］，シリンダの内径：10［cm］になり，

V＝半径×半径×3.14×行程×シリンダ数

＝5［cm］×5［cm］×3.14×10［cm］×4 シリンダ

＝785［cm^3］×4 シリンダ

＝3,140［cm^3］

［2］ 圧縮比の計算

圧縮比は，吸入した混合気と圧縮したときの混合気の割合を表したもので，P.252 の図 1 の燃焼室容積（A）と吸入容積（B）の比で表します。圧縮比には，単位がありません。

$$R=\frac{A+B}{A}$$

R：圧縮比

A：燃焼室容積［cm^3］

B：吸入容量［cm^3］

燃焼室容積が 100［cm^3］，吸入容量が 785［cm^3］のときの圧縮比を求めると，

$$R=\frac{100\ [\mathrm{cm^3}]+785\ [\mathrm{cm^3}]}{100\ [\mathrm{cm^3}]}$$

$$=\frac{885\ [\mathrm{cm^3}]}{100\ [\mathrm{cm^3}]}$$

$$=8.85$$

[3] 並列合成抵抗の計算

並列接続の合成抵抗は，次の公式を用いて求めます。

R_1，R_2，R_3，……の合成抵抗 R は，

$$R=\frac{1}{\frac{1}{R_1}+\frac{1}{R_2}+\frac{1}{R_3}+\cdots\cdots}$$

〔例〕

$R_1=2[\Omega]$　$R_2=3[\Omega]$ の2個の合成抵抗を求めると（並列接続の場合）

$$R=\frac{1}{\frac{1}{2[\Omega]}+\frac{1}{3[\Omega]}}$$

右辺の$\frac{1}{2[\Omega]}$と$\frac{1}{3[\Omega]}$を通分して

$$R=\frac{1}{\frac{1\times3[\Omega]}{2[\Omega]\times3[\Omega]}+\frac{1\times2[\Omega]}{3[\Omega]\times2[\Omega]}}$$

$$=\frac{1}{\frac{3}{6}+\frac{2}{6}}\ [\Omega]$$

$$=\frac{1}{\frac{5}{6}}\ [\Omega]$$

$$=\frac{6}{5}\ [\Omega]$$

$$=1.2\ [\Omega]$$

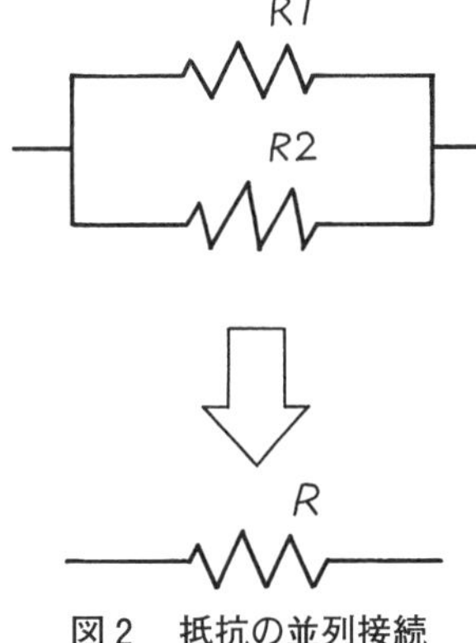

図２　抵抗の並列接続

（別解）

R_1＝2［Ω］　R_2＝3［Ω］の２個の合成抵抗 R（並列接続の場合）の求め方には次のような方法もあります。

$$\boxed{\frac{1}{R}=\frac{1}{R_1}+\frac{1}{R_2}}\quad（公式）$$

$$\frac{1}{R}=\frac{1}{2[\Omega]}+\frac{1}{3[\Omega]}$$

右辺を通分すると

$$\frac{1}{R}=\frac{1\times3[\Omega]}{2[\Omega]\times3[\Omega]}+\frac{1\times2[\Omega]}{3[\Omega]\times2[\Omega]}$$

$$=\frac{3[\Omega]}{6[\Omega]}+\frac{2[\Omega]}{6[\Omega]}$$

$$=\frac{5}{6}\ [\Omega]$$

$$R=\frac{6}{5}\ [\Omega]$$

$$=1.2\ [\Omega]$$

[4] 走行時の出力の計算

72［km/h］の一定速度で走行しているときの走行抵抗が5［kN］のときの出力は，次のようにして求めます。ただし，動力伝達による機械損失はないものとします。

仕事率(出力)＝力×速度

SI単位によると，1［W］＝1［N･m/s］

72［km/h］を秒速に変換すると

$$72\ [\mathrm{km/h}]=\frac{72\times1{,}000}{60分\times60秒}$$

$$=\frac{72{,}000\ \mathrm{m}}{3{,}600秒}$$

$$=20\ [\mathrm{m/s}]$$

$$仕事率(出力)=5\ [\mathrm{kN}]\times20\ [\mathrm{m/s}]$$

$$=100\ [\mathrm{kW}：キロ・ワット]$$

または

$$仕事率=\frac{72}{3.6}\times5$$

$$=\frac{72\times5}{3.6}$$

$$=\frac{360}{3.6}$$

$$=100\ [\mathrm{kW}：キロ・ワット]$$

＊ 単位をそろえましょう［km：キロメートル］，［kN：キロニュートン］

[5] 圧力の計算

図3において，マスタ・シリンダの内径が42［mm］である断面積S_1，ホイール・シリンダの内径が84［mm］である断面積S_2において，ホイール・シリンダF_2に1,200［N］の力を掛ける場合，マスタ・シリンダF_1を押す力は次のようにして求めます。

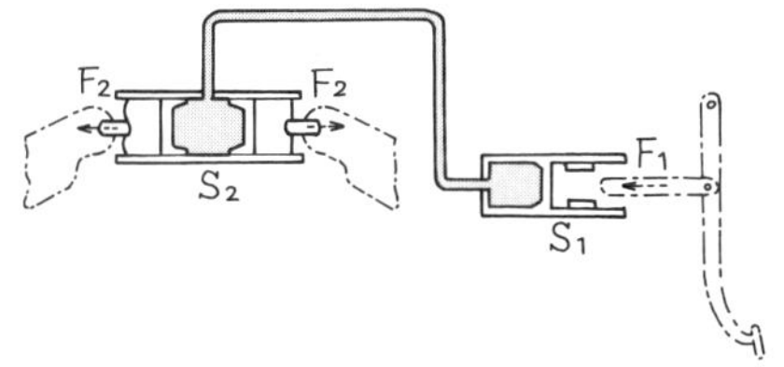

図 3　圧力の計算

力＝圧力×断面積

単位面積あたりの圧力は，マスタ・シリンダ＝ホイール・シリンダ

$$\frac{F_1}{S_1}=\frac{F_2}{S_2}$$

変形すると

$$\begin{aligned}F_1&=\frac{S_1}{S_2}\times F_2\\&=\frac{D_1{}^2}{D_2{}^2}\times F_2\\&=\frac{42^2}{84^2}\times 1,200\\&=\frac{1,764}{7,056}\times 1,200\\&=\frac{1,764\times 1,200}{7,056}\\&=\frac{2,116,800}{7,056}\\&=300\ [\mathrm{N}]\end{aligned}$$

面積 S は，$\frac{\pi\times D^2}{4}$ から求めるとき，変化するものは直径 D である。

断面積の比は内径の 2 乗の比に等しく　$\frac{S_1}{S_2}=\frac{D_1{}^2}{D_2{}^2}$

［6］　自動車の重心位置の計算

次の諸元を有する自動車の，前輪から車両の重心までの水平距離を求めるときは，

諸元　前軸荷重　3,500［N］

　　　後軸荷重　6,500［N］

　　　ホイールベース　2,000［mm］

重心点の荷重＝前荷重＋後荷重

$=3,500\ [\mathrm{N}]+6,500\ [\mathrm{N}]$

$=10,000\ [\mathrm{N}]$

前輪を基準点にして，重心点の荷重と後輪の荷重を考えると

$$L\ [\mathrm{mm}]\times 10,000\ [\mathrm{N}]=2,000\ [\mathrm{mm}]\times 6,500\ [\mathrm{N}]$$

$$L\ [\mathrm{mm}]=\frac{2,000\ [\mathrm{mm}]\times 6,500\ [\mathrm{N}]}{10,000\ [\mathrm{N}]}$$

$$=\frac{13,000,000\ [\mathrm{N\cdot mm}]}{10,000\ [\mathrm{N}]}$$

$$=1,300\ [\mathrm{mm}]$$

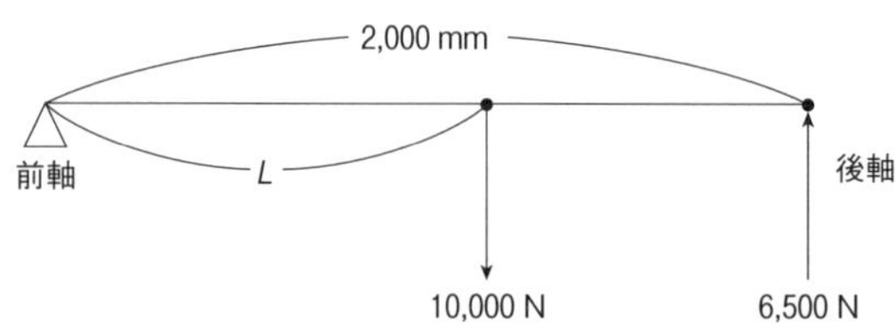

図4　前軸から車両の重心までの水平距離

［7］ 加速度の計算

初速度72［km/h］の自動車が10秒後に108［km/h］の速度になったときの加速度は，次のように求めます。

$$加速度=\frac{速度変化}{要した時間}$$

時速を秒速に変換すると

$$\frac{72\ [\mathrm{km/h}]}{3.6}=20\ [\mathrm{m/s}]$$

$$\frac{108\ [\mathrm{km/h}]}{3.6}=30\ [\mathrm{m/s}]$$

$$＊\quad 3.6=\frac{60\text{分}\times 60\text{秒}}{1,000}$$

$$\text{加速度}=\frac{\text{速度変化}}{\text{要した時間}}$$

$$\text{加速度}=\frac{30\ [\text{m/s}]-20\ [\text{m/s}]}{10\text{秒}}$$

$$=\frac{10\ [\text{m/s}]}{10\ [\text{s}]}$$

$$=1\ [\text{m/s}^2]$$

[8] 吊り上げ荷重の計算

図5に示す方法で前輪荷重7,680［N］の乗用車を吊り上げたときに，レッカー車のワイヤに掛かる荷重は，次のように求めます。ただし，吊り上げによる重心の移動はないものとする。

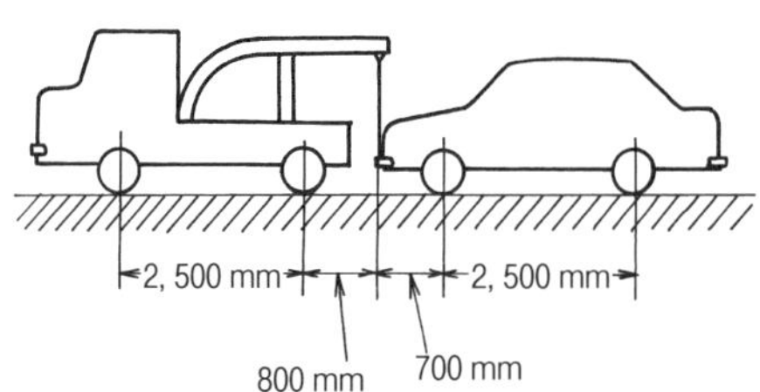

図5　吊り上げワイヤに掛かる荷重計算

ワイヤの吊り上げに作用する荷重は，

吊り上げ荷重×アームの長さ

前輪に作用する荷重は，

前輪の荷重×アームの長さ

ワイヤの吊り上げに作用する荷重＝前輪に作用する荷重

吊り上げ荷重×アームの長さ＝前輪の荷重×アームの長さ

吊り上げ荷重×3,200［mm］＝7,680［N］×2,500［mm］

$$\text{吊り上げ荷重}=\frac{7,680\ [\text{N}]\times 2,500\ [\text{mm}]}{3,200\ [\text{mm}]}$$

$$=6,000\ [\text{N}]$$

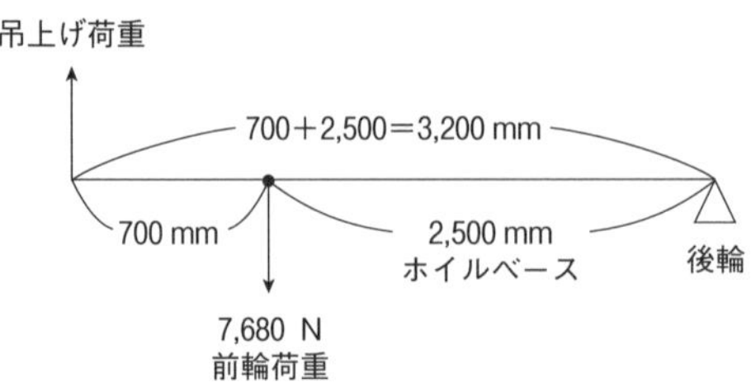

図6　吊り上げワイヤにかかる荷重の計算

[9]　ホイールの回転数計算

自動車を旋回させたとき，ファイナル・ギヤのリング・ギヤが550回転で，左の駆動輪が500回転のとき，右の駆動輪の回転数計算は，

右の駆動輪の回転数＋左の駆動輪の回転数＝リング・ギヤの回転数×2

右の駆動輪の回転数＋500＝550×2

右の駆動輪の回転数＝(550×2)－500

＝1, 100－500

＝600

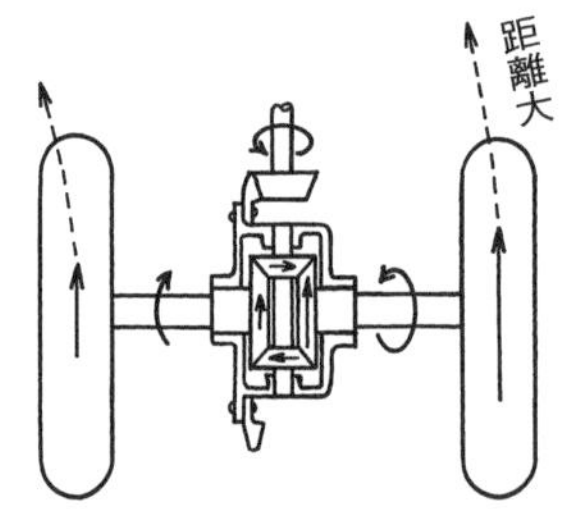

図7　旋回時ホイールの回転数計算

[10]　プラネタリ・ギヤ・ユニットの計算

図8はプラネタリ・ギヤ・ユニットを示し，図中の（　）内の数字はギヤの歯数を表します。

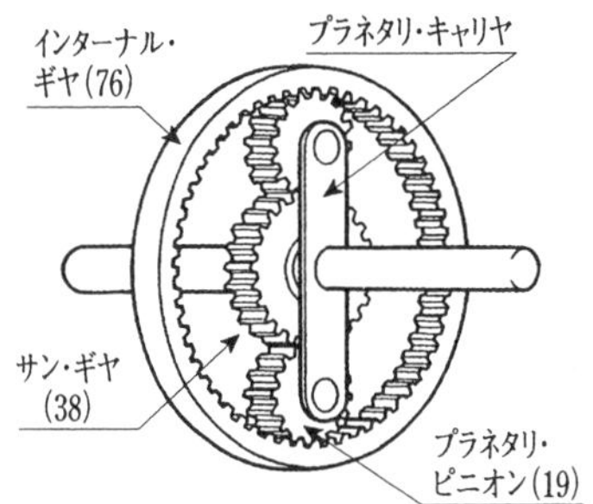

図8　プラネタリ・ギヤ・ユニット

プラネタリ・キャリヤを固定し，サン・ギヤを毎分600回転させると，インターナル・ギヤの回転速度は次のように計算します。

$$\text{インターナル・ギヤ} = \frac{\text{サン・ギヤ}}{\text{インターナル・ギヤ}} \times \text{回転速度}$$

$$= \frac{38}{76} \times 600$$

$$= 0.5 \times 600$$

$$= 300\ \text{回転}$$

インターナル・ギヤを固定し，サン・ギヤを毎分1,500回転させると，プラネタリ・キャリヤの回転速度は次のように計算します。

$$\text{プラネタリ・キャリヤ} = \frac{\text{サン・ギヤ}}{(\text{サン・ギヤ} + \text{インターナル・ギヤ})} \times \text{回転速度}$$

$$= \frac{38}{(38+76)} \times 1,500$$

$$= \frac{38}{114} \times 1,500$$

$$= \frac{1}{3} \times 1,500$$

$$= \frac{1,500}{3}$$

$$= 500\ \text{回転}$$

4．法規のポイント

[1] 道路運送車両法（抜粋）

第3条 自動車の種別

この法律に規定する普通自動車，小型自動車，軽自動車，大型特殊自動車及び小型特殊自動車の別は，自動車の大きさ及び構造並びに原動機の種類及び総排気量又は定格出力を基準として国土交通省令で定める。

第4条 登録の一般的効力

自動車（軽自動車，小型特殊自動車及び二輪の小型自動車を除く。以下第29条から第32条までを除き本章において同じ。）は，自動車登録ファイルに登録を受けたものでなければ，これを運行の用に供してはならない。

第7条 新規登録の申請

登録を受けていない自動車の登録（以下「新規登録」という。）を受けようとする場合には，その所有者は，国土交通大臣に対し，次に掲げる事項を記載した申請書に，国土交通省令で定める区分により，第33条に規定する譲渡証明書，輸入の事実を証明する書面又は当該自動車の所有権を証明するに足るその他の書面を添えて提出し，かつ，当該自動車を提示しなければならない。

(1) 車名及び型式
(2) 車台番号（車台の型式についての表示を含む。以下同じ。）
(3) 原動機の型式
(4) 所有者の氏名又は名称及び住所
(5) 使用の本拠の位置
(6) 取得の原因

4 第1項の申請をする者は，次の各号に掲げる規定によりそれぞれ当該各号に掲げる規定に規定する事項が第96条の2から第96条の4までの規定により国土交通大臣の登録を受けた者（以下「登録情報処理機関」という。）に提供されたときは，国土交通省令で定めるところにより，同項の申請書にその旨を記載することをもってそれぞれ当該各号に掲げる書面の提出に代えることができる。

⑴ 第 33 条第 4 項　譲渡証明書
⑵ 第 75 条第 5 項　完成検査終了証
⑶ 第 94 条の 5 第 2 項　保安基準適合証
⑷ 第 94 条の 5 の 2 第 2 項において準用する第 94 条の 5 第 2 項　限定保安基準適合証

5　前項の規定により同項各号に掲げる規定に規定する事項が登録情報処理機関に提供されたことが第 1 項の申請書に記載されたときは，国土交通大臣は，登録情報処理機関に対し，国土交通省令で定めるところにより，必要な事項を照会するものとする。

第 15 条　永久抹消登録

登録自動車の所有者は，次に掲げる場合には，その事由があった日（当該事由が使用済自動車の解体である場合にあっては，使用済自動車の再資源化等に関する法律による情報管理センター（以下単に「情報管理センター」という。）に当該自動車が同法の規定に基づき適正に解体された旨の報告がされたことを証する記録として政令で定める記録（以下「解体報告記録」という。）がなされたことを知った日）から 15 日以内に，永久抹消登録の申請をしなければならない。

⑴ 登録自動車が滅失し，解体し（整備又は改造のために解体する場合を除く。），又は自動車の用途を廃止したとき。
⑵ 当該自動車の車台が当該自動車の新規登録の際存したものでなくなったとき。

第 34 条　臨時運行の許可

臨時運行の許可を受けた自動車を，当該自動車に係る臨時運行許可証に記載された目的及び経路に従って運行の用に供するときは，第 4 条，第 19 条，第 58 条第 1 項及び第 66 条第 1 項の規定は，当該自動車について適用しない。

2　前項の臨時運行の許可は，地方運輸局長，市及び特別区の長並びに政令で定める町村の長（「行政庁」という。次条において同じ。）が行う。

第 35 条　許可基準等

前条の臨時運行の許可は，当該自動車の試運転を行う場合，新規登録，新規検査又は当該自動車検査証が有効でない自動車についての継続検査その他の検査の申請をするために必要な提示のための回送を行う場合その他特に必要がある場合に限り，行うことができる。

2　臨時運行の許可は，有効期間を附して行う。

3　前項の有効期間は，5日をこえてはならない。但し，長期間を要する回送の場合その他特にやむを得ない場合は，この限りでない。

4　行政庁は，臨時運行の許可をしたときは，臨時運行許可証を交付し，且つ，臨時運行許可番号標を貸与しなければならない。

5　前項の臨時運行許可証には，臨時運行の目的及び経路並びに第2項の有効期間を記載しなければならない。

6　臨時運行の許可を受けた者は，第2項の有効期間が満了したときは，その日から5日以内に，当該行政庁に臨時運行許可証及び臨時運行許可番号標を返納しなければならない。

第54条　整備命令等

地方運輸局長は，自動車が保安基準に適合しなくなるおそれがある状態又は適合しない状態にあるとき（次条第1項に規定するときを除く。）は，当該自動車の使用者に対し，保安基準に適合しなくなるおそれをなくするため，又は保安基準に適合させるために必要な整備を行うべきことを命ずることができる。この場合において，地方運輸局長は，保安基準に適合しない状態にある当該自動車の使用者に対し，当該自動車が保安基準に適合するに至るまでの間の運行に関し，当該自動車の使用の方法又は経路の制限その他の保安上又は公害防止その他の環境保全上必要な指示をすることができる。

第59条　新規検査

登録を受けていない第4条に規定する自動車又は次条第1項の規定による車両番号の指定を受けていない検査対象外軽自動車以外の軽自動車（以下「検査対象軽自動車」という。）若しくは二輪の小型自動車を運行の用に供しようとするときは，当該自動車の使用者は，当該自動車を提示して，国土交通大臣の行なう新規検査を受けなければならない。

第62条　継続検査

登録自動車又は車両番号の指定を受けた検査対象軽自動車若しくは二輪の小型自動車の使用者は，自動車検査証の有効期間の満了後も当該自動車を使用しようとするときは，当該自動車を提示して，国土交通大臣の行なう継続検査を受けなければならない。この場合において，当該自動車の使用者は，当該自動車検査証を国土交通大臣に提出しなければならない。

2　国土交通大臣は，継続検査の結果，当該自動車が保安基準に適合すると認めるときは，当該自動車検査証に有効期間を記入して，これを当該自動車の使用者に返付し，当該自動車が保安基準に適合しないと認めるときは，当該自動車検査証を当該自動車の使用者に返付しないものとする。

第 63 条　**臨時検査**

国土交通大臣は，一定の範囲の自動車又は検査対象外軽自動車について，事故が著しく生じている等によりその構造，装置又は性能が保安基準に適合していないおそれがあると認めるときは，期間を定めて，これらの自動車又は検査対象外軽自動車について次項の規定による臨時検査を受けるべき旨を公示することができる。

2　前項の公示に係る自動車（登録自動車並びに車両番号の指定を受けた検査対象軽自動車及び二輪の小型自動車に限る。以下この条において同じ。）又は検査対象外軽自動車の使用者は，当該公示に係る同項の期間内に，当該自動車又は検査対象外軽自動車を提示して，国土交通大臣の行なう臨時検査を受けなければならない。ただし，同項の公示に係る自動車で当該公示に係る同項の期間の末日の前に有効期間が満了した自動車検査証の交付を受けているものについて臨時検査を受けるべき時期は，当該有効期間の満了後これを使用しようとする時とすることができる。

第 66 条　**自動車検査証の備付け等**

自動車は，自動車検査証を備え付け，かつ，国土交通省令で定めるところにより検査標章を表示しなければ，運行の用に供してはならない。

2　国土交通大臣は，次の場合には，使用者に検査標章を交付しなければならない。

⑴　第 60 条第 1 項又は第 71 条第 4 項の規定により自動車検査証を交付するとき。

⑵　第 62 条第 2 項（第 63 条第 3 項及び次条第 4 項において準用する場合を含む。）の規定により自動車検査証に有効期間を記入して，これを返付するとき。

3　検査標章には，国土交通省令で定めるところにより，その交付の際の当該自動車検査証の有効期間の満了する時期を表示するものとする。

4　検査標章の有効期間は，その交付の際の当該自動車の自動車検査証の有効期間と同一とする。

5　検査標章は，当該自動車検査証がその効力を失ったとき，又は継続検査，臨時検査若しくは構造等変更検査の結果，当該自動車検査証の返付を受けることができなかったときは，当該自動車に表示してはならない。

第 67 条 自動車検査証の記載事項の変更及び構造等変更検査

自動車の使用者は，自動車検査証の記載事項について変更があったときは，その事由があった日から 15 日以内に，当該事項の変更について，国土交通大臣が行う自動車検査証の記入を受けなければならない。ただし，その効力を失っている自動車検査証については，これに記入を受けるべき時期は，当該自動車を使用しようとする時とすることができる。

3　国土交通大臣は，第 1 項の変更が国土交通省令で定める事由に該当する場合において，保安基準に適合しなくなるおそれがあると認めるときは，当該自動車が保安基準に適合するかどうかについて，これを提示して構造等変更検査を受けるべきことを命じなければならない。

第 71 条 予備検査

登録を受けていない第 4 条に規定する自動車又は車両番号の指定を受けていない検査対象軽自動車若しくは二輪の小型自動車の所有者は，当該自動車を提示して，国土交通大臣の行なう予備検査を受けることができる。

2　国土交通大臣は，予備検査の結果，当該自動車が保安基準に適合すると認めるときは，自動車予備検査証を当該自動車の所有者に交付しなければならない。

3　自動車予備検査証の有効期間は，3 月とする。

第 77 条 自動車分解整備事業の種類

自動車分解整備事業（自動車（検査対象外軽自動車及び小型特殊自動車を除く。）の分解整備を行う事業をいう。以下同じ。）の種類は，次に掲げるものとする。

⑴　普通自動車分解整備事業（普通自動車，四輪の小型自動車及び大型特殊自動車を対象とする自動車分解整備事業）

⑵　小型自動車分解整備事業（小型自動車及び検査対象軽自動車を対象とする自動車分解整備事業）

⑶　軽自動車分解整備事業（検査対象軽自動車を対象とする自動車分解整備事業）

第 78 条 認証

自動車分解整備事業を経営しようとする者は，自動車分解整備事業の種類及び分解整備を行う事業場ごとに，地方運輸局長の認証を受けなければならない。

2　自動車分解整備事業の認証は，対象とする自動車の種類を指定し，その他業務の範囲を限定して行うことができる。

［2］　道路運送車両法施行規則（抜粋）

第2条　自動車の種別

法第3条の普通自動車，小型自動車，軽自動車，大型特殊自動車及び小型特殊自動車の別は，別表第1に定めるところによる。

第3条　分解整備の定義

法第49条第2項の分解整備とは，次の各号のいずれかに該当するものをいう。

(1)　原動機を取り外して行う自動車の整備又は改造

(2)　動力伝達装置のクラッチ（二輪の小型自動車のクラッチを除く。），トランスミッション，プロペラ・シャフト又はデファレンシャルを取り外して行う自動車の整備又は改造

(3)　走行装置のフロント・アクスル，前輪独立懸架装置（ストラットを除く。）又はリア・アクスル・シャフトを取り外して行う自動車（二輪の小型自動車を除く。）の整備又は改造

(4)　かじ取り装置のギヤ・ボックス，リンク装置の連結部又はかじ取りホークを取り外して行う自動車の整備又は改造

(5)　制動装置のマスタ・シリンダ，バルブ類，ホース，パイプ，倍力装置，ブレーキ・チャンバ，ブレーキ・ドラム（二輪の小型自動車のブレーキ・ドラムを除く。）若しくはディスク・ブレーキのキャリパを取り外し，又は二輪の小型自動車のブレーキ・ライニングを交換するためにブレーキ・シューを取り外して行う自動車の整備又は改造

(6)　緩衝装置のシャシばね（コイルばね及びトーションバー・スプリングを除く。）を取り外して行う自動車の整備又は改造

(7)　けん引自動車又は被けん引自動車の連結装置（トレーラ・ヒッチ及びボール・カプラを除く。）を取り外して行う自動車の整備又は改造

第 44 条 自動車検査証等の有効期間の起算日

自動車検査証の有効期間の起算日は，当該自動車検査証を交付する日又は当該自動車検査証に有効期間を記入する日とする。ただし，自動車検査証の有効期間が満了する日の１月前から（離島（省）に使用の本拠の位置を有する自動車にあっては，２月前）当該機関が満了する日までの間に継続検査を行い，当該自動車検査証に有効期間を記入する場合は，当該自動車検査証の有効期間が満了する日の翌日とする。

2　自動車予備検査証又は限定自動車検査証の有効期間の起算日は，当該自動車予備検査証又は限定自動車検査証を交付する日とする。

第 57 条 認証基準

法第 80 条第１項第１号の事業場の設備及び従業員の基準は，次のとおりとする。

(1)　事業場は，常時分解整備をしようとする自動車を収容することができる十分な場所を有し，且つ，別表第４に掲げる規模の屋内作業場及び車両置場を有するものであること。

(2)　屋内作業場のうち，車両整備作業場及び点検作業場の天井の高さは，対象とする自動車について分解整備又は点検を実施するのに十分であること。

(3)　屋内作業場の床面は，平滑に舗装されていること。

(4)　事業場は，別表第５に掲げる作業機械等を備えたものであり，かつ，当該作業機械等のうち国土交通大臣の定めるものは，国土交通大臣が定める技術上の基準に適合するものであること。

(5)　事業場には，二人以上の分解整備に従事する従業員を有すること。

(6)　事業場において分解整備に従事する従業員のうち，少なくとも１人の自動車整備士技能検定規則の規定による１級又は２級の自動車整備士の技能検定（当該事業場が原動機を対象とする分解整備を行う場合にあっては，２級自動車シャシ整備士の技能検定を除く。第 62 条の２の２第１項第５号において同じ。）に合格した者を有し，かつ，１級，２級又は３級の自動車整備士の技能検定に合格した者の数が，従業員の数を４で除して得た数（その数に１未満の端数があるときは，これを１とする。）以上であること。

第 62 条 2 の 2 自動車分解整備事業者の遵守事項

法第 91 条の３の国土交通省令で定める事項は，次のとおりとする。

⑸　事業場ごとに，当該事業場において分解整備に従事する従業員であって１級又は２級の自動車整備士の技能検定に合格した者のうち少なくとも１人に分解整備及び法第 91 条の分解整備記録簿の記載に関する事項を統括管理させること（自ら統括管理する場合を含む。）。ただし，当該事項を統括管理する者（以下「整備主任者」という。）は，他の事業場の整備主任者になることができない。

［3］　自動車点検基準（抜粋）

第２条　定期点検基準

法第 48 条第１項の国土交通省令で定める技術上の基準は，次の各号に掲げる自動車の区分に応じ，当該各号に定めるとおりとする。

⑴　法第 48 条第１項第１号に掲げる自動車（被牽引自動車を除く。）別表第３

⑵　法第 48 条第１項第１号に掲げる自動車（被牽引自動車に限る。）別表第４

⑶　法第 48 条第１項第２号に掲げる自動車　別表第５

⑷　法第 48 条第１項第３号に掲げる自動車（二輪自動車を除く。）別表第６

⑸　法第 48 条第１項第３号に掲げる自動車（二輪自動車に限る。）別表第７

第４条　点検整備記録簿の記載事項等

法第 49 条第１項第５号の国土交通省令で定める事項は，次のとおりとする。

⑴　登録自動車にあっては自動車登録番号，法第 60 条第１項後段の車両番号の指定を受けた自動車にあっては車両番号，その他の自動車にあっては車台番号

⑵　点検又は分解整備時の総走行距離

⑶　点検又は整備を実施した者の氏名又は名称及び住所（点検又は整備を実施した者が使用者と同一の者である場合にあっては，その者の氏名又は名称）

2　点検整備記録簿の保存期間は，その記載の日から，第２条第１号から第３号までに掲げる自動車にあっては１年間，同条第４号及び第５号に掲げる自動車にあっては２年間とする。

[4] 道路運送車両の保安基準（抜粋）

第1条 用語の定義

この省令における用語の定義は，道路運送車両法（以下「法」という。）第2条に定めるもののほか，次の各号の定めるところによる。

⑴ 「けん引自動車」とは，専ら被けん引自動車をけん引することを目的とすると否とにかかわらず，被けん引自動車をけん引する目的に適合した構造及び装置を有する自動車をいう。

⑵ 「被けん引自動車」とは，自動車によりけん引されることを目的とし，その目的に適合した構造及び装置を有する自動車をいう。

⑹ 「空車状態」とは，道路運送車両が，原動機及び燃料装置に燃料，潤滑油，冷却水等の全量を搭載し及び当該車両の目的とする用途に必要な固定的な設備を設ける等運行に必要な装備をした状態をいう。

⒂ 「軸重」とは，自動車の車両中心線に垂直な1メートルの間隔を有する2平行鉛直面間に中心のあるすべての車輪の輪荷重の総和をいう。

⒃ 「最遠軸距」とは，自動車の最前部の車軸中心（セミトレーラにあっては，連結装置中心）から最後部の車軸中心までの水平距離をいう。

⒄ 「輪荷重」とは，自動車の1個の車輪を通じて路面に加わる鉛直荷重をいう。

第2条 長さ，幅及び高さ 告示 第162条

自動車は，告示で定める方法により測定した場合において，長さ（省）12 m，幅 2.5 m，高さ 3.8 m を超えてはならない。

2 外開き式の窓及び換気装置，後写鏡並びに第44条第5項の装置は，告示で定める方法により測定した場合において，その自動車の最外側から 250 mm 以上，その自動車の高さから 300 mm 以上突出していてはならない。ただし，その自動車より幅の広い被牽引自動車を牽引する牽引自動車の後写鏡に限り，被牽引自動車の最外側から 250 mm まで突出することができる。

細目を定める告示 第162条

自動車の測定に関し，保安基準第2条第1項の告示で定める方法は，次の各号に掲げる状態の自動車を，第2項により測定するものとする。

⑴ 空車状態

⑵ はしご自動車のはしご，架線修理自動車のやぐらその他走行中に格納さ

れているものについては，これらの装置を格納した状態

⑶　折畳式のほろ，工作自動車の起重機その他走行中に種々の状態で使用されるものについては，走行中使用されるすべての状態。ただし，外開き式の窓及び換気装置については，これらの装置を閉鎖した状態とし，また，故障した自動車を吊り上げて牽（けん）引するための装置（格納できるものに限る。）については，この装置を格納した状態とする。

⑷　車体外に取り付けられた後写鏡，保安基準第44条第5項の装置及びたわみ式アンテナについては，これらの装置を取りはずした状態。この場合において，車体外に取り付けられた後写鏡，保安基準第44条5項の装置は，当該装置に取り付けられた灯火器及び反射器を含むものとする。

4　自動車の測定に関し，保安基準第2条第2項の告示で定める方法は，次の各号に掲げる状態の自動車を測定するものとする。

⑴　外開き式の窓及び換気装置にあっては，開放した状態

⑵　後写鏡及び保安基準第44条第5項の装置にあっては，取り付けられた状態

第3条　最低地上高　告示　第163条

自動車の接地部以外の部分は，安全な運行を確保できるものとして，地面との間に告示で定める間げきを有しなければならない。

細目を定める告示　第163条

保安基準第3条の告示で定める基準は，自動車の接地部以外の部分が，安全な運行を確保できるように地面との間に適当な間げきを有することとする。この場合において，地上高が次の各号のいずれかに該当するものはこの基準に適合するものとする。

⑴　指定自動車等と同一と認められる自動車

⑵　普通自動車及び小型自動車（乗車定員**11人以上**の自動車，二輪の自動車を除く。）であって車両総重量が2.8t以下のもの，専ら乗用の用に供する自動車（乗車定員11人以上の自動車，二輪の自動車を除く。）であって車両総重量が2.8tを超えるもの及び軽自動車（二輪の自動車，カタピラ及びそりを有する軽自動車を除く。）であって，最低地上高が低くなるような改造がされた自動車については，イの測定条件で測定した場合において，測定値がロの基準を満たす自動車

イ　測定条件

地上高は，次の方法により求めるものとする。

① 測定する自動車は，空車状態とする。

② 測定する自動車のタイヤの空気圧は，規定された値とする。

③ 車高調整装置が装着されている自動車にあっては，標準（中立）の位置とする。ただし，車高を任意の位置に保持することができる車高調整装置にあっては，車高が最低となる位置と車高が最高となる位置の中間の位置とする。

④ 測定する自動車を舗装された平面に置き，地上高を巻き尺等を用いて測定する。

⑤ 測定値は，1 cm 未満は切り捨て cm 単位とする。

ロ 測定値の判定

イにより求めた地上高は，①から③の基準をそれぞれ満足していること。(省)

① 自動車の地上高（全面）は，**9 cm 以上**であること。(省)

第 4 条の 2 軸重等

自動車の軸重は，**10 t**（牽引自動車のうち告示で定めるものにあっては，11.5 t）を超えてはならない。

2 隣り合う車軸にかかる荷重の和は，その軸距が 1.8 m 未満である場合にあっては 18 t（その軸距が 1.3 m 以上であり，かつ，一の車軸にかかる荷重が 9.5 t 以下である場合にあっては 19 t），1.8 m 以上である場合にあっては 20 t を超えてはならない。

3 自動車の輪荷重は，**5 t**（牽引自動車のうち告示で定めるものにあっては，5.75 t）を超えてはならない。(省)

第 5 条 安定性 告示 第 164 条

自動車は，安定した走行を確保できるものとして，安定性に関し告示で定める基準に適合しなければならない。

細目を定める告示 第 164 条

自動車の安定性に関し，保安基準第 5 条の告示で定める基準は，次の各号に掲げる基準とする。

(1) 空車状態及び積車状態におけるかじ取り車輪の接地部にかかる荷重の総和が，それぞれ車両重量及び車両総重量の 20%（三輪自動車にあっては 18%）以上であること。ただし，側車付二輪自動車にあっては，この限りでない。

⑶　側車付二輪自動車にあっては，空車状態及び積車状態における側車の車輪の（駆動輪を除く。）接地部にかかる荷重が，それぞれ車両重量及び車両総重量の35% 以下であること。

⑷　**空車状態において**，自動車（二輪自動車及び被牽引自動車を除く。）を左側及び右側に，それぞれ **35°**（側車付二輪自動車にあっては25°，最高速度20 km/h 未満の自動車，車両総重量が車両重量の1.2倍以下の自動車又は積車状態における車両の重心の高さが空車状態における車両の重心の高さ以下の自動車にあっては **30°**）まで傾けた場合に転覆しないこと。

（省）

第6条　最小回転半径

自動車の最小回転半径は，最外側のわだちについて **12 m 以下**でなければならない。

第9条　走行装置等　告示　第167条

自動車の走行装置（空気入ゴムタイヤを除く。）は，堅ろうで，安全な運行を確保できるものとして，強度等に関し告示で定める基準に適合するものでなければならない。

2　自動車の空気入ゴムタイヤは，堅ろうで，安全な運行を確保できるものとして，強度，滑り止めに係る性能等に関し告示で定める基準に適合するものでなければならない。

細目を定める告示　第167条

自動車の走行装置の強度等に関し，保安基準第9条第1項の告示で定める基準は，次項及び第5項に掲げる基準とする。

2　自動車の走行装置は，堅ろうで，安全な運行を確保できるものでなければならない。この場合において，次の各号に掲げるものはこの基準に適合しないものとする。

⑴　ハブボルト，スピンドル・ナット，クリップ・ボルト，ナットに緩み若しくは脱落があるもの又は割ピンの脱落があるもの

⑵　ホイール・ベアリングに著しいがた又は損傷があるもの

⑶　アクスルに損傷があるもの

⑷　リム又はサイドリングに損傷があるもの

⑸　サイドリングがリムに確実にはめこまれていないもの

(6) 車輪に著しい振れがあるもの
(7) 車輪の回転が円滑でないもの

4 自動車の空気入ゴムタイヤの強度，滑り止めに係る性能等に関し，保安基準第9条第2項の告示で定める基準は，次の各号及び次項に掲げる基準とする。

(2) 接地部は滑り止めを施したものであり，**滑り止めの溝**（最高速度40 km/h未満の自動車，最高速度40 km/h未満の自動車に牽引される被牽引自動車，大型特殊自動車及び大型特殊自動車に牽引される被牽引自動車に備えるものを除く。）は，空気入ゴムタイヤの接地部の全幅（ラグ型タイヤにあっては，空気入ゴムタイヤの接地部の中心線にそれぞれ全幅の4分の1）にわたり滑り止めのために施されている凹部（サイピング，プラットフォーム及びウエア・インジケータの部分を除く。）のいずれの部分においても**1.6 mm**（二輪自動車及び側車付二輪自動車に備えるものにあっては，0.8 mm）以上の深さを有すること。この場合において，滑り止めの溝の深さについての判定は，ウエア・インジケータにより判定しても差し支えない。

(3) 亀裂，コード層の露出等著しい破損のないものであること。
(4) 空気入ゴムタイヤの空気圧が適正であること。

第11条 かじ取装置 告示 第169条

自動車のかじ取装置は，堅ろうで，安全な運行を確保できるものとして，強度，操作性能等に関し告示で定める基準に適合するものでなければならない。

2 自動車（次の各号に掲げるものを除く。）のかじ取装置は，当該自動車が衝突等による衝撃を受けた場合において，運転者に傷害を与えるおそれの少ないものとして，運転者の保護に係る性能に関し告示で定める基準に適合するものでなければならない。

(1) 専ら乗用の用に供する自動車であって乗車定員11人以上のもの
(2) 前号の自動車の形状に類する自動車
(3) 貨物の運送の用に供する自動車であって車両総重量1.5 t以上のもの
(4) 前号の自動車の形状に類する自動車
(5) 二輪自動車
(6) 側車付二輪自動車

⑺　カタピラ及びそりを有する軽自動車
⑻　大型特殊自動車
⑼　小型特殊自動車
⑽　被牽引自動車

細目を定める告示　第169条

自動車のかじ取装置の強度，操作性能等に関し，保安基準第11条第1項の告示で定める基準は，次の各号に掲げる基準とする。

⑴　自動車のかじ取装置は，堅ろうで安全な運行を確保できるものであること。この場合において，次に掲げるものはこの基準に適合しないものとする。

イ　ナックル・アーム，タイロッド，ドラッグ・リンク又はセクタ・アーム等のかじ取リンクに損傷があるもの
ロ　イに掲げる各部の取付部に，著しいがた又は割ピンの脱落があるもの
ハ　かじ取ハンドルに著しいがたがあるもの又は取付部に緩みがあるもの
ニ　給油を必要とする箇所に所要の給油がなされていないもの
ホ　かじ取フォークに損傷があるもの
ヘ　ギヤ・ボックスに著しい油漏れがあるもの又は取付部に緩みがあるもの
ト　かじ取装置のダスト・ブーツに損傷があるもの
チ　パワ・ステアリング装置に著しい油漏れがあるもの又は取付部に緩みがあるもの
リ　パワ・ステアリング装置のベルトに著しい緩み又は損傷があるもの
ヌ　溶接，肉盛又は加熱加工等の修理を行った部品を使用しているもの
ル　4輪以上の自動車のかじ取車輪をサイドスリップ・テスタを用いて計測した場合の横滑り量が，走行1mについて5mmを超えるもの。ただし，その輪数が4輪以上の自動車のかじ取車輪をサイドスリップ・テスタを用いて計測した場合に，その横滑り量が，指定自動車等の自動車製作者等（省）がかじ取装置について安全な運行を確保できるものとして指定する横滑り量の範囲内にある場合にあっては，この限りでない。

⑵　かじ取装置は，運転者が定位置において容易に，かつ，確実に操作できるものであること。(省)

⑶　かじ取装置は，かじ取時に車枠，フェンダ等自動車の他の部分と接触し

ないこと。

⑷ かじ取ハンドルの回転角度とかじ取車輪のかじ取角度との関係は，左右について著しい相異がないこと。

⑸ かじ取ハンドルの操だ力は，左右について著しい相異がないこと。

2 かじ取装置の運転者の保護に係る性能に関し，保安基準第 11 条第 2 項の告示で定める基準は，当該自動車が衝突等による衝撃を受けた場合において，運転者に過度の衝撃を与えるおそれの少ない構造であることとする。（省）

第 15 条 燃料装置 告示 第 174 条

ガソリン，灯油，軽油，アルコールその他の引火しやすい液体を燃料とする自動車の燃料装置は，燃料への引火等のおそれのないものとして，強度，構造，取付方法等に関し告示で定める基準に適合するものでなければならない。

細目を定める告示 第 174 条

ガソリン，灯油，軽油，アルコールその他の引火しやすい液体を燃料とする自動車の燃料装置の強度，構造，取付方法等に関し，保安基準第 15 条第 1 項の告示で定める基準は，次の各号に掲げる基準とする。

⑵ 燃料タンクの注入口及びガス抜口は，次に掲げる基準に適合すること。

ロ 排気管の開口方向になく，かつ，排気管の開口部から 300 mm 以上離れていること。

ハ 露出した電気端子及び電気開閉器から 200 mm 以上離れていること。

ニ 座席又は立席のある車室（隔壁により仕切られた運転者室を除く。）の内部に開口していないこと。

第 18 条 車枠及び車体 告示 第 178 条

自動車の車枠及び車体は，次の基準に適合するものでなければならない。

⑴ 車枠及び車体は，堅ろうで運行に十分耐えるものとして，強度，取付方法等に関し告示で定める基準に適合するものであること。

⑵ 車体の外形その他自動車の形状は，鋭い突起がないこと，回転部分が突出していないこと等他の交通の安全を妨げるおそれがないものとして，告示で定める基準に適合するものであること。（省）

⑶ 最後部の車軸中心から車体の後面までの水平距離は，告示で定める距離以下であること。（省）

細目を定める告示　第178条

車枠及び車体の強度，取付方法等に関し，保安基準第18条第1項第1号の告示で定める基準は，次の各号に掲げる基準とする。

(1)　車枠及び車体は，堅ろうで運行に十分耐えるものであること。

(2)　車体は，車枠に確実に取り付けられ，振動，衝撃等によりゆるみを生じないようになっていること。

(3)　車枠及び車体は，著しく損傷していないこと。

2　車体の外形その他自動車の形状に関し，保安基準第18条第1項第2号の告示で定める基準は，車体の外形その他自動車の形状が，鋭い突起を有し，又は回転部分が突出する等他の交通の安全を妨げるおそれのあるものでないこととする。（省）

4　自動車の窓，乗降口等の扉を閉鎖した状態において，次のいずれかに該当する車枠及び車体は，第2項の基準に適合しないものとする。

(1)　バンパの端部であって，通行人の被服等を引掛けるおそれのあるもの

(3)　乗車定員が10人未満の専ら乗用の用に供する自動車に備えられているアンテナ（高さ2.0m以下に備えられているものに限る。）であって，その一部又は全部が自動車の最外側から突出しているもの

(4)　乗車定員が10人未満の専ら乗用の用に供する自動車に備えられているホイール，ホイールナット，ハブキャップ及びホイール・キャップであって，ホイールのリムの最外側を超えて突出する鋭利な突起を有するもの

(5)　乗車定員が10人未満の専ら乗用の用に供する自動車に備える外開き式窓（高さ2.0m以下に備えられているものに限る。）であって，その一部又は全部が自動車の最外側から突出しているもの又はその端部が自動車の進行方向に向いているもの

(6)　後写鏡の取付金具に鋭利な突起を有しているもの

(7)　スピンナー，ウイングナット等，車輪に取り付けるプロペラ状の装飾品を有するもの

第18条の2　巻込防止装置等　告示　第179条　第180条

貨物の運送の用に供する普通自動車及び車両総重量が8t以上の普通自動車（乗車定員11人以上の自動車及びその形状が乗車定員11人以上の自動車の形状に類する自動車を除く。）の両側面には，堅ろうであり，かつ，歩行者，自転車の乗車人員等が当該自動車の後車輪へ巻き込まれることを有効に

防止することができるものとして，強度，形状等に関し告示で定める基準に適合する巻込防止装置を備えなければならない。ただし，歩行者，自転車の乗車人員等が当該自動車の後車輪へ巻き込まれるおそれの少ない構造を有するものとして告示で定める構造の自動車にあっては，この限りでない。

2　巻込防止装置は，その性能を損なわないように，かつ，取付位置，取付方法等に関し告示で定める基準に適合するように取り付けられなければならない。

3　自動車（二輪自動車，側車付二輪自動車，カタピラ及びそりを有する軽自動車，大型特殊自動車（ポール・トレーラを除く。），小型特殊自動車並びに牽引自動車を除く。）の後面には，他の自動車が追突した場合に追突した自動車の車体前部が突入することを有効に防止することができるものとして，強度，形状等に関し告示で定める基準に適合する突入防止装置を備えなければならない。(省)

5　貨物の運送の用に供する自動車（三輪自動車，被牽引自動車及び前部潜り込み防止装置を備えることができないものとして告示で定める自動車を除く。）であって車両総重量 3.5 t を超えるものの前面には，他の自動車が衝突した場合に衝突した自動車の車体前部が潜り込むことを有効に防止することができるものとして，強度，形状等に関し告示で定める基準に適合する前部潜り込み防止装置を備えなければならない。(省)

細目を定める告示　第 179 条

巻込防止装置の強度，形状等に関し，保安基準第 18 条の 2 第 1 項の告示で定める基準は，次の各号に掲げる基準とする。

(1)　堅ろうであること。この場合において，腐食等により取付けが確実でないものは，この基準に適合しないものとする。

(2)　板状その他歩行者，自転車の乗車人員等が当該自動車の後車輪へ巻き込まれることを有効に防止することができる形状であること。(省)

細目を定める告示　第 180 条

突入防止装置の強度，形状等に関し，保安基準第 18 条の 2 第 3 項の告示で定める基準は，次の各号に掲げる基準とする。(省)

(1)　自動車（貨物の運送の用に供する自動車であって車両総重量が 3.5 t を超えるもの，二輪自動車，側車付二輪自動車，カタピラ及びそりを有する軽自動車，大型特殊自動車，小型特殊自動車並びに牽引自動車を除く。）

に備える突入防止装置は，堅ろうであり，かつ，板状その他の自動車が追突した場合に追突した自動車の車体前部が突入することを有効に防止できる形状であること。

⑵ 貨物の運送の用に供する自動車であって車両総重量が3.5 t を超えるもの及びポールトレーラに備える突入防止装置は，他の自動車が追突した場合に追突した自動車の車体前部が著しく突入することを防止することができる構造であり，かつ，当該装置の平面部の車両中心面に平行な鉛直面による断面積の高さが100 mm 以上であること。

⑶ 突入防止装置は，堅ろうで運行に十分耐えるものであり，次に掲げるものでないこと。

イ 腐食等により取付けが確実でないもの

ロ イに掲げるもののほか，堅ろうでないもの

⑷ 突入防止装置は，外側端部が後方に曲がっている，又は鋭利な突起を有する等歩行者等に接触した場合において，歩行者等に傷害を与えるおそれのあるものでないこと。

第 22 条 座 席 告示 第 184 条

座席は，安全に着席できるものとして，着席するに必要な空間（運転者席にあっては，運転するに必要な空間）及び当該座席の向きに関し告示で定める基準に適合するように設けられていなければならない。

2 自動車の運転者席以外の用に供する座席（またがり式の座席を除く。）は，安全に着席できるものとして，その寸法に関し告示で定める基準に適合するものでなければならない。ただし，旅客自動車運送事業用自動車の座席及び幼児専用車の幼児用座席以外の座席であって第 22 条の 3 第 1 項に規定する座席ベルト及び当該座席ベルトの取付装置を備えるものにあっては，この限りでない。

細目を定める告示 第 184 条

座席の着席するに必要な空間及び当該座席の向きに関し，保安基準第 22 条第 1 項の告示で定める基準は，次の各号に掲げる基準とする。

⑴ 自動車の運転者席の幅は，保安基準第 10 条各号に掲げる装置（乗車人員，積載物品等により操作を妨げられない装置を除く。）のうち最外側のものまでの範囲とする。この場合においてその最小範囲は，かじ取ハンドルの中心から左右それぞれ 200 mm までとする。

⑵　自動車の運転者以外の者の用に供する座席（またがり式の座席及び幼児専用車の幼児用座席を除く。）は，1人につき，幅400 mm以上の着席するに必要な空間を有すること。（省）

2　運転者席以外の用に供する座席の寸法に関し，保安基準第22条第2項の告示で定める基準は，次の各号に掲げる基準とする。

⑴　自動車の運転者以外の者の用に供する座席（またがり式の座席，乗車定員10人以下の旅客自動車運送事業用自動車の座席であって保安基準第22条の3第1項に規定する座席ベルト及び当該座席ベルトの取付装置を備えるもの並びに幼児専用車の幼児用座席を除く。）は，1人につき，大きさが幅380 mm以上，奥行400 mm以上（非常口付近に設けられる座席にあっては幅380 mm以上，奥行250 mm以上，次に掲げる自動車にあっては幅300 mm以上，奥行250 mm以上）であること。

イ　補助座席（容易に折り畳むことができる座席で通路，荷台その他専ら座席の用に供する床面以外の床面に設けられる1人用のものをいう。以下同じ。）

ロ　乗車定員11人以上の自動車に設けられる車掌の用に供する座席，これに相当する座席及び運転者助手の用に供する座席で，1人用のもの

ハ　かじ取ハンドルの回転角度がかじ取車輪の回転角度の7倍未満である三輪自動車の運転者席の側方に設けられる1人用の座席

⑵　幼児専用車の幼児用座席は，1人につき大きさが幅270 mm以上，奥行230 mm以上270 mm以下であり，床面からの高さが250 mm以下でなければならない。（省）

第29条　窓ガラス　告示　第195条

自動車（最高速度25 km/h以下の自動車を除く。）の窓ガラスは，告示で定める基準に適合する安全ガラスでなければならない。ただし，衝突等により窓ガラスが損傷した場合において，当該ガラスの破片により乗車人員が傷害を受けるおそれの少ないものとして告示で定める場所に備えられたものにあっては，この限りでない。

2　自動車（最高速度40 km/h未満の自動車を除く。）の前面ガラスは，損傷した場合においても運転者の視野を確保できるものであり，かつ，容易に貫通されないものとして，強度等に関し告示で定める基準に適合するものでなければならない。

3　自動車（被牽引自動車を除く。）の前面ガラス及び側面ガラス（告示で定める部分を除く。）は，運転者の視野を妨げないものとして，ひずみ，可視光線の透過率等に関し告示で定める基準に適合するものでなければならない。

4　前項に規定する窓ガラスには，次に掲げるもの以外のものが装着され，貼り付けられ，塗装され，又は刻印されていてはならない。

⑴　整備命令標章

⑴の2　臨時検査合格標章

⑵　検査標章

⑵の2　保安基準適合標章(中央点線のところから二つ折りとしたものに限る。)

⑶　自動車損害賠償保障法（昭和30年法律第94号）第9条の2第1項（同法第9条の4において準用する場合を含む。）又は第10条の2第1項の保険標章，共済標章又は保険・共済除外標章

⑷　道路交通法第63条第4項の標章

⑹　前各号に掲げるもののほか，運転者の視野の確保に支障がないものとして告示で定めるもの

⑺　前各号に掲げるもののほか，国土交通大臣又は地方運輸局長が指定したもの

細目を定める告示　第195条

自動車（二輪自動車，側車付二輪自動車及び最高速度25 km/h以下の自動車を除く。）の窓ガラスに関し，保安基準第29条第1項の告示で定める基準は，合わせガラス，強化ガラス，部分強化ガラス，有機ガラス（ポリカーボネート材又はメタクリル材等の硬質合成樹脂材をいう。）又はガラス－プラスチック（車外面を板ガラス，合わせガラス又は強化ガラスとし，車室内にプラスチックを接着したものをいう。）とする。(省)

2　自動車（最高速度40 km/h未満の自動車を除く。）の前面ガラスの強度等に関し，保安基準第29条第2項の告示で定める基準は，次の各号に掲げる基準とする。

⑴　損傷した場合においても運転者の視野を確保できるものであること。

⑵　容易に貫通されないものであること。

3　自動車（被牽引自動車を除く。）の前面ガラス及び側面ガラスのひずみ，可視光線の透過率等に関し，保安基準第29条第3項の告示で定める基準は，次の各号に掲げる基準とする。

⑴　透明で，運転者の視野を妨げるようなひずみのないものであること。

⑵　運転者が交通状況を確認するために必要な視野の範囲に係る部分における可視光線の透過率が**70% 以上**のものであること。

5　窓ガラスへの装着，はり付け，塗装又は刻印に関し，保安基準第29条第4項第6号の告示で定めるものは，次の各号に掲げるものとする。

⑴　車室内に備えるはり付けの後写鏡

⑶　公共の電波の受信のために前面ガラスにはり付けられ，又は埋め込まれたアンテナ。(省)

⑹　装着され，はり付けられ，又は塗装された状態において，透明であるもの。この場合において，運転者が交通状況を確認するために必要な視野の範囲に係る部分にあっては可視光線透過率が70% 以上であることが確保できるもの。

第 30 条　騒音防止装置　告示　第 196 条

自動車（被牽引自動車を除く。以下この条において同じ。）は，騒音を著しく発しないものとして，構造，騒音の大きさ等に関し告示で定める基準に適合するものでなければならない。

2　内燃機関を原動機とする自動車には，騒音の発生を有効に抑止することができるものとして，構造，騒音防止性能等に関し告示で定める基準に適合する消音器を備えなければならない。

細目を定める告示　第 196 条

自動車（被牽引自動車を除く。以下この条において同じ。）が騒音を著しく発しないものとして構造，騒音の大きさ等に関し保安基準第 30 条第 1 項の告示で定める基準は，次の各号に掲げる基準とする。

⑴　自動車（二輪自動車（側車付二輪自動車を除く。）を除く。）は，別添 39「定常走行騒音の測定方法」に定める方法により測定した定常走行騒音を dB で表した値が 85 dB を超える騒音を発しない構造であること。

2　内燃機関を原動機とする自動車が備える消音器が騒音の発生を有効に抑止するものとして構造，騒音防止性能等に関し保安基準第 30 条第 2 項の告示で定める基準は次の各号に掲げる基準とする。

⑴　消音器の全部又は一部が取り外されていないこと。

⑵　消音器本体が切断されていないこと。

⑶　消音器の内部にある騒音低減機構が除去されていないこと。

(4) 消音器に破損又は腐食がないこと。

第 31 条 ばい煙，悪臭のあるガス，有害なガス等の発散防止装置 告示 第 197 条

自動車は，運行中ばい煙，悪臭のあるガス又は有害なガスを多量に発散しないものでなければならない。

2 自動車は，排気管から大気中に排出される排出物に含まれる一酸化炭素，炭化水素，窒素酸化物，粒子状物質及び黒煙を多量に発散しないものとして，燃料の種別等に応じ，性能に関し告示で定める基準に適合するものでなければならない。

細目を定める告示 第 197 条

自動車の排気管から大気中に排出される排出物に含まれる一酸化炭素，炭化水素，窒素酸化物，粒子状物質及び黒煙の発散防止性能に関し保安基準第 31 条第 2 項の告示で定める基準は，次の各号に掲げる基準とする。

〔ガソリン・LPG 車のアイドリング規制〕

(1) ガソリン又は液化石油ガスを燃料とする自動車は，原動機を無負荷運転している状態で発生し，排気管から大気中に排出される排出物に含まれる一酸化炭素の容量比で表した測定値（暖機状態の自動車の排気管内にプローブ（一酸化炭素又は炭化水素の測定器の排出ガス採取部）を 60 cm 程度挿入して測定したものとする。(省)）及び同排出物に含まれる炭化水素のノルマルヘキサン当量による容量比で表した測定値が，次の表の左欄に掲げる自動車の種別に応じ，それぞれ同表の一酸化炭素及び炭化水素の欄に掲げる値を超えないものであること。

自動車の種別	一酸化炭素	炭化水素
イ 2サイクルの原動機を有する自動車(二輪自動車(側車付二輪自動車を含む。以下この条において同じ)を除く。)	4.5%	100 万分の 7,800
ロ 二輪自動車	3.0%	100 万分の 1,000
ハ 4サイクルの原動機を有する軽自動車(二輪自動車を除く。)	2%	100 万分の 500
ニ 大型特殊自動車又は小型特殊自動車（定格出力が 19 kW 以上 560 kW 未満である原動機を備えたものに限る。)	1%	100 万分の 500
ホ イからニまでに掲げる自動車以外の自動車	1%	100 万分の 300

〔ディーゼル車の無負荷急加速光吸収係数規制〕

(2) 軽油を燃料とする自動車のうち，普通自動車及び小型自動車（二輪自動車を除く。）並びに定格出力が 19 kW 以上 560 kW 未満である原動機を備えた大型特殊自動車及び小型特殊自動車は，光吸収係数が0.50 m^{-1}を超えないものであること。

第32条 **前照灯等** 告示 第198条

自動車（被牽引自動車を除く。第4項において同じ。）の前面には，走行用前照灯を備えなければならない。ただし，当該装置と同等の性能を有する配光可変型前照灯（夜間の走行状態に応じて，自動的に照射光線の光度及びその方向の空間的な分布を調整できる前照灯をいう。以下同じ。）を備える自動車として告示で定めるものにあっては，この限りでない。

2 走行用前照灯は，夜間に自動車の前方にある交通上の障害物を確認できるものとして，灯光の色，明るさ等に関し告示で定める基準に適合するものでなければならない。

3 走行用前照灯は，その性能を損なわないように，かつ，取付位置，取付方法等に関し告示で定める基準に適合するように取り付けられなければならない。

4 自動車の前面には，すれ違い用前照灯を備えなければならない。ただし，配光可変型前照灯又は最高速度20 km/h未満の自動車であって光度が告示で定める基準未満である走行用前照灯を備えるものにあっては，この限りでない。

5 すれ違い用前照灯は，夜間に自動車の前方にある交通上の障害物を確認でき，かつ，その照射光線が他の交通を妨げないものとして，灯光の色，明るさ等に関し告示で定める基準に適合するものでなければならない。

6 すれ違い用前照灯は，その性能を損なわないように，かつ，取付位置，取付方法等に関し告示で定める基準に適合するように取り付けられなければならない。

細目を定める告示 第198条

走行用前照灯と同等の性能を有する配光可変型前照灯を備える自動車として保安基準第32条第1項の告示で定めるものは，灯光の色，明るさ等が協定規則第123号の技術的な要件（省）に定める基準に適合する走行用ビームを発することのできる配光可変型前照灯を備える自動車とする。

2 走行用前照灯の灯光の色，明るさ等に関し，保安基準第32条第2項の告示で定める基準は，次の各号に掲げる基準とする。

(1) 走行用前照灯（最高速度20 km/h未満の自動車に備える走行用前照灯を除く。）は，そのすべてを照射したときには，**夜間にその前方100 m**（除雪，土木作業その他特別な用途に使用される自動車で地方運輸局長の指定するもの，最高速度35 km/h未満の大型特殊自動車及び農耕作業用小型特殊自動車にあっては，50 m）**の距離にある交通上の障害物を確認できる**性能を有するものであること。

⑶　走行用前照灯の灯光の色は，白色であること。

⑷　走行用前照灯は，灯器が損傷し又はレンズ面が著しく汚損していないこと。

⑸　走行用前照灯は，レンズ取付部に緩み，がた等がないこと。

3　走行用前照灯の取付位置，取付方法等に関し，保安基準第32条第3項の告示で定める基準は，次の各号（最高速度20 km/h未満の自動車に備える走行用前照灯であってその光度が10,000 cd未満のものにあっては第1号，最高速度20 km/h未満の自動車に備える走行用前照灯であってその光度が10,000 cd以上のものにあっては第1号，第4号及び第6号から第12号まで）に掲げる基準とする。この場合において，走行用前照灯の照明部，個数及び取付位置の測定方法は，別添94「灯火等の照明部，個数，取付位置等の測定方法（第2章第2節及び同章第3節関係）」によるものとする。

⑴　走行用前照灯の数は，**2個又は4個であること**。ただし，二輪自動車及び側車付二輪自動車にあっては，1個又は2個，カタピラ及びそりを有する軽自動車，幅0.8 m以下の自動車（二輪自動車を除く。）並びに最高速度20 km/h未満の自動車（二輪自動車及び側車付二輪自動車を除く。）にあっては，1個，2個又は4個であること。（省）

⑶　走行用前照灯の最高光度の合計は，**430,000 cd**を超えないこと。

6　すれ違い用前照灯の灯光の色，明るさ等に関し，保安基準第32条第5項の告示で定める基準は，次の各号に掲げる基準とする。

⑴　すれ違い用前照灯（その光度が10,000 cd以上である走行用前照灯を備える最高速度20 km/h未満の自動車に備えるものを除く。）は，その照射光線が他の交通を妨げないものであり，かつ，その全てを同時に照射したときに，**夜間にその前方40 m**（除雪，土木作業その他特別な用途に使用される自動車で地方運輸局長の指定するもの，最高速度35 km/h未満の大型特殊自動車及び農耕作業用小型特殊自動車に備えるものにあっては，15 m）**の距離にある交通上の障害物を確認できる**性能を有すること。

第33条　前部霧灯　告示　第199条

自動車の前面には，前部霧灯を備えることができる。

2　前部霧灯は，霧等により視界が制限されている場合において，自動車の前方を照らす照度を増加させ，かつ，その照射光線が他の交通を妨げないものとして，灯光の色，明るさ等に関し告示で定める基準に適合するものでなければならない。

3　前部霧灯は，その性能を損なわないように，かつ，取付位置，取付方法等に関し告示で定める基準に適合するように取り付けられなければならない。

細目を定める告示　第 199 条

前部霧灯の灯光の色，明るさ等に関し，保安基準第 33 条第 2 項の告示で定める基準は，次の各号に掲げる基準とする。

⑴　前部霧灯の照射光線は，他の交通を妨げないものであること。

⑵　前部霧灯は，**白色又は淡黄色**であり，その全てが同一であること。

⑶　前部霧灯は，前各号に規定するほか，前条第 2 項第 4 号及び第 5 号の基準に準じたものであること。

3　前部霧灯の取付位置，取付方法等に関し，保安基準第 33 条第 3 項の告示で定める基準は，次の各号に掲げる基準とする。(省)

⑴　前部霧灯は，**同時に 3 個以上点灯しない**ように取り付けられていること。

第 34 条　車幅灯　告示　第 201 条

自動車（二輪自動車，カタピラ及びそりを有する軽自動車，最高速度 20 km/h 未満の軽自動車並びに小型特殊自動車（長さ 4.7 m 以下，幅 1.7 m 以下，高さ 2.0 m 以下，かつ，最高速度 15 km/h 以下の小型特殊自動車に限る。以下第 36 条第 1 項，第 37 条第 1 項，第 39 条第 1 項，第 40 条第 1 項及び第 44 条第 2 項第 4 号において同じ。）を除く。）の**前面の両側には，車幅灯を備え**なければならない。ただし，幅 0.8 m 以下の自動車にあっては，当該自動車に備えるすれ違い用前照灯の照明部の最外縁が自動車の最外側から 400 mm 以内となるように取り付けられている場合には，その側の車幅灯を備えないことができる。

2　車幅灯は，夜間に自動車の前方にある他の交通に当該自動車の幅を示すことができ，かつ，その照射光線が他の交通を妨げないものとして，灯光の色，明るさ等に関し告示で定める基準に適合するものでなければならない。

3　車幅灯は，その性能を損なわないように，かつ，取付位置，取付方法等に関し告示で定める基準に適合するように取り付けられなければならない。

細目を定める告示　第 201 条

車幅灯の灯光の色，明るさ等に関し，保安基準第 34 条第 2 項の告示で定める基準は，次の各号に掲げる基準とする。（省）

⑴　車幅灯は，**夜間にその前方 300 m の距離から点灯を確認できる**ものであり，かつ，その照射光線は，他の交通を妨げないものであること。（省）

⑵　車幅灯の灯光の色は，**白色**であること。ただし，方向指示器，非常点滅表示灯又は側方灯と構造上一体となっているもの又は兼用のもの及び二輪自動車，側車付二輪自動車並びにカタピラ及びそりを有する軽自動車に備えるものにあっては，**橙色であってもよい**。

⑷　車幅灯は，灯器が損傷し，又はレンズ面が著しく汚損しているものでないこと。

3　車幅灯の取付位置，取付方法等に関し，保安基準第 34 条第 3 項の告示で定める基準は，次の各号に掲げる基準とする。（省）

⑴　車幅灯の数は，**2 個又は 4 個**であること。ただし，幅 0.8 m 以下の自動車にあっては，当該自動車に備えるすれ違い用前照灯の照明部の最外縁が自動車の最外側から 400 mm 以内となるように取り付けられている場合には，その側の車幅灯を備えないことができる。

第 39 条　制動灯　告示　第 212 条

自動車（最高速度 20 km/h 未満の軽自動車及び小型特殊自動車を除く。）の後面の両側には，制動灯を備えなければならない。ただし，二輪自動車，カタピラ及びそりを有する軽自動車並びに幅 0.8 m 以下の自動車には，制動灯を後面に 1 個備えればよい。

2　制動灯は，自動車の後方にある他の交通に当該自動車が主制動装置（牽引自動車と被牽引自動車とを連結した場合においては，当該牽引自動車又は当該被牽引自動車の主制動装置。以下本条及び次条において同じ。）又は補助制動装置（主制動装置を補助し，走行中の自動車を減速させるための制動装置をいう。以下同じ。）を操作していることを示すことができ，かつ，その照射光線が他の交通を妨げないものとして，灯光の色，明るさ等に関し告示で定める基準に適合するものでなければならない。

3　制動灯は，その性能を損なわないように，かつ，取付位置，取付方法等に関し告示で定める基準に適合するように取り付けられなければならない。

細目を定める告示　第 212 条

制動灯の灯光の色，明るさ等に関し，保安基準第 39 条第 2 項の告示で定

める基準は，次の各号に掲げる基準とする。（省）

⑴ 制動灯は，昼間にその後方 100 m の距離から点灯を確認できるものであり，かつ，その照射光線は，他の交通を妨げないものであること。この場合において，その光源が 15 W 以上で照明部の大きさが 20 cm² 以上（平成 18 年 1 月 1 日以降に製作された自動車に備える制動灯にあっては，光源が 15 W 以上 60 W 以下で照明部の大きさが 20 cm² 以上）であり，かつ，その機能が正常な制動灯は，この基準に適合するものとする。

⑵ 尾灯又は後部上側端灯と兼用の制動灯は，同時に点灯したときの光度が尾灯のみ又は後部上側端灯のみを点灯したときの光度の 5 倍以上となる構造であること。

⑶ 制動灯の灯光の色は，赤色であること。

⑸ 制動灯は，灯器が損傷し，又はレンズ面が著しく汚損しているものでないこと。

第 39 条の 2 補助制動灯 告示 第 213 条

次に掲げる自動車（二輪自動車，側車付二輪自動車，三輪自動車，カタピラ及びそりを有する軽自動車並びに被牽（けん）引自動車を除く。）の後面には，補助制動灯を備えなければならない。

⑴ 専ら乗用の用に供する自動車であって乗車定員 10 人未満のもの

⑵ 貨物の運送の用に供する自動車（バン型の自動車に限る。）であって車両総重量が 3.5 t 以下のもの

2 補助制動灯は，自動車の後方にある他の交通に当該自動車が主制動装置又は補助制動装置を操作していることを示すことができ，かつ，その照射光線が他の交通を妨げないものとして，灯光の色，明るさ等に関し告示で定める基準に適合するものでなければならない。

細目を定める告示 第 213 条

補助制動灯の灯光の色，明るさ等に関し，保安基準第 39 条の 2 第 2 項の告示で定める基準は，次の各号に掲げる基準とする。（省）

⑴ 補助制動灯の照射光線は，他の交通を妨げないものであること。

⑶ 補助制動灯は，灯器が損傷し，又はレンズ面が著しく汚損しているものでないこと。

3 補助制動灯の取付位置，取付方法等に関し，保安基準第 39 条の 2 第 3 項の告示で定める基準は，次の各号に掲げる基準とする。（省）

⑴ 補助制動灯の数は，1個であること。(省)

第40条 後退灯 告示 第214条

自動車には，後退灯を備えなければならない。ただし，二輪自動車，側車付二輪自動車，カタピラ及びそりを有する軽自動車，小型特殊自動車並びに幅0.8m以下の自動車並びにこれらにより牽引される被牽引自動車にあっては，この限りでない。

2 後退灯は，自動車の後方にある他の交通に当該自動車が後退していることを示すことができ，かつ，その照射光線が他の交通を妨げないものとして，灯光の色，明るさ等に関し告示で定める基準に適合するものでなければならない。

細目を定める告示 第214条

後退灯の灯光の色，明るさ等に関し，保安基準第40条第2項の告示で定める基準は，次の各号に掲げる基準とする。

⑴ 後退灯は，昼間にその後方100mの距離から点灯を確認できるものであり，かつ，その照射光線は，他の交通を妨げないものであること。(省)

⑵ 後退灯の灯光の色は，白色であること。

⑶ 後退灯は，灯器が損傷し又はレンズ面が著しく汚損しているものでないこと。

3 後退灯の取付位置，取付方法等に関し，保安基準第40条第3項の告示で定める基準は，次の各号に掲げる基準とする。

⑴ 自動車に備える後退灯の数は，次に掲げるものとする。

イ 長さが6mを超える自動車（専ら乗用の用に供する自動車であって乗員定員10人以上の自動車及び貨物の運送の用に供する自動車に限る。）にあっては，2個，3個又は4個

ロ それ以外の自動車にあっては，1個又は2個

第41条 方向指示器 告示 第215条

自動車（次の各号に掲げる自動車を除く。）には，方向指示器を備えなければならない。

⑴ 最高速度20km/h未満の自動車であって長さが6m未満のもの（かじ取ハンドルの中心から自動車の最外側までの距離が650mm未満であり，かつ，運転者席が車室内にないものに限る。）

2 方向指示器は，自動車が右左折又は進路の変更をすることを他の交通に示

すことができ，かつ，その照射光線が他の交通を妨げないものとして，灯光の色，明るさ等に関し告示で定める基準に適合するものでなければならない。

細目を定める告示　第215条

方向指示器の灯光の色，明るさ等に関し，保安基準第41条第2項の告示で定める基準は，次の各号に掲げる基準とする。(省)

⑴　方向指示器は，方向の指示を表示する方向100 m（省）の位置から昼間において点灯を確認できるものであり，かつ，その照射光線は，他の交通を妨げないものであること。(省)

⑵　方向指示器の灯光の色は，橙色であること。

⑷　方向指示器は，灯器が損傷し，又はレンズ面が著しく汚損しているものでないこと。

3　方向指示器の取付位置，取付方法等に関し，保安基準第41条第3項の告示で定める基準は，次の各号に掲げる基準及び次項に掲げる基準とする。

⑴　自動車には，方向指示器を自動車の車両中心線上の前方及び後方30 mの距離から照明部が見通すことのできる位置に少なくとも左右1個ずつ備えること。(省)

⑵　自動車の後面の両側には，方向指示器を備えること。(省)

⑶　自動車（省）の両側面には，方向指示器を備えること。

⑷　大型貨物自動車等には，両側面の前部（被牽引自動車に係るものを除く。）及び中央部に方向指示器を備えること。

4　方向指示器は，次に掲げる基準に適合するように取り付けられなければならない。(省)

⑴　方向指示器は，毎分60回以上120回以下の一定の周期で点滅するものであること。

第41条の3　非常点滅表示灯　告示　第217条

自動車には，非常点滅表示灯を備えなければならない。ただし，二輪自動車，側車付二輪自動車，カタピラ及びそりを有する軽自動車，大型特殊自動車，幅0.8 m以下の自動車並びに最高速度40 km/h未満の自動車並びにこれらにより牽引される被牽引自動車にあっては，この限りでない。

2　非常点滅表示灯は，非常時等に他の交通に警告することができ，かつ，その照射光線が他の交通を妨げないものとして，灯光の色，明るさ等に関し告示で定める基準に適合するものでなければならない。

細目を定める告示　第217条

非常点滅表示灯の灯光の色，明るさ等に関し，保安基準第41条の3第2項の告示で定める基準は，第215条第1項（省）の規定（自動車の両側面に備える方向指示器に係るものを除く。）に定める基準を準用する。

3　非常点滅表示灯の取付位置，取付方法等に関し，保安基準第41条の3第3項の告示で定める基準は，次の各号に掲げる基準とする。(省)

(2)　すべての非常点滅表示灯は，同時に作動する構造であること。

(3)　左右対称に取り付けられた非常点滅表示灯は，同時に点滅する構造であること。

第43条　警音器　告示　第219条

自動車（被牽引自動車を除く。）には，警音器を備えなければならない。

2　警音器の警報音発生装置は，次項に定める警音器の性能を確保できるものとして，音色，音量等に関し告示で定める基準に適合するものでなければならない。

3　自動車の警音器は，警報音を発生することにより他の交通に警告することができ，かつ，その警報音が他の交通を妨げないものとして，音色，音量等に関し告示で定める基準に適合するものでなければならない。

4　自動車（緊急自動車を除く。）には，車外に音を発する装置であって警音器と紛らわしいものを備えてはならない。ただし，歩行者の通行その他の交通の危険を防止するため自動車が右左折，進路の変更若しくは後退するときにその旨を歩行者等に警報するブザその他の装置又は盗難，車内における事故その他の緊急事態が発生した旨を通報するブザその他の装置については，この限りでない。

細目を定める告示　第219条

警音器の警報音発生装置の音色，音量等に関し，保安基準第43条第2項の告示で定める基準は，警音器の警報音発生装置の音が，連続するものであり，かつ，音の大きさ及び音色が一定なものであることとする。(省)

2　警音器の音色，音量等に関し，保安基準第43条第3項の告示で定める基準は，次の各号に掲げる基準とする。

(1)　警音器の音の大きさ（2以上の警音器が連動して音を発する場合は，その和）は，自動車の前方7mの位置において112dB以下93dB以上（動力が7kW以下の二輪自動車に備える警音器にあっては，112dB以下83

dB 以上）であること。

⑵　警音器は，サイレン又は鐘でないこと。

第 43 条の 2　非常信号用具　告示　第 220 条

自動車には，非常時に灯光を発することにより他の交通に警告することができ，かつ，安全な運行を妨げないものとして，灯光の色，明るさ，備付け場所等に関し告示で定める基準に適合する非常信号用具を備えなければならない。ただし，二輪自動車，側車付二輪自動車，大型特殊自動車，小型特殊自動車及び被牽引自動車にあっては，この限りでない。

細目を定める告示　第 220 条

非常信号用具の灯光の色，明るさ，備付け場所等に関し，保安基準第 43 条の 2 第 1 項の告示で定める基準は，次の各号に掲げる基準とする。

⑴　夜間 200 m の距離から確認できる赤色の灯光を発するものであること。

⑵　自発光式のものであること。

⑶　使用に便利な場所に備えられたものであること。

⑷　振動，衝撃等により，損傷を生じ，又は作動するものでないこと。

第 53 条　乗車定員及び最大積載量　告示　第 237 条

自動車の乗車定員又は最大積載量は，本章の規定に適合して安全な運行を確保し，及び公害を防止できるものとして，告示で定める基準に基づき算出される範囲内において乗車し又は積載することができる人員又は物品の積載量のうち最大のものとする。ただし，二輪の軽自動車（側車付二輪自動車を除く。）にあっては乗車定員 2 人以下，車両総重量 2 t 未満の被牽引自動車にあっては乗車定員なしとする。

2　前項の乗車定員は，12 歳以上の者の数をもって表すものとする。この場合において，12 歳以上の者 1 人は，12 歳未満の小児又は幼児 1.5 人に相当するものとする。

細目を定める告示　第 237 条

自動車の乗車定員に関し，保安基準第 53 条第 1 項の告示で定める基準は，次の各号に掲げる基準とする。

⑴　乗車定員は，運転者席，座席，座席に準ずる装置及び立席の定員の総和とする。（省）

※　（省）は（省略）の意。尚，法令は随時変更，追加，改正されるものですので，各自インターネット等で法改正等の確認をされることをお勧めします。

5．実技試験のポイント

[1] 実技試験

⑴ 実技試験は，第一種養成施設（専門学校，職業訓練校，短期大学，大学など），第二種養成施設（自動車整備振興会，技術講習会など）を卒業した者は免除になります。(但し，修了後2年間有効)

検定試験を受験した者は，学科試験に合格すると実技試験を受験することができます。

⑵ 実技試験は，公表されていませんので集めた情報から想定したものです。

⑶ 試験時間は30分，（3つのブースを設け，各ブースは10分間）合格ラインは70% 以上と思われます。

⑷ 受験者は，一人ずつ各ブースを移動しながら与えられた問題を解答します。

⑸ 各ブースには，測定物と測定器具が置かれているので，必要と思う測定器具を用いて正確に測定して，測定値を解答用紙に記入します。このとき作業状態を，試験官が近くで工具や側定器の使い方などについて採点をしています。

⑹ 各センサや装置が正常に作動できるか，また，正常でない場合はどこがどのように故障しているかを記入します。

⑺ 組立て問題のときは，組立ての順番やオイルを塗るなどの作業も大切です。

⑻ 実技試験を受けるときは整備作業服を着けると良い印象を与えます。

[2] 参考ポイント

⑴ 自動車整備振興会で行なわれる実技試験問題を参考にするとよいでしょう。

⑵ 実技試験を受験するか受験しないかは，受験申し込み時に記入します。

⑶ 実技試験は，受験者の数によって受験地が変更になることがあります。

⑷ 試験場の入り口に机と椅子が設けられていて，注意事項や問題についての文書が置いてあるので，よく読んでおきましょう（約10分間)。

⑸ 実技試験は，1人ずつ各ブースに移動して問題に取り組みます。

[3] 問題例

1 第1ブース　2人の試験審査員

(1) トロイダル・オイル・ポンプの隙間測定

机の上にトロイダル・オイル・ポンプの他，直定規とシクネス・ゲージが置いてあります。

測定を開始するとき，試験審査員にわかるように測定場所，測定名，測定内容を言葉に出してから測定を開始するとよいでしょう。測定を完了したら，解答用紙に記入します。

(2) リリーフ・バルブの組立て，点検

机の上にリリーフ・バルブ，オイル，ウエス（ぼろ布）が置いてあります。

リリーフ・バルブを組立てるときは，試験審査員に見えるようにして，組み付ける順番を声に出しながら正確に組み付けるとよいでしょう。組み付ける前に，オイルを薄く塗ることを忘れないこと，また，塗りすぎたオイルはウエスで拭き取りましょう。

2 第2ブース

三方弁の作動確認

(1) 机の上に三方弁，バッテリ，電線，図面，マイティバック（負圧発生器：鉄砲型に負圧ゲージが付いている）が置いてあります。

(2) バッテリのプラス端子と，マイナス端子に電線を接続して，その電線を三方弁の端子に（プラス端子とマイナス端子を間違わないように）接続します。このとき，電磁弁が「カチィ」という音がして動くことを確認します。音がしないときは，端子の接続不良又は，コイルの断線が考えられます。

(3) 三方弁にマイティバックを取り付けて，弁に負圧を加えながら電気端子に電源を供給すると，弁が作動して他の入り口が負圧になれば正常と判断します。もし，負圧に変化がないときは弁が固着しているか，バルブが作動しないことが考えられます。

(4) このときの状態を解答用紙に記入します。

3 第3ブース

自動車の点検

車検を受ける時の状態を想定して点検しましょう。

このセクションにも試験審査員がいますので，1人でできる点検と2人でする点検に分けます。

⑴ 1人でできる点検

（ア） 自動車全体に異常がないか点検します。

（イ） フロント・ガラス，ドア・ガラス，リヤ・ガラスなどがフィルムや飾り物，張り紙などで視界が悪くなっていないかの点検，色の付いたガラス，割れたガラスなどの点検をします。

（ウ） バンパーの改造，飾り付け物，車高の低すぎや高すぎ，車幅を超えたタイヤ，タイヤの摩耗量（トレッド部の溝が1.6 mm以上），ヘッド・ランプ，ストップ・ランプ，車幅灯，バック灯，方向指示器灯，番号灯などの色の確認をします。

⑵ 2人でする点検

（ア） 1人でできない点検は，試験審査員に「手伝って下さい」と言ってお願いします。

（イ） 試験審査員に運転席に座ってもらって，次の＊「…」のことをお願いして自分で確認します。

（ウ） 自動車の前方に立って，点検

＊「ヘッド・ライトを点灯してください。」 点灯（2灯）の確認

＊「ヘッド・ライトを上向きにしてください。」 上向き（2灯）の確認

＊「ヘッド・ライトを下向きにしてください。」 下向き（2灯）の確認

＊「右方向に方向指示器を点灯してください。」 点滅回数（1分間に60回～120回）：時間短縮のため，15秒間の点滅回数を4倍してもよいでしょう。

＊「左方向に方向指示器を点灯してください。」 点滅回数，点灯箇所の確認

＊「車幅灯を点灯してください。」 車幅灯（2灯）点灯の確認

＊「ワイパーを作動させてください。」 作動の確認

（エ） 自動車の後方に立って，点検

＊「ブレーキ・ペダルを踏んでください。」 ブレーキ・ランプ点灯（２灯）の確認

＊「車幅灯を点灯してください。」 車幅灯（２灯）の点灯，番号灯の点灯の確認

＊「右方向に方向指示器を点灯してください。」 点滅回数の確認

＊「左方向に方向指示器を点灯してください。」 点滅回数，点灯箇所の確認

＊「チェンジ・レバーをバックにしてください。」 バック・ランプの点灯の確認

＊「ワイパーを作動してください。」 作動の確認

（オ） 試験には，必ず不具合場所があるので注意深く観察することが大切です。しかし，試験時間が短いのでゆっくりはできないでしょう。

（カ） 不具合を確認したらすぐに解答用紙に不具合場所と原因を記入しましょう。

（キ） 点検項目が終わりましたら試験審査員に「ありがとうございました。」のお礼をいいましょう。

模擬テスト用　答案用紙

受験地		回数		種類		番　号			
⓪	⓪	⓪	⓪	⓪	⓪	⓪	⓪	⓪	⓪
①	①	①	①	①	①	①	①	①	①
②	②	②	②	②	②	②	②	②	②
③	③	③	③	③	③	③	③	③	③
④	④	④	④	④	④	④	④	④	④
⑤	⑤	⑤	⑤	⑤	⑤	⑤	⑤	⑤	⑤
⑥	⑥	⑥	⑥	⑥	⑥	⑥	⑥	⑥	⑥
⑦	⑦	⑦	⑦	⑦	⑦	⑦	⑦	⑦	⑦
⑧	⑧	⑧	⑧	⑧	⑧	⑧	⑧	⑧	⑧
⑨	⑨	⑨	⑨	⑨	⑨	⑨	⑨	⑨	⑨

生　年　月　日						
元　号	年		月		日	
	⓪	⓪	⓪	⓪	⓪	⓪
	①	①	①	①	①	①
	②	②		②	②	②
	③	③		③	③	③
③　昭　和	④	④		④		④
④　平　成	⑤	⑤		⑤		⑤
	⑥	⑥		⑥		⑥
	⑦	⑦		⑦		⑦
	⑧	⑧		⑧		⑧
	⑨	⑨		⑨		⑨

修了した養成施設等
①　一種養成施設
②　二種養成施設
③　その他

一種養成施設…高校の自動車科又は職業訓練校を卒業した者

二種養成施設…整備振興会の講習を修了した者

フリガナ
氏　名

性　別
①　男
②　女

答案用紙の解答欄			
No 1	1 2 3 4	No 21	1 2 3 4
No 2	1 2 3 4	No 22	1 2 3 4
No 3	1 2 3 4	No 23	1 2 3 4
No 4	1 2 3 4	No 24	1 2 3 4
No 5	1 2 3 4	No 25	1 2 3 4
No 6	1 2 3 4	No 26	1 2 3 4
No 7	1 2 3 4	No 27	1 2 3 4
No 8	1 2 3 4	No 28	1 2 3 4
No 9	1 2 3 4	No 29	1 2 3 4
No 10	1 2 3 4	No 30	1 2 3 4
No 11	1 2 3 4	No 31	1 2 3 4
No 12	1 2 3 4	No 32	1 2 3 4
No 13	1 2 3 4	No 33	1 2 3 4
No 14	1 2 3 4	No 34	1 2 3 4
No 15	1 2 3 4	No 35	1 2 3 4
No 16	1 2 3 4	No 36	1 2 3 4
No 17	1 2 3 4	No 37	1 2 3 4
No 18	1 2 3 4	No 38	1 2 3 4
No 19	1 2 3 4	No 39	1 2 3 4
No 20	1 2 3 4	No 40	1 2 3 4

模擬テスト用　答案用紙

受験地		回数		種類		番　号			
⓪	⓪	⓪	⓪	⓪	⓪	⓪	⓪	⓪	⓪
①	①	①	①	①	①	①	①	①	①
②	②	②	②	②	②	②	②	②	②
③	③	③	③	③	③	③	③	③	③
④	④	④	④	④	④	④	④	④	④
⑤	⑤	⑤	⑤	⑤	⑤	⑤	⑤	⑤	⑤
⑥	⑥	⑥	⑥	⑥	⑥	⑥	⑥	⑥	⑥
⑦	⑦	⑦	⑦	⑦	⑦	⑦	⑦	⑦	⑦
⑧	⑧	⑧	⑧	⑧	⑧	⑧	⑧	⑧	⑧
⑨	⑨	⑨	⑨	⑨	⑨	⑨	⑨	⑨	⑨

生　年　月　日						
元　号	年		月		日	
	⓪	⓪	⓪	⓪	⓪	⓪
	①	①	①	①	①	①
	②	②		②	②	②
	③	③		③	③	③
③ 昭 和	④	④		④		④
④ 平 成	⑤	⑤		⑤		⑤
	⑥	⑥		⑥		⑥
	⑦	⑦		⑦		⑦
	⑧	⑧		⑧		⑧
	⑨	⑨		⑨		⑨

修了した養成施設等
①　一種養成施設
②　二種養成施設
③　その他

一種養成施設…高校の自動車科又は職業訓練校を卒業した者
二種養成施設…整備振興会の講習を修了した者

フ　リ　ガ　ナ
氏　名

性　別
①　男
②　女

答案用紙の解答欄			
No 1	1○ 2○ 3○ 4○	No 21	1○ 2○ 3○ 4○
No 2	1○ 2○ 3○ 4○	No 22	1○ 2○ 3○ 4○
No 3	1○ 2○ 3○ 4○	No 23	1○ 2○ 3○ 4○
No 4	1○ 2○ 3○ 4○	No 24	1○ 2○ 3○ 4○
No 5	1○ 2○ 3○ 4○	No 25	1○ 2○ 3○ 4○
No 6	1○ 2○ 3○ 4○	No 26	1○ 2○ 3○ 4○
No 7	1○ 2○ 3○ 4○	No 27	1○ 2○ 3○ 4○
No 8	1○ 2○ 3○ 4○	No 28	1○ 2○ 3○ 4○
No 9	1○ 2○ 3○ 4○	No 29	1○ 2○ 3○ 4○
No 10	1○ 2○ 3○ 4○	No 30	1○ 2○ 3○ 4○
No 11	1○ 2○ 3○ 4○	No 31	1○ 2○ 3○ 4○
No 12	1○ 2○ 3○ 4○	No 32	1○ 2○ 3○ 4○
No 13	1○ 2○ 3○ 4○	No 33	1○ 2○ 3○ 4○
No 14	1○ 2○ 3○ 4○	No 34	1○ 2○ 3○ 4○
No 15	1○ 2○ 3○ 4○	No 35	1○ 2○ 3○ 4○
No 16	1○ 2○ 3○ 4○	No 36	1○ 2○ 3○ 4○
No 17	1○ 2○ 3○ 4○	No 37	1○ 2○ 3○ 4○
No 18	1○ 2○ 3○ 4○	No 38	1○ 2○ 3○ 4○
No 19	1○ 2○ 3○ 4○	No 39	1○ 2○ 3○ 4○
No 20	1○ 2○ 3○ 4○	No 40	1○ 2○ 3○ 4○

模擬テスト用　答案用紙

受験地		回数		種類		番号			
⓪	⓪	⓪	⓪	⓪	⓪	⓪	⓪	⓪	⓪
①	①	①	①	①	①	①	①	①	①
②	②	②	②	②	②	②	②	②	②
③	③	③	③	③	③	③	③	③	③
④	④	④	④	④	④	④	④	④	④
⑤	⑤	⑤	⑤	⑤	⑤	⑤	⑤	⑤	⑤
⑥	⑥	⑥	⑥	⑥	⑥	⑥	⑥	⑥	⑥
⑦	⑦	⑦	⑦	⑦	⑦	⑦	⑦	⑦	⑦
⑧	⑧	⑧	⑧	⑧	⑧	⑧	⑧	⑧	⑧
⑨	⑨	⑨	⑨	⑨	⑨	⑨	⑨	⑨	⑨

生年月日						
元号	年		月		日	
	⓪	⓪	⓪	⓪	⓪	⓪
	①	①	①	①	①	①
	②	②		②	②	②
	③	③		③	③	③
③ 昭和	④	④		④		④
④ 平成	⑤	⑤		⑤		⑤
	⑥	⑥		⑥		⑥
	⑦	⑦		⑦		⑦
	⑧	⑧		⑧		⑧
	⑨	⑨		⑨		⑨

修了した養成施設等
① 一種養成施設
② 二種養成施設
③ その他

一種養成施設…高校の自動車科又は職業訓練校を卒業した者

二種養成施設…整備振興会の講習を修了した者

フリガナ
氏名

性別
① 男
② 女

答案用紙の解答欄			
No 1	1 2 3 4 ○○○○	No 21	1 2 3 4 ○○○○
No 2	1 2 3 4 ○○○○	No 22	1 2 3 4 ○○○○
No 3	1 2 3 4 ○○○○	No 23	1 2 3 4 ○○○○
No 4	1 2 3 4 ○○○○	No 24	1 2 3 4 ○○○○
No 5	1 2 3 4 ○○○○	No 25	1 2 3 4 ○○○○
No 6	1 2 3 4 ○○○○	No 26	1 2 3 4 ○○○○
No 7	1 2 3 4 ○○○○	No 27	1 2 3 4 ○○○○
No 8	1 2 3 4 ○○○○	No 28	1 2 3 4 ○○○○
No 9	1 2 3 4 ○○○○	No 29	1 2 3 4 ○○○○
No 10	1 2 3 4 ○○○○	No 30	1 2 3 4 ○○○○
No 11	1 2 3 4 ○○○○	No 31	1 2 3 4 ○○○○
No 12	1 2 3 4 ○○○○	No 32	1 2 3 4 ○○○○
No 13	1 2 3 4 ○○○○	No 33	1 2 3 4 ○○○○
No 14	1 2 3 4 ○○○○	No 34	1 2 3 4 ○○○○
No 15	1 2 3 4 ○○○○	No 35	1 2 3 4 ○○○○
No 16	1 2 3 4 ○○○○	No 36	1 2 3 4 ○○○○
No 17	1 2 3 4 ○○○○	No 37	1 2 3 4 ○○○○
No 18	1 2 3 4 ○○○○	No 38	1 2 3 4 ○○○○
No 19	1 2 3 4 ○○○○	No 39	1 2 3 4 ○○○○
No 20	1 2 3 4 ○○○○	No 40	1 2 3 4 ○○○○

模擬テスト用 答案用紙

受験地		回数		種類		番号			
⓪	⓪	⓪	⓪	⓪	⓪	⓪	⓪	⓪	⓪
①	①	①	①	①	①	①	①	①	①
②	②	②	②	②	②	②	②	②	②
③	③	③	③	③	③	③	③	③	③
④	④	④	④	④	④	④	④	④	④
⑤	⑤	⑤	⑤	⑤	⑤	⑤	⑤	⑤	⑤
⑥	⑥	⑥	⑥	⑥	⑥	⑥	⑥	⑥	⑥
⑦	⑦	⑦	⑦	⑦	⑦	⑦	⑦	⑦	⑦
⑧	⑧	⑧	⑧	⑧	⑧	⑧	⑧	⑧	⑧
⑨	⑨	⑨	⑨	⑨	⑨	⑨	⑨	⑨	⑨

生年月日						
元号	年		月		日	
	⓪	⓪	⓪	⓪	⓪	⓪
	①	①	①	①	①	①
	②	②		②	②	②
	③	③		③	③	③
③ 昭和	④	④		④		④
④ 平成	⑤	⑤		⑤		⑤
	⑥	⑥		⑥		⑥
	⑦	⑦		⑦		⑦
	⑧	⑧		⑧		⑧
	⑨	⑨		⑨		⑨

答案用紙の解答欄			
No 1	1 2 3 4 ○○○○	No 21	1 2 3 4 ○○○○
No 2	1 2 3 4 ○○○○	No 22	1 2 3 4 ○○○○
No 3	1 2 3 4 ○○○○	No 23	1 2 3 4 ○○○○
No 4	1 2 3 4 ○○○○	No 24	1 2 3 4 ○○○○
No 5	1 2 3 4 ○○○○	No 25	1 2 3 4 ○○○○
No 6	1 2 3 4 ○○○○	No 26	1 2 3 4 ○○○○
No 7	1 2 3 4 ○○○○	No 27	1 2 3 4 ○○○○
No 8	1 2 3 4 ○○○○	No 28	1 2 3 4 ○○○○
No 9	1 2 3 4 ○○○○	No 29	1 2 3 4 ○○○○
No 10	1 2 3 4 ○○○○	No 30	1 2 3 4 ○○○○
No 11	1 2 3 4 ○○○○	No 31	1 2 3 4 ○○○○
No 12	1 2 3 4 ○○○○	No 32	1 2 3 4 ○○○○
No 13	1 2 3 4 ○○○○	No 33	1 2 3 4 ○○○○
No 14	1 2 3 4 ○○○○	No 34	1 2 3 4 ○○○○
No 15	1 2 3 4 ○○○○	No 35	1 2 3 4 ○○○○
No 16	1 2 3 4 ○○○○	No 36	1 2 3 4 ○○○○
No 17	1 2 3 4 ○○○○	No 37	1 2 3 4 ○○○○
No 18	1 2 3 4 ○○○○	No 38	1 2 3 4 ○○○○
No 19	1 2 3 4 ○○○○	No 39	1 2 3 4 ○○○○
No 20	1 2 3 4 ○○○○	No 40	1 2 3 4 ○○○○

修了した養成施設等
① 一種養成施設
② 二種養成施設
③ その他

一種養成施設…高校の自動車科又は職業訓練校を卒業した者

二種養成施設…整備振興会の講習を修了した者

フリガナ
氏名

性別
① 男
② 女

模擬テスト用　答案用紙

受験地		回数		種類		番号			
⓪	⓪	⓪	⓪	⓪	⓪	⓪	⓪	⓪	⓪
①	①	①	①	①	①	①	①	①	①
②	②	②	②	②	②	②	②	②	②
③	③	③	③	③	③	③	③	③	③
④	④	④	④	④	④	④	④	④	④
⑤	⑤	⑤	⑤	⑤	⑤	⑤	⑤	⑤	⑤
⑥	⑥	⑥	⑥	⑥	⑥	⑥	⑥	⑥	⑥
⑦	⑦	⑦	⑦	⑦	⑦	⑦	⑦	⑦	⑦
⑧	⑧	⑧	⑧	⑧	⑧	⑧	⑧	⑧	⑧
⑨	⑨	⑨	⑨	⑨	⑨	⑨	⑨	⑨	⑨

生年月日						
元号	年		月		日	
	⓪	⓪	⓪	⓪	⓪	⓪
	①	①	①	①	①	①
	②	②		②	②	②
	③	③		③	③	③
③ 昭和	④	④		④		④
④ 平成	⑤	⑤		⑤		⑤
	⑥	⑥		⑥		⑥
	⑦	⑦		⑦		⑦
	⑧	⑧		⑧		⑧
	⑨	⑨		⑨		⑨

修了した養成施設等
① 一種養成施設
② 二種養成施設
③ その他

一種養成施設…高校の自動車科又は職業訓練校を卒業した者

二種養成施設…整備振興会の講習を修了した者

フリガナ
氏名

性別
① 男
② 女

答案用紙の解答欄			
No 1	1○ 2○ 3○ 4○	No 21	1○ 2○ 3○ 4○
No 2	1○ 2○ 3○ 4○	No 22	1○ 2○ 3○ 4○
No 3	1○ 2○ 3○ 4○	No 23	1○ 2○ 3○ 4○
No 4	1○ 2○ 3○ 4○	No 24	1○ 2○ 3○ 4○
No 5	1○ 2○ 3○ 4○	No 25	1○ 2○ 3○ 4○
No 6	1○ 2○ 3○ 4○	No 26	1○ 2○ 3○ 4○
No 7	1○ 2○ 3○ 4○	No 27	1○ 2○ 3○ 4○
No 8	1○ 2○ 3○ 4○	No 28	1○ 2○ 3○ 4○
No 9	1○ 2○ 3○ 4○	No 29	1○ 2○ 3○ 4○
No 10	1○ 2○ 3○ 4○	No 30	1○ 2○ 3○ 4○
No 11	1○ 2○ 3○ 4○	No 31	1○ 2○ 3○ 4○
No 12	1○ 2○ 3○ 4○	No 32	1○ 2○ 3○ 4○
No 13	1○ 2○ 3○ 4○	No 33	1○ 2○ 3○ 4○
No 14	1○ 2○ 3○ 4○	No 34	1○ 2○ 3○ 4○
No 15	1○ 2○ 3○ 4○	No 35	1○ 2○ 3○ 4○
No 16	1○ 2○ 3○ 4○	No 36	1○ 2○ 3○ 4○
No 17	1○ 2○ 3○ 4○	No 37	1○ 2○ 3○ 4○
No 18	1○ 2○ 3○ 4○	No 38	1○ 2○ 3○ 4○
No 19	1○ 2○ 3○ 4○	No 39	1○ 2○ 3○ 4○
No 20	1○ 2○ 3○ 4○	No 40	1○ 2○ 3○ 4○

参 考 文 献

よくわかる　２級自動車整備士（ガソリン自動車）　(株)弘文社
よくわかる　３級自動車整備士（シャシ）　(株)弘文社
よくわかる　３級自動車整備士（ガソリン・エンジン）　(株)弘文社
３級自動車整備士ズバリ一発合格問題集(ガソリン・エンジン)　(株)弘文社
自動車六法　(株)輸送文研社
法令教材　(社)日本自動車整備振興会
２級ガソリン自動車エンジン編　(社)日本自動車整備振興会
２級ガソリン・ジーゼル自動車・シャシ編　(社)日本自動車整備振興会
３級自動車シャシ　(社)日本自動車整備振興会
３級自動車ガソリン・エンジン　(社)日本自動車整備振興会
電装品構造　全国自動車整備専門学校協会
ガソリン・エンジン構造　全国自動車整備専門学校協会
シャシ構造１　全国自動車整備専門学校協会
シャシ構造２　全国自動車整備専門学校協会

著者略歴

大保　昇　(おおぼ　のぼる)

名城大学理工学部卒業

〔主な取得資格〕

２級自動車整備士　１級建築施工管理技士　１級電気工事施工管理技士
１級土木施工管理技士　１級造園施工管理技士　１級管工事施工管理技士
第１種電気工事士　給水装置工事主任技術者
下水道排水設備工事責任技術者　浄化槽管理士　浄化槽設備士
DIY アドバイザー　運行管理者　職業訓練指導員　その他

〔主な著書〕

よくわかる　２級自動車整備士（ガソリン自動車）　「弘文社」
よくわかる　３級自動車整備士（ガソリン・エンジン）　「弘文社」
よくわかる　３級自動車整備士（ジーゼル・エンジン）　「弘文社」
よくわかる　３級自動車整備士（シャシ）　「弘文社」
３級自動車整備士　ズバリ一発合格問題集（ガソリン・エンジン）　「弘文社」
２級自動車整備士　ズバリ一発合格問題集（ガソリン自動車）　「弘文社」
よくわかる　運行管理者試験（貨物）　「弘文社」
運行管理者試験（貨物）50 回テスト　「弘文社」

弊社ホームページでは，書籍に関する様々な情報（法改正や正誤表等）を随時更新しております。ご利用できる方はどうぞご覧下さい。 http://www.kobunsha.org
正誤表がない場合，あるいはお気づきの箇所の掲載がない場合は，下記の要領にてお問合せ下さい。

2級ガソリン自動車整備士
ズバリ一発合格問題集

著　者　大保　昇
印刷・製本　㈱太洋社

発行所　株式会社　弘文社
〒546-0012 大阪市東住吉区中野2丁目1番27号
☎ (06)6797－7441
FAX (06)6702－4732
振替口座 00940－2－43630
東住吉郵便局私書箱1号

代表者　岡﨑　靖

ご注意
（1）本書は内容について万全を期して作成いたしましたが，万一ご不審な点や誤り，記載もれなどお気づきのことがありましたら，当社編集部まで書面にてお問い合わせください。その際は，具体的なお問い合わせ内容と，ご氏名，ご住所，お電話番号を明記の上，FAX，電子メール(henshu 2@kobunsha.org）または郵送にてお送りください。
（2）本書の内容に関して適用した結果の影響については，上項にかかわらず責任を負いかねる場合がありますので予めご了承ください。
（3）落丁・乱丁本はお取り替えいたします。